园林工程管理**必读书系**

园林工程施工现场管理从入门到精通

YUANLIN GONGCHENG
SHIGONG XIANCHANG GUANLI
CONG RUMEN DAO JINGTONG

宁平 主编

化学工业出版社

·北京·

本书内容包括园林工程施工现场管理基础、园林工程施工现场进度管理、园林工程施工现场质量管理、园林工程施工现场资源管理、园林工程施工现场合同管理、园林工程施工现场安全管理，细致阐述了园林工程施工现场管理的基本原则和方法。

　　本书语言生动简练，通俗易懂，重点难点突出，可读性强，可供园林工程施工监理人员、园林工程施工技术人员参考使用，也可供高等学校园林工程等相关专业师生学习使用。

图书在版编目（CIP）数据

园林工程施工现场管理从入门到精通/宁平主编 . —北京：化学工业出版社，2017.9（2021.10重印）
　（园林工程管理必读书系）
　ISBN 978-7-122-29736-5

　Ⅰ．①园…　Ⅱ．①宁…　Ⅲ．①园林-工程施工-施工管理　Ⅳ．①TU986.3

中国版本图书馆 CIP 数据核字（2017）第 111562 号

责任编辑：董　琳　　　　　　　　　　　　　文字编辑：吴开亮
责任校对：吴　静　　　　　　　　　　　　　装帧设计：韩　飞

出版发行：化学工业出版社（北京市东城区青年湖南街 13 号　邮政编码 100011）
印　　装：北京虎彩文化传播有限公司
787mm×1092mm　1/16　印张 14　字数 341 千字　2021 年 10 月北京第 1 版第 6 次印刷

购书咨询：010-64518888　　　　　　　售后服务：010-64518899
网　　址：http://www.cip.com.cn
凡购买本书，如有缺损质量问题，本社销售中心负责调换。

定　　价：58.00元

编写人员

主　　编　宁　平

副主编　陈远吉　李　娜　李伟琳

编写人员　宁　平　陈远吉　李　娜　李伟琳

　　　　　张　野　张晓雯　吴燕茹　闫丽华

　　　　　马巧娜　冯　斐　王　勇　陈桂香

　　　　　宁荣荣　陈文娟　孙艳鹏　赵雅雯

　　　　　高　微　王　鑫　廉红梅　李相兰

→ 前 言

随着国民经济的飞速发展和生活水平的逐步提高，人们的健康意识和环保意识也逐步增强，大大加快了改善城市环境、家居环境以及工作环境的步伐。园林作为城市发展的象征，最能反映当前社会的环境需求和精神文化的需求，也是城市发展的重要基础。高水平、高质量的园林工程是人们高质量生活和工作的基础。通过植树造林、栽花种草，再经过一定的艺术加工所产生的园林景观，完整地构建了城市的园林绿地系统。丰富多彩的树木花草，以及各式各样的园林小品，为我们创造出典雅舒适、清新优美的生活、工作和学习的环境，最大限度地满足了人们对现代生活的审美需求。

在国民经济协调、健康、快速发展的今天，园林建设也迎来了百花盛开的春天。园林科学是一门集建筑、生物、社会、历史、环境等于一体的学科，这就需要一大批懂技术、懂设计的专业人才，来提高园林景观建设队伍的技术和管理水平，更好地满足城市建设以及高质量地完成景观项目的需要。

基于此，我们特组织一批长期从事园林景观工作的专家学者，并走访了大量的园林施工现场以及相关的园林管理单位，经过了长期精心的准备，编写了这套丛书。

与市面上已出版的同类图书相比，本套丛书具有如下特点。

（1）本套丛书在内容上将理论与实践结合起来，力争做到理论精炼、实践突出，满足广大园林景观建设工作者的实际需求，帮助他们更快、更好地领会相关技术的要点，并在实际的工作过程中能更好地发挥建设者的主观能动性，不断提高技术水平，更好地完成园林景观建设任务。

（2）本套丛书所涵盖的内容全面真正做到了内容的广泛性与结构的系统性相结合，让复杂的内容变得条理清晰、主次明确，有助于广大读者更好地理解与应用。

（3）本套丛书图文并茂，内容翔实，注重对园林景观工作人员管理水平和专业技术知识的培训，文字表达通俗易懂，适合现场管理人员、技术人员随查随用，满足广大园林景观建设工作者对园林相关方面知识的需求。

本套丛书可供园林景观设计人员、施工技术人员、管理人员使用，也可供高等院校风景园林等相关专业的师生使用。本套丛书在编写时参考或引用了部分单位、专家学者的资料，并且得到了许多业内人士的大力支持，在此表示衷心的感谢。限于编者水平有限和时间紧迫，书中疏漏及不当之处在所难免，敬请广大读者批评指正。

丛书编委会
2017 年 1 月

第五章 园林工程施工现场合同管理 ·············· **162**

第一章
园林工程施工现场管理基础

一、 园林工程施工概念

1. 园林工程概念

园林是指在一定的地域运用工程技术和艺术手段，通过改造地形或进一步筑山、叠石、理水、种植树木花草、营造建筑和布置园路等途径，创作而成的供人们观赏的自然环境和游憩境域。园林工程是以市政工程原理为基础，以园林艺术理论为指导，研究工程造景工艺的一门学科。它是以工程原理、技术为基础，运用风景园林多项造景技术，并使两者融为一体创造园林风景的专业性建设工作。

2. 园林工程施工概念

园林工程建设与所有的建设工程一样，包括计划、设计和实施三大阶段。园林工程施工是对已经完成计划、设计两个阶段的工程项目的具体实施；是园林工程施工企业在获取建设工程项目以后，按照工程计划、设计和建设单位的要求，根据工程实施过程的要求，并结合施工企业自身条件和以往建设的经验，采取规范的实施程序、先进科学的工程实施技术和现代科学的管理手段，进行组织设计，做好准备工作，进行现场施工，竣工之后验收交付使用并对园林植物进行修剪、造型及养护管理等一系列工作的总称。现阶段的园林工程施工已由过去的单一实施阶段的现场施工概念发展为综合意义上的实施阶段所有活动的概括与总结。

二、 园林工程施工类型和作用

1. 园林工程施工的类型

综合性园林工程施工大体可分为两大类：基础性工程施工和园林工程建设施工。基础性工程施工指在园林工程建设中的应用较多的基础性的一般建设工程，包括土方工程、给排水工程、防水工程、园林供电工程及园林装饰工程。园林工程建设施工类型因各地情况不同，建设园林的目的不同，大致可以分为假山与置石工程、水体与水景工程、园路与广场工程和绿化工程。

2. 园林工程施工的作用

（1）园林工程施工是创造园林艺术精品的必经之路。园林艺术的产生、发展和提高的过程，就是园林工程建设水平的不断发展和提高的过程。只有把经过学习、研究、发掘的历代园林艺匠的精湛施工技术及巧妙手工工艺，与现代科学技术和管理手段相结合，并在现代园林工程施工中充分发挥施工人员的智慧，才能创造出符合时代要求的现代园林艺术精品。

（2）园林工程施工是园林工程建设计划和设计得以实施的根本保证。任何理想的园林工程建设项目计划，任何先进科学的园林工程建设设计，均需通过现代园林工程施工企业的科学实施，才能得以实现。

（3）园林工程施工是园林工程建设理论水平得以不断提高的坚实基础。一切理论都来自于实践，来自于最广泛的生产实践活动。园林工程建设的理论源于工程建设施工的实践过程。而园林工程施工的实践过程，就是发现施工中的问题并解决这些问题，从而总结和提高园林工程施工水平的过程。

（4）园林工程施工是锻炼培养现代园林工程建设施工队伍的最好办法。人才来自于实践，无论是对理论人才的培养，还是对施工队伍的培养，都离不开园林工程建设施工的实践锻炼这一基础活动。只有通过这一基础性锻炼，才能培养出作风过硬、技艺精湛的园林工程施工人才和施工队伍。

三、 园林工程施工特点和程序

1. 园林工程施工的特点

园林工程建设有自己独特的要求，这决定了园林工程施工具有如下特点。

（1）园林工程建设施工的专业性强。园林工程一旦完工便不易更改，因此在施工中应强调其专业性，以确保工程的质量。并且园林工程建设的内容繁多，包括各类工程，因而要求施工人员也要具有较强的专业性。不仅是园林工程建设建筑设施和构件中亭、榭、廊等建筑复杂各异，专业性强，而且现代园林工程建设中的各类小品的建筑施工也各自具有不同的专业要求，如常见的假山、置石、园路、水景、栽植播种等，这要求施工人员必须具备丰富的专业知识和独特的施工技艺。

（2）园林工程建设施工技术复杂。没有较高的施工技术水平，很难达到园林工程建设的设计要求。园林工程尤其是仿古园林工程施工，其复杂性对施工人员的技术提出了很高的要求。作为艺术精品的园林，其工程建设施工人员不仅要有一般工程施工的技术水平，还要具有较高的艺术修养；以植物造景为主的园林，其施工人员更应掌握大量的树木、草坪、花卉的知识和施工技术。

（3）园林工程建设的施工准备工作比一般工程更为复杂多样。在园林工程建设的施工准备中，要重视工程施工场地的科学布置，以便尽量减少工程施工用地，减少施工对周围居民生活、生产的影响；其他各项准备工作也要完全充分，才能确保各项施工手段得以顺利实施。我国的园林大多建设在城镇或者在自然景色较好的山、水之间，由于城镇地理位置的特殊性且大多山、水地形复杂多变，给园林工程建设施工提出了更高的要求。

（4）园林工程建设的施工工艺要求严、标准高。要建成具有游览、观赏和游憩功能，既能改善人的生活环境，又能改善生态环境的精品园林工程，就必须通过高水平的施工工艺才能实现。因而，园林工程建设施工工艺总是比一般工程施工工艺复杂，标准更高，要求更严。

（5）园林工程建设规模大、综合性强，要求各类型、各工种人员相互配合、密切协作。现代园林工程建设规模化发展的趋势和集园林绿化、生态、环境、社会、休闲、娱乐、游览于一体的综合性建设目标的要求，使得园林工程建设涉及众多的工程类别和工种技术。

2. 园林工程施工的程序

园林工程施工程序可分为施工前准备阶段、现场施工阶段和竣工验收阶段。

（1）施工前准备阶段。园林工程建设各工序、各工种在施工过程中，首先要有一个施工准备期。其内容一般可分为施工现场准备、技术准备、生产准备、文明施工准备和后勤保障准备五个方面。

（2）现场施工阶段。各项准备工作就绪后，就可按计划正式开展施工，即进入现场施工阶段。由于园林工程建设的类型繁多，涉及的工种种类也比较多且要求高，因此对现场各工种、各工序施工的要求便各有不同。在现场施工中应注意以下几点。

① 严格按照施工组织设计和施工图进行施工安排，若有变化，须经计划、设计双方和有关部门共同研究讨论并以正式的施工文件形式决定后，方可实施变更。

② 严格执行各有关工种的施工规程，确保各工种技术措施的落实。不得随意改变，更不能混淆工种施工。

③ 严格执行各工序间施工中的检查、验收、交接手续签字盖章的要求，并将其作为现场施工的原始资料妥善保管，明确责任。

④严格执行现场施工中的各类变更（工序变更、规格变更、材料变更等）的请示、批准、验收、签字的规定，不得私自变更和未经甲方检查、验收、签字而进入下一道工序，并将有关文字材料妥善保管，作为竣工结算、决算的原始依据。

⑤ 严格执行施工的阶段性检查、验收的规定，尽早发现施工中的问题，及时纠正，以免造成大的损失。

⑥ 严格执行施工管理人员对进度、安全、质量的要求，确保各项措施在施工过程中得以贯彻落实，以防各类事故发生。

⑦ 严格服从工程项目部的统一指挥、调配，确保工程计划的全面完成。

（3）竣工验收阶段。竣工验收是施工管理的最后一个阶段，是投资转为固定资产的标志，是施工单位向建设单位交付建设项目时的法定手续，是对设计、施工、园林绿地使用前进行全面检验评定的重要环节。

验收通常是在施工单位进行自检、互检、预检、初步鉴定工程质量、评定工程质量等级的基础上，提出交工验收报告，再由建设单位、施工单位与上级有关部门进行正式竣工验收。

① 竣工验收前的准备。竣工验收前的准备，主要是做好工程收尾和整理工程技术档案工作。

② 竣工验收程序和工程交接手续。

工程完成后，施工单位先进行竣工验收，然后向建设单位发出交工验收通知单。

建设单位（或委托监理单位）组织施工单位、设计单位、当地质量监督部门对交工项目进行验收。验收项目主要有两个方面，一是全部竣工实体的检查验收；二是竣工资料验收。验收合格后，可办理工程交接手续。

工程交接手续的主要内容是建设单位、施工单位、设计单位在交工验收书上签字盖章，质监部门在竣工核验单上签字盖章。施工单位以签订的交接验收单和交工资料为依据，与建设单位办理固定资产移交手续和文件规定的保修事项及进行工程结算。按规定的保修制订，交工后一个月进行一次回访，做一次检修。保修期为一年，采暖工程为一个采暖期。

③ 竣工验收的内容。竣工验收的内容有隐蔽工程验收，分部、分项工程验收，设备试验、调试和动转验收及竣工验收等。

第二节 园林工程施工现场管理基础

一、园林工程施工现场管理概念

园林施工现场指从事园林施工活动经批准占用的施工场地，既包括红线以内占用的园林用地和施工用地，又包括红线以外现场附近经批准占用的临时施工用地。

园林施工现场管理就是运用科学的管理思想、管理组织、管理方法和管理手段，对园林施工现场的各种生产要素，如人（操作者、管理者）、机（设备）、料（原材料）、法（工艺、检测）、资金、环境、能源、信息等，进行合理的配置和优化组合，通过计划、组织、控制、协调、激励等管理职能，保证现场能按预定的目标，实现优质、高效、低耗、按期、安全、文明的生产。

二、园林工程施工现场管理意义

1. 施工活动正常进行的基本保证

在园林施工中，大量的人流、物流、财流和信息流汇于施工现场。这些流是否畅通，涉及施工生产活动是否顺利进行，而现场管理是人流、物流、财流和信息畅通的基本保证。

2. 各专业管理联系的纽带

在施工现场，各项专业管理工作既按合理分工分头进行，而又密切协作，相互影响，相互制约。施工现场管理的好坏，直接关系到各项专业管理的热核经济效果。

3. 建设体制改革的重要保证

在从计划经济向市场经济转换过程中，原来的建设管理体制必须进行深入的改革，而每个改革措施的成果，必然都通过施工现场反映出来。在市场经济条件下，在现场内建立起新的责、权、利结构，对施工现场进行有效的管理，既是建设体制改革的重要内容，也是其他改革措施能否成功的重要保证。

4. 贯彻执行有关法规的集中体现

园林施工现场管理不仅是一个工程管理问题，同时也是一个严肃的社会问题。它涉及许多城市建设管理法规，诸如消防安全、交通运输、工业生产保障、文物保护、居民安全、人防建设、居民生活保障、精神文明建设等。

5. 施工企业与社会的主要接触点

施工现场管理是一项科学的、综合的系统管理工作，施工企业的各项管理工作，都通过现场管理来反映。企业可以通过现场这个接触点体现自身的实力，获得良好的信誉，取得生存和发展的压力和动力。同时，社会也通过这个接触来认识、评价企业。

三、 园林工程施工现场管理内容

1. 现场布置与平面管理

（1）施工现场的布置，是按照施工部署、施工方案和施工进度的要求，对施工用临时房屋建筑、临时加工预制场、材料仓库、堆场、临时水、电、动力管线和交通运输道路等作出周密规划和布置，实现园林施工所需的各项设施和永久性建筑之间的合理布置。合理的现场布置是进行有节奏的、均衡连续的施工在空间上的基本保证，是文明施工的重要内容。由于施工现场的复杂性施工过程不断地发展和变化，现场布置必须根据工程进展情况进行调整、补充、修改。

（2）施工现场平面管理，是在施工过程中对施工场地的布置进行合理的调节，也是对施工总平面图全面落实的过程。主要工作包括：根据不同时间和不同需要，结合实际情况，合理调整场地；做好土石方的调配工作，规定各单位取弃土石方的地点、数量和运输路线等；审批各单位在规定期限内，对清除障碍物、挖掘道路、断绝交通、断绝水电动力线路等申请报告；对运输大宗材料的车辆，作出妥善安排，避免拥挤和堵塞交通；做好工地的测量工作，包括测定水平位置、高程和坡度、已完工工程量的测量和竣工图的测量等。

2. 材料管理

全部材料和零部件的供应已列入施工规划，现场管理的主要内容是：确定供料和用料目标；确定供料、用料方式及措施；组织材料及制品的采购、加工和储备，做好施工现场的进料安排；组织材料进场、保管及合理使用；完工后及时退料及办理结算等。

3. 合同管理

现场合同管理是指施工全过程中的合同管理工作，它包括两方面：一是承包商与业主之间的合同管理工作；二是承包商与分包商之间的合同管理工作。现场合同管理人员应及时填写并保存有关方面签证的文件。

4. 质量管理

现场质量管理是施工现场管理的重要内容，主要包括以下两个方面的工作。

（1）按照工程设计要求和国家有关技术规定，如施工质量验收规范、技术操作规程等，对整个施工过程的各个工序环节进行有组织的工程质量检验工作，不合格的园林材料不能进入施工现场，不合格的分部分项工程不能转入下道工序施工。

（2）采用全面质量管理的方法，进行施工质量分析，找出产生各种施工质量缺陷的原因，随时采取预防措施，减少或尽量避免工程质量事故的发生，把质量管理工作贯穿到工程施工全过程，形成一个完整的质量保证体系。

5. 认真填写施工日志

施工现场主管人员，要坚持填写"施工日志"。其包括施工内容、施工队组、人员调动记录、供应记录、质量事故记录、安全事故记录、上级指示记录、会议记录、有关检查记录等。施工日志要坚持天天记，记重点和关键。工程竣工后，存入档案备查。

6. 安全管理与文明施工

安全生产管理贯穿于施工的全过程，交融于各项专业技术管理，关系着现场全体人员的生产安全和施工环境安全。现场安全管理的主要内容包括：安全教育；建立安全管理制度；安全技术管理；安全检查与安全分析等。文明施工是指是指按照有关法规的要求，使施工现场和临时占地范围内秩序井然，文明安全，环境得到保持，绿地树木不被破坏，交通畅达，文物得以保存，防火设施完备，居民不受干扰，场容和环境卫生均符合要求。文明施工是施工现场管理中一项综合性基础管理工作。

四、 园林工程施工现场准备工作

1. 原始资料的收集

（1）交通运输条件。调查主要材料及构件运输通道情况，包括道路、街巷以及途经桥涵的宽度、高度，允许载重量和转弯半径限制等。有超长、超重、超高或超宽的大型构件、大型起重机械和生产工艺设备需整体运输时，还要调查沿途架空电线（特别是横在道路上空的无轨电车线）、天桥的高度，并与有关部门商谈避免大件运输对正常交通干扰的路线、时间及措施等。

（2）可供施工使用的电源位置，引入工地的路径和条件，可以满足的容量和电压，电话、电报利用的可能，需要增添的线路与设施等。

（3）城市自来水干管的供水能力，接管距离、地点和接管条件等。无城市供水设施，或距离太远供水量不敷需要时，要调查附近可作施工生产、生活、消防用水的地面或地下水源的水质、水量，并设计临时取水和供水系统。另外，还需调查利用市政排水设施的可能性，排水去向、距离、坡度等。

（4）冬期施工时，附近蒸汽的供应量、价格、接管条件等。

2. 技术资料准备

技术资料准备工作是园林施工准备工作的核心，它主要包括熟悉、审查施工图纸和有关设计资料等。

（1）熟悉、审查设计图纸的目的。

① 为了能够按照设计图纸的要求顺利地进行施工，生产出符合设计要求的最终园林产品。

② 为了能够在拟建工程开工之前，使从事园林施工技术和经营管理的工程技术人员充分地了解和掌握设计图纸和设计意图、结构与构造特点和技术要求。

③ 通过审查发现设计图纸中存在的问题和错误，使其改正在施工开始之前，为拟建工程的施工提供一份准确、齐全的设计图纸。

（2）熟悉、审查施工图纸的依据。

① 设计、施工验收规范和有关技术规定。

② 调查、搜集的原始资料。

③ 建设单位和设计单位提供的初步设计或扩大初步设计（技术设计）、施工图设计、建筑总平面图、土方数量设计和城市规划等资料文件。

（3）熟悉、审查设计图纸的内容。

① 审查拟建工程的地点、园林总平面图同国家、城市或地区规划是否一致，以及园林建筑物或构筑物的设计功能和使用要求是否符合卫生、防火及美化城市方面的要求。

② 审查设计图纸是否完整、齐全，以及设计和资料是否符合国家有关园林工程建设的设计、施工方面的方针和政策。

③ 审查设计图纸与说明书在内容上是否一致，以及设计图纸与其各组成部分之间有无矛盾和错误。

④ 审查园林总平面图与其他结构图在几何尺寸、坐标、标高、说明等方面是否一致，技术要求是否正确。

⑤ 审查地基处理与基础设计同拟建工程地点的工程水文、地质等条件是否一致，以及建筑物或构筑物与地下建筑物或构筑物、管线之间的关系。

⑥ 明确拟建工程的结构形式和特点，复核主要承重结构的强度、刚度和稳定性是否满足要求，审查设计图纸中的工程复杂、施工难度大和技术要求高的分部分项工程或新结构、新材料、新工艺，检查现有施工技术水平和管理水平能否满足工期和质量要求并采取可行的技术措施加以保证。

⑦ 明确建设期限、分期分批投产或交付使用的顺序和时间，以及工程所用的主要材料、设备的数量、规格、来源和供货日期。

⑧ 明确建设、设计和施工等单位之间的协作、配合关系，以及建设单位可以提供的施工条件。

（4）图纸会审。施工人员参加图纸会审是为了了解设计意图并向设计人员质疑，对图纸中不清楚的部分或不符合国家制定的建设方针、政策的部分，本着对工程负责的态度应予以指出，并提出修改意见供设计人员参考。图纸会审应注意以下几个方面。

① 施工图纸的设计是否符合国家有关技术规范。

② 图纸及设计说明是否完整、齐全、清楚；图中的尺寸、坐标、轴线、标高、各种管线和道路的交叉连接点是否准确；一套图纸的前、后各图纸及结构施工图是否吻合一致，有无矛盾；地下和地上的设计是否有矛盾。

③ 施工单位的技术装备条件能否满足工程设计的有关技术要求；采用新结构、新工艺、新技术工程的工艺设计及使用功能要求对园林施工，设备安装，管道、动力、电器安装采取特殊技术措施时，施工单位在技术上有无困难，是否能确保施工质量和施工安全。

④ 设计中所选用的各种材料、配件、构件（包括特殊的、新型的），在组织生产供应时，其品种、规格、性能、质量、数量等方面能否满足设计规定的要求。

⑤ 对设计中不明确或有疑问处，请设计人员解释清楚。

⑥ 指出图纸中的其他问题，并提出合理化建议。

会审图纸应有记录，并由参加会审的各单位会签。对会审中提出的问题，必要时，设计单位应提供补充图纸或变更设计通知单，连同会审记录分送给有关单位。这些技术资料应视为施工图的组成部分并与施工图一起归档。

3. 物资准备

施工现场管理人员需尽早计算出各施工阶段对材料、施工机械、设备、工具等的需用量，并说明供应单位、交货地点、运输方法等，特别是对预制构件，必须尽早从施工图中摘录出构件的规格、质量、品种和数量，制表造册，向预制加工厂订货并确定分批交货清单和交货地点。对大型施工机械及设备要精确计算工作日并确定进场时间，做到进场后立即使用，用毕立即退场，提高机械利用率，节省机械台班费及停留费。

4. 建立健全各项管理制度

工地的各项管理制度是否建立、健全，直接影响其各项施工活动的顺利进行。为此必须建立、健全工地的各项管理制度。一般内容有：工程质量检查与验收制度；工程技术档案管理制度；园林材料的检查验收制度；技术责任制度；施工图纸学习与会审制度；技术交底制度；职工考勤、考核制度；工地及班组经济核算制度；材料出入库制度；安全操作制度；机具使用保养制度。

5. 施工现场准备

施工现场的准备工作主要包括"三通一平"、临时设施搭设和测量定位等，主要目的是给施工项目创造有利的施工条件，保证工程按施工组织设计的要求和安排顺利。

（1）施工现场"三通一平"。指在园林工程的用地范围内，平整场地、通电、通水和交通畅通，称为"三通一平"。

① 通水。包括给水和排水两个方面。施工用水包括生产与生活用水，其布置应按施工总平面图的规划进行安排。施工给水设施，应尽量利用永久性给水线路。临时管线的铺设，既要满足生产用水点的需要和使用方便，又要尽量缩短管线。施工现场的排水也是十分重要的，尤其在雨期，排水有问题，会影响运输和施工的顺利进行。因此，要做好有组织的排水工作。

② 通电。根据各种施工机械用电量及照明用电量，计算选择配电变压器，并与供电部门联系，按施工组织设计的要求，架设好连接电力干线的工地内外临时供电线路及通信线路。应注意对建筑红线内及现场周围不准拆迁的电线、电缆加以妥善保护。此外，还应考虑到因供电系统供电不足或不能供电时，为满足施工工地的连续供电要求，适当准备备用发电机。

③ 交通畅通。施工现场的道路，是组织大量物资进场的运输动脉，为了保证园林材料、机械、设备和构件早日进场，必须先修通主要干道及必要的临时性道路。为了节省工程费用，应尽可能利用已有的道路或结合正式工程的永久性道路。为防止施工时损坏路面和加快修路速度，可以先做路基，施工完毕后再做路面。

④ 平整场地。施工现场的平整工作，是按园林总平面图进行的。首先通过测量，计算出挖土及填土的数量，设计土方调配方案，组织人力或机械进行平整工作。如拟建场地内有旧建筑物，则须拆迁房屋，同时要清理地面上的各种障碍物，如树根、废基等。还要特别注意地下管道、电缆等情况，对它们采取可靠的拆除或保护措施。

（2）园林材料的准备主要是根据施工预算进行分析，按照施工进度计划要求，按材料名称、规格、使用时间、材料储备定额和消耗定额进行汇总，编制出材料需要量计划，为组织备料，确定仓库、场地堆放所需的面积和组织运输等提供依据。

（3）园林安装机具的准备。根据采用的施工方案，安排施工进度，确定施工机械的类型、数量和进场时间，确定施工机具的供应办法和进场后的存放地点和方式，编制施工机具的需要量计划，为组织运输、确定堆场面积提供依据。

（4）生产工艺设备的准备。按照拟建工程生产工艺流程及工艺设备的布置图，提出工艺设备的名称、型号、生产能力和需要量，确定分期分批进场时间和保管方式，编制工艺设备需要量计划，为组织运输、确定堆场面积提供依据。

6. 劳动组织准备

（1）确立拟建工程项目的领导机构。施工组织领导机构的建立应根据施工项目的规模、结构特点和复杂程度，确定项目施工的领导机构人选和名额，坚持合理分工与密切协作相组合，把有施工经验、有创新精神、有工作效率的人选入领导机构，认真执行因事设职、因职选人的原则。组织领导机构的设置程序见图1-1。

（2）集结施工力量、组织劳动力进场。工地领导机构确定之后，按照开工日期和劳动力需要量计划，组织劳动力进场。同时要进行安全、防火和文明施工等方面的教育，并安排好职工的生活。

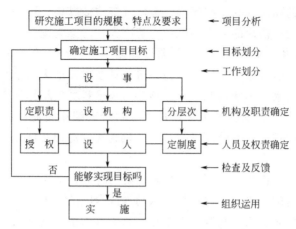

图 1-1　组织领导机构设置程序

（3）施工队伍的建立要认真考虑专业、工种的合理配合，技工、普工的比例要满足合理的劳动组织，要符合流水施工组织方式的要求，建立施工队组（是专业施工队组，或是混合施工队组）要坚持合理、精干高效的原则；人员配置要从严控制二、三线管理人员，力求一专多能、一人多职，同时制订出该工程的劳动力需要量计划。

（4）施工组织设计、计划和技术交底的时间在单位工程或分部分项工程开工前及时进行，以保证工程严格地按照设计图纸、施工组织设计、安全操作规程和施工验收规范等要求进行施工。

（5）测量定位。按照设计单位提供的园林总平面图及接收施工现场时建设方提交的施工场地范围、规划红线桩、工程控制坐标桩和水准基桩进行施工现场的测量与定位。场区测量的主要任务如下。

① 规划红线桩的交接与管理。

② 红线桩检核复测及引桩测量与保护。

③ 测设场区永久性坐标和水准控制基桩与保护。

④ 测设建筑物单位工程施工测量平面控制网。

⑤ 测设建筑物单位工程施工测量高程控制点。

⑥ 测设单位工程轴线控制桩并进行定位测量。

⑦ 进行城市中临街平行交通干道的轴线桩定位并报城市勘绘院复测批准。

⑧ 引测临设工程的建筑、管线的放线定位。

（6）临时设施搭设。为了施工方便和安全，对于指定的施工用地的周界，应用围栏围挡起来，围挡的形式和材料应符合所在地部门管理的有关规定和要求。在主要出入口处设置标牌，标明工程名称、施工单位、工地负责人等。

① 临时围墙和大门。在满足当地施工现场文明施工要求的情况下，沿施工临时征地范围边线用硬质材料围护，高度不低于 1.8m，并按企业 CI 标准做适当装饰及宣传，大门设置以方便通行、便于管理为原则，一般设钢制双扇大门，并设固定岗亭，便于门卫值勤。

② 生活及办公用房。按照施工总平面布置图的要求搭建，现一般采用盒子结构、轻钢结构、轻体保温活动房屋结构形式，它既广泛适用于现场建多层建筑，又坚固耐用，便于拆除周转使用。

③ 临时食堂。应按当地卫生、环保规定搭建并解决好污水排放控制和使用清洁燃料，

一般均设置简易有效的隔油池和使用煤气、天然气等清洁燃料，不得不使用煤炭时，应采用低硫煤和由环保部门批准搭建的无烟回风灶来解决大气污染问题。

④ 场区道路和排水。施工道路布置既要因地制宜又要符合有关规定要求，尽可能是环状布置，宽度应满足消防车通行需要，道路构造应具备单车最大承重力，场地应设雨水排放明沟或暗沟解决场内排水。一般情况下，道路路面和堆料场地均作硬化处理。

⑤ 临时厕所。应按当地有关环卫规定搭建，厕所需配化粪池，污水排放可办理排污手续，利用市政排污管网排放。无管网可利用时，化粪池的清理及排放可委托当地环卫部门负责管理。

（7）安装、调试施工机具。按照施工机具需要量计划，分期分批组织施工机具进场，根据施工总平面布置图将施工机具安置在规定的地点或存贮的仓库内。对于固定的机具要进行就位、搭防护棚、接电源、保养和调试等工作。对所有施工机具都必须在开工之前进行检查和试运转。

（8）组织材料、构配件制品进场储存。按照材料、构配件、半成品的需要量计划组织物资、周转材料进场，并依据施工总平面图规定的地点和指定的方式进行储存和定位堆放。同时按进场材料的批量，依据材料试验、检验要求，及时采样并提供园林材料的试验申请计划，严禁不合格的材料存储现场。

第二章

园林工程施工现场进度管理

第一节 基础知识

一、 园林工程施工进度管理作用

园林工程施工管理都有一个进度管理目标。在实现进度目标的过程中，要按预定的计划实施，通过不断检查，纠正偏差，达到保证正常施工的目的。

下面以苗木管理为例来进行说明：进度管理目标有阶段性目标和最终目标，实现阶段性目标是实现最终目标的保证，实现苗木管理的最终目标又是实现整个园林绿化施工项目的保证，因此，要坚持用控制论的原理、理论为指导，进行全过程的控制。

（1）苗木的进度目标管理与苗木采购供应计划的合理性有关。不同的树木花卉，都有不同的适宜栽植时间，苗木供应的及时、合理，需要最优化的苗木采购供应计划。苗木到达施工现场后，苗木栽植的时间安排和劳力分配又是一个关键。只要管理得当，就可以避免和缩短苗木囤积，防止因苗木供应不及时而出现停工待料的现象。

（2）苗木管理的特殊性与季节有关。为节约成本，通常安排在正常季节进行绿化施工，抓住合理的苗木栽植进度。有时由于工程工期的限制，需要在非正常栽植季节进行绿化施工，安排好栽植进度非常关键，否则，苗木的成活率就会降低。所以，对园林绿化施工来说，进度管理实质上是确保苗木的栽植质量的前提和保证。

（3）苗木栽植施工与前一阶段土方施工密切相关。运用好系统管理中的相关管理原理，保证土方工程按期按质完成，苗木栽植才能正常进行。

（4）苗木进度管理只要处理好各种因素的影响，制订合理的阶段性进度计划和全过程进度计划，运用科学原理和手段，就能节约工程成本、确保苗木的栽植质量并按工程目标完成，从而提高施工效益。

二、 影响园林施工进度计划因素

由于园林工程项目的施工特点，尤其是较大和复杂的施工项目，工期往往较长，影响进度因素较多。编制计划和执行控制施工进度计划时必须充分认识和估计这些因素，才能克服其影响，使施工进度尽可能按计划进行，当出现偏差时，应考虑有关影响因素，分析产生的原因。其主要影响因素见表2-1。

表 2-1　影响施工项目进度的因素

种类	影响因素	相应对策
项目经理部内部因素	施工组织不合理，人力、机械设备调配不当，解决问题不及时 施工技术措施不当或发生事故 质量不合格引起返工 与相关单位关系协调不善 项目经理部管理水平低	项目经理部的活动对施工进度起决定性作用，因而要： 提高项目经理部的组织管理水平、技术水平 提高施工作业层的素质 重视与内外关系的协调
相关单位因素	设计图纸供应不及时或有误 业主要求设计变更 实际工程量增减变化 材料供应、运输等不及时或质量、数量、规格不符合要求 水电通信等部门、分包单位没有认真履行合同或违约 资金没有按时拨付等	相关单位的密切配合与支持，是保证施工项目进度的必要条件，项目经理部应作好： (1) 与有关单位以合同形式明确双方协作配合要求，严格履行合同，寻求法律保护，减少和避免损失 (2) 编制进度计划时，要充分考虑向主管部门和职能部门进行申报、审批所需的时间，留有余地
不可预见因素	施工现场水文地质状况比设计合同文件预计的要复杂得多 严重自然灾害 战争、社会动荡等政治因素等	该类因素一旦发生就会造成较大影响，应做好调查分析和预测 有些因素可通过参加保险规避或减少风险

三、 园林工程施工进度管理的原理

施工项目进度控制是以现代科学管理原理作为其理论基础的，主要有弹性原理、动态控制原理、系统控制原理、封闭循环原理、信息反馈原理及网络计划技术原理等。

1. 弹性原理

施工项目进度计划工期长、影响进度的原因多，其中有的已被人们掌握，根据统计经验估计出影响的程度和出现的可能性，并在确定进度目标时，进行实现目标的风险分析。在计划编制者具备了这些知识和实践经验之后，编制施工项目进度计划时就会留有余地，即施工进度计划具有弹性。在进行施工项目进度控制时，便可以利用这些弹性，缩短有关工作的时间，或者改变它们之间的搭接关系，使检查之前拖延了工期，通过缩短剩余计划工期的方法，仍然达到预期的计划目标。这就是施工项目进度控制中对弹性原理的应用。

2. 动态控制原理

施工项目进度控制随着施工活动向前推进，根据各方面的变化情况，进行适时的动态控制，以保证计划符合变化的情况。同时，这种动态控制又是按照计划、实施、检查、调整这四个不断循环的过程进行控制的。在项目实施过程中，可分别以整个施工项目、单位工程、分部工程或分项工程为对象，建立不同层次的循环控制系统，并使其循环下去。这样每循环一次，其项目管理水平就会提高一步。

3. 系统控制原理

项目施工进度控制本身是一个系统工程，它包括项目施工进度规划系统和项目施工进度实施系统两部分内容。项目经理必须按照系统控制原理，强化其控制全过程。

（1）施工项目进度计划系统。为做好项目施工进度控制工作，必须根据项目施工进度控制目标要求，制订出项目施工进度计划系统。根据需要，计划系统一般包括：施工项目总进度计划，单位工程进度计划，分部、分项工程进度计划和季、月、旬等作业计划。这些计划的编制对象由大到小，内容由粗到细，将进度控制目标逐层分解，保证了计划控制目标的落实。在执行项目施工进度计划时，应以局部计划保证整体计划，最终达到施工项目进度控制目标。

（2）施工项目进度实施组织系统。施工项目实施全过程的各专业队伍都是遵照计划规定的目标去努力完成一个个任务的。施工项目经理和有关劳动调配、材料设备、采购运输等各职能部门都按照施工进度规定的要求进行严格管理、落实和完成各自的任务。施工组织各级负责人，从项目经理、施工队长、班组长及其所属全体成员组成了施工项目实施的完整组织系统。

（3）施工项目进度控制的组织系统。为了保证施工项目进度实施，还有一个项目进度的检查控制系统。自公司经理、项目经理，一直到作业班组都设有专门职能部门或人员负责检查汇报，统计整理实际施工进度的资料，并与计划进度比较分析和进度调整。当然不同层次人员负有不同进度控制职责，分工协作，形成一个纵横连接的施工项目控制组织系统。事实上有的领导可能是计划的实施者又是计划的控制者。实施是计划控制的落实，控制是计划按期实施的保证。

4. 封闭循环原理

施工项目进度控制是从编制项目施工进度计划开始的，由于影响因素的复杂和不确定性，在计划实施的全过程中，需要连续跟踪检查，不断地将实际进度与计划进度进行比较，如果运行正常可继续执行原计划；如果发生偏差，应在分析其产生的原因后，采取相应的解决措施和办法，对原进度计划进行调整合修订，然后再进入一个新的计划执行过程。这个由计划、实施、检查、比较、分析、纠偏等环节组成的过程就形成了一个封闭循环回路，如图2-1所示。施工项目进度控制的全过程就是在许多这样的封闭循环中得到有效的不断调整、修正与纠偏，最终实现总目标。

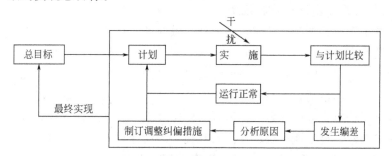

图 2-1　施工项目进度控制的封闭循环

5. 信息反馈原理

施工项目进度控制的过程实质上就是对有关施工活动和进度的信息不断搜集、加工、汇总、反馈的过程。施工项目信息管理中心要对搜集的施工进度和相关影响因素的资料进行加工分析，由领导作出决策后，向下发出指令，指导施工或对原计划作出新的调整、部署；基层作业组织根据计划和指令安排施工活动，并将实际进度和遇到的问题随时上报。每天都有大量的内外部信息、纵横向信息流进流出。因而必须建立健全一个施工项目进度控制的信息网络，使信息准确、及时、畅通，反馈灵敏、有力以及能正确运用信息对施工活动有效控制，才能确保施工项目的顺利实施和如期完成。

6. 网络计划技术原理

在施工项目进度的控制中利用网络计划技术原理编制进度计划，根据收集的实际进度信息，比较和分析进度计划，又利用网络计划的工期优化，工期与成本优化和资源优化的理论调整计划。网络计划技术原理是施工项目进度控制的完整的计划管理和分析计算理论基础。

四、 园林工程施工进度管理内容

园林工程施工项目进度管理是根据施工合同确定的开工日期、总工期和竣工日期确定施工进度目标，在保证施工质量、不增加施工实际成本的条件下，确保施工项目的既定目标工期的实现和适当缩短施工工期。

施工项目进度管理的主要内容是编制施工总进度计划并控制其执行，按期完成整个施工项目的任务；编制单位工程施工进度计划并控制其执行，按期完成单位工程的施工任务；编制分部分项工程施工进度计划，并控制其执行，按期完成分部分项工程的施工任务；编制季度、月（旬）作业计划，并控制其执行，完成规定的目标等。

第二节　园林工程施工进度计划

一、 园林工程施工进度计划实施

园林工程施工进度计划的实施就是用施工进度计划指导施工活动、落实和完成计划。园林工程施工进度计划逐步实施的进程就是园林工程施工建造的逐步完成过程。为了保证园林工程施工进度计划的实施，并且尽量按编制的计划时间逐步进行，保证各进度目标的实现，应做好如下工作：

1. 园林工程施工进度计划执行准备

在制订园林工程施工进度计划时，必须首先做好进度计划执行的准备工作，要对执行中可能出现的问题作出正确的估计和预测，保证进度计划的准确性和可行性，才能确保园林工程施工进度计划的落实。因此，做好进度计划执行的准备工作是园林工程施工进度计划顺利执行的保证。准备工作包括以下几方面内容。

（1）对园林工程施工进度计划进行审查。对园林施工进度进行审查，是为了保证园林施工进度计划的准确性、科学性和合理性。园林施工进度计划审核的内容如下。

① 进度安排是否符合工程项目建设总进度计划中总目标和分目标的要求，是否符合施工合同中开工、竣工日期的规定。

② 施工总进度计划中的项目是否有遗漏，分期施工是否满足分批动用的需要和配套动用的要求。

③ 施工顺序的安排是否符合施工工艺的要求。

④ 总包、分包单位分别编制的各项单位工程施工进度计划之间是否相协调，专业分工与计划衔接是否明确合理。

⑤ 劳动力、材料、构配件、设备及施工机具、水、电等生产要素的供应计划是否能保

证施工进度计划的实现，供应是否均衡，需求高峰期是否有足够能力实现计划供应。

（2）编制施工作业计划。施工作业计划是根据施工组织设计和现场具体情况，灵活安排，平衡调度，以确保实现施工进度和上级规定的各项指标任务的具体的执行计划。它是施工单位的计划任务、施工进度计划和现场具体情况的综合产物，它把这三者协调起来，并把任务直接下达给每一个执行者，成为群众掌握的、直接组织和指导施工的文件，因而成为保证进度计划的落实与执行的关键措施。

施工作业计划一般可分为月作业计划和旬作业计划。施工作业计划一般应包括以下三个方面内容。

① 明确月（旬）应完成的施工任务，确定其施工进度。月（旬）作业计划应保证年、季度计划指标的完成，一般要按一定的规定填写作业计划表（见表2-2）。

表 2-2　月（旬）作业计划表

施工单位　　　　　　　　　　　　　　　　　　　　　　　　　　　　　　年　季　月

编号	工程地点及名称	计量单位	月计划					上旬		中旬		下旬		施工进度要求				
			数量	单价	合价	定额	工天	数量	工天	数量	工天	数量	工天	28	29	30	1	2…27

② 根据月（旬）施工任务及其施工进度，编制相应的资源需要量计划。

③ 结合月（旬）作业计划的具体实施情况，落实相应的提高劳动生产率和降低成本的措施。

编制作业计划时，计划人员应深入施工现场，检查项目实施的实际进度情况，并且要深入施工队组，了解其实际施工能力，同时了解设计要求，把主观和客观因素结合起来，征询各有关施工队组的意见，进行综合平衡，修正不合时宜的计划安排，提出作业计划指标。最后，召开计划会议，通过施工任务书将作业计划落实并下达到施工队组。

2. 做好施工进度记录，填好施工进度统计表

在计划任务完成的过程中，各级施工进度计划的执行者都要跟踪做好施工记录，记载计划中的每项工作开始日期、工作进度和完成日期。为施工项目进度检查分析提供信息，因此要求实事求是记载，并填好有关图表。

3. 签发施工任务书

编制好月（旬）作业计划以后，将每项具体任务通过签发施工任务书的方式使其进一步落实。施工任务书是向班组下达任务实行责任承包、全面管理和原始记录的综合性文件。施工班组必须保证指令任务的完成。它是计划和实施的纽带。施工任务书包括施工任务单、限额领料单、考勤表等。其中施工任务单包括分项工程施工任务、工程量、劳动量、开工及完工日期、工艺、质量和安全要求等内容。限额领料单根据施工任务单编制，是控制班组领用料的依据，其中列明材料名称、规格、型号、单位和数量、退领料记录等。

4. 做好施工调度工作

施工调度是指在施工过程中不断组织新的平衡，建立和维护正常的施工条件及施工程序所做的工作。其主要任务是督促、检查工程项目计划和工程合同执行情况，调度物资、设备、劳力，解决施工现场出现的矛盾，协调内、外部的配合关系，促进和确保各项计划指标的落实。

为保证完成作业计划和实现进度目标，施工调度涉及多方面的工作，主要包括以下方面。

① 落实控制进度措施应具体到执行人、目标、任务、检查方法和考核办法。

② 监督检查施工准备工作、作业计划的实施、协调各方面的进度关系。

③ 督促资源供应单位按计划供应劳动力、施工机具、材料构配件、运输车辆等，并对临时出现问题采取解决的调配措施。

④ 由于工程变更引起资源需求的数量变更和品种变化时，应及时调整供应计划。

⑤ 按施工平面图管理施工现场，遇到问题做必要的调整，保证文明施工。

⑥ 及时了解气候和水、电供应情况，采取相应的防范和调整保证措施。

⑦ 及时发现和处理施工中各种事故和意外事件。

⑧ 协助分包人解决项目进度控制中的相关问题。

⑨ 定期、及时召开现场调度会议，贯彻项目主管人的决策，发布调度令。

⑩ 当发包人提供的资源供应进度发生变化不能满足施工进度要求时，应敦促发包人执行原计划，并对造成的工期延误及经济损失进行索赔。

⑪ 执行施工合同中对进度、开工及延期开工、暂停施工、工期延误、工程竣工的承诺。

二、 园林工程施工进度计划调整

工程施工进行情况不可能完全按照预订的进度计划进行，这时就需要对计划进行调整。园林施工进度计划的调整应依据进度计划检查结果，在计划执行发生偏离的时候，通过对施工内容、工程量、起止时间、资源供应的调整，或通过局部改变施工顺序，重新确认作业过程相互协作方式等工作关系进行的调整，更充分利用施工的时间和空间进行合理交叉衔接，并编制调整后的园林施工进度计划，以保证园林施工总目标的实现。

1. 进度偏差影响分析

在园林工程实施过程中，当通过实际进度与计划进度的比较，发现有进度偏差时，需要分析该偏差对后续工作及总工期的影响，从而采取相应的调整措施对原进度计划进行调整，以确保工期目标的顺利实现。进度偏差的大小及其所处的位置不同，对后续工作和总工期的影响程度是不同的，分析时需要利用网络计划中工作总时差和自由时差的概念进行判断，分析过程如图 2-2 所示。

（1）分析进度偏差是否大于总时差。若工作的进度偏差大于该工作的总时差，说明此偏差必将影响后续工作和总工期，必须采取相应的调整措施；若工作的进度偏差小于或等于该工作的总时差，说明此偏差对总工期无影响，但它对后续工作的影响程度，需要根据比较偏差与自由时差的情况来确定。

（2）分析进度偏差是否大于自由时差。若工作的进度偏差大于该工作的自由时差，说明此偏差对后续工作产生影响，应该如何调整，应根据后续工作允许影响的程度而定；若工作的进度偏差小于或等于该工作的自由时差，则说明此偏差对后续工作无影响，因此，原进度计划可以不作调整。

（3）分析进度偏差的工作是否为关键工作。若出现偏差的工作为关键工作，则无论偏差大小，都对后续工作及总工期产生影响，必须采取相应的调整措施，若出现偏差的工作不为

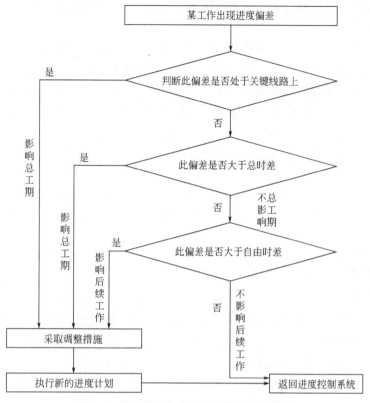

图 2-2　对后续工作和总工期影响分析过程

关键工作，需要根据偏差值与总时差和自由时差的大小关系，确定对后续工作和总工期的影响程度。

经过如此分析，进度控制人员可以确认应该调整产生进度偏差的工作和调整偏差值的大小，以便确定采取调整新措施，获得新的符合实际进度情况和计划目标的新进度计划。

2. 施工进度计划调整方法

（1）缩短某些工作的持续时间。这种方法是不改变工作之间的逻辑关系，而是缩短某些工作的持续时间，使施工进度加快，并保证实现计划工期的方法。这些被压缩持续时间的工作是位于由于实际施工进度的拖延而引起总工期增长的关键线路和某些非关键线路上的工作。这种方法实际上就是网络计划优化中的工期优化方法和工期与费用优化的方法。具体做法如下。

① 研究后续各工作持续时间压缩的可能性，及其极限工作持续时间。

② 确定由于计划调整，采取必要措施，而引起的各工作的费用变化率。

③ 选择直接引起拖期的工作及紧后工作优先压缩，以免拖期影响扩大。

④ 选择费用变化率最小的工作优先压缩，以求花费最小代价，满足既定工期要求。

⑤ 综合考虑上述③、④，确定新的调整计划。

（2）改变某些工作间的逻辑关系。当工程施工中产生的进度偏差影响到总工期，且有关工作的逻辑关系允许改变时，可以改变关键线路和超过计划工期的非关键线路上的有关工作之间的逻辑关系，达到缩短工期的目的。例如，将顺序进行的工作改为平行作业、搭接作业以及分段组织流水作业等，都可以有效地缩短工期。对于大型群体工程项目，单位工程间的相互制约相对较小，可调幅度较大；对于单位工程内部，由于施工顺序和逻辑关系约束较大，可调幅度较小。

（3）资源供应的调整。对于因资源供应发生异常而引起进度计划执行问题，应采用资源优化方法对计划进行调整，或采取应急措施，使其对工期影响最小。

（4）起止时间的改变。起止时间的改变应在相应的工作时差范围内进行，如延长或缩短工作的持续时间，或将工作在最早开始时间和最迟完成时间范围内移动。每次调整必须重新计算时间参数，观察该项调整对整个施工计划的影响。

（5）增减工程量。增减工程量主要是指改变施工方案、施工方法，从而导致工程量的增加或减少。

（6）增减施工内容。增减施工内容应做到不打乱原计划的逻辑关系，只对局部逻辑关系进行调整。在增减施工内容以后，应重新计算时间参数，分析对原网络计划的影响。当对工期有影响时，应采取调整措施，保证计划工期不变。

三、 园林工程施工进度计划检查

在进度计划执行一定时间后就要检查、监督实际进度是否按照计划进度顺利进行，收集有关施工信息，掌握施工进展的动向，这样才能够经常掌握园林工程的施工进度情况。对施工进度进行监督检查的目的，在于尽早预测影响后续工程作业的因素，控制施工进度能够如期完成，为此，及时根据出现的情况，协调各生产要素的有效组合。

在园林工程施工的实施过程中，为了进行进度控制，进度控制人员应经常定期地跟踪检查施工实际进度情况，主要是收集施工进度材料，进行统计整理和对比分析，确定实际进度与计划进度之间的关系。主要有以下几方面工作。

1. 对比实际进度与计划进度

主要是将实际的数据与计划的数据进行比较，如将实际的完成量、实际完成的百分比与计划的完成量、计划完成的百分比进行比较。通常可利用表格形成各种进度比较报表或直接绘制比较图形来直观地反映实际与计划的差距。通过比较了解实际进度比计划进度拖后、超前还是与计划进度一致。

2. 跟踪检查施工实际进度

跟踪检查是落实计划检查的一项重要环节，主要是定期收集反映实际工程进度的有关数据。收集的方式：一是以报表的方式；二是进行现场实地检查。不完整或不正确的进度数据将导致不全面或不正确的决策，因此收集的数据质量必须要高。

3. 整理统计检查数据

收集到的园林工程施工实际进度数据，要进行必要的整理、按计划控制的工作进行统计，形成与计划进度具有可比性的数据、相同的量纲和形象进度。一般可以按实物工程量、工作量和劳动消耗量以及累计百分比整理和统计实际检查的数据，以便与相应的计划完成量相对比。

4. 施工进度检查结果处理

施工进度检查的结果，按照检查报告制度的规定，形成进度控制报告向有关主管人员和部门汇报。进度控制报告是把检查比较的结果，有关施工进度现状和发展趋势，提供给项目经理及各级业务职能负责人的最简单的书面形式报告。

（1）进度报告等级。报告根据情报信息的汇总情况、报告对象及用途，分3个等级。

① 概要级。工程进度报告要将整个工程进展的大概情况以及各种资源的供应情况对照计划做一个整体的综合报告，对于出现的问题还要提出分析报告和建议报告呈送给项目经理及各职能负责人，在必要的情况下，还要呈报企业和建设单位。

② 管理级。管理级工程进度报要将分类别、分区域的单项工程的日历进度趋势的简要情况和资源供应情况与计划比较后写出报告，供工程管理，各业务部门及工程管理者控制单项工程施工进度时使用。

③ 业务管理级。业务管理级是将分类别、分区域的各单位工程的详细进度状况和资源供应状况写出报告，并且根据实际情况对照计划情况写出分析报告并提出具体的技术组织措施，供工程管理者和业务管理部门使用。

（2）施工工程进度控制报告的基本内容。

① 对施工进度执行情况作综合描述。检查期的起止时间、当地气象及晴雨天数统计、计划目标及实际进度、检查期内施工现场主要大事记。

② 工程实施、管理、进度概况的总说明。施工进度、形象进度及简要说明；施工图纸提供进度；材料、物资、构配件供应进度；劳务记录及预测；日历计划；对建设单位和施工者的工程变更指令、价格调整、索赔及工程款收支情况；停水、停电、事故发生及处理情况；实际进度与计划目标相比较的偏差状况及其原因分析；解决问题措施；计划调整意见等。

（3）进度报告由计划负责人或进度管理人员与其他工程管理人员协作编写。报告时间一般与进度检查时间相协调，也可按月、旬、周等间隔时间进行编写上报。

四、 园林工程施工进度检查比较方法

园林施工进度检查比较与计划调整是园林施工进度控制的主要环节。其中园林施工进度比较是调整的基础。常用的检查比较方法有以下几种。

1. 横道图比较法

横道图比较法是指将实施过程中检查实际进度收集到的数据，经加工整理后直接用横道线平行绘于原计划的横道线处，进行实际进度与计划进度的比较方法。采用横道图比较法，可以形象、直观地反映实际进度与计划进度的比较情况。

例如：某工程的计划进度与截止到第10天的实际进度，如图2-3所示。其中粗实线表示计划进度，双线条表示实际进度。从图中可以看出，在第10天检查时，A 工程按期完成计划；B 工程进度落后2天；C 工程因早开工1天，实际进度提前了1天。

图 2-3 所表达的比较方法仅适用于工程中的各项工作都是均匀进展的情况，即每项工作在单位时间内完成的任务量都相等的情况。事实上，工程中各项工作的进展不一定是匀速的。根据工程中各项工作的进展是否匀速，可分别采用以下几种方法进行实际进度与计划进度的比较。

（1）匀速进展横道图比较法。匀速进展是指在工程项目中，每项工作在单位时间内完成的任务量都是相等的，即工作的进展速度是均匀的。此时，每项工作累计完成的任务量与时间呈线性关系，如图2-4所示。完成的任务量可以用实物工程量、劳动消耗量或费用支出表示。为了便于比较，通常用上述物理量的百分比表示。

采用匀速进展横道图比较法时，其步骤如下。

① 编制横道图进度计划。

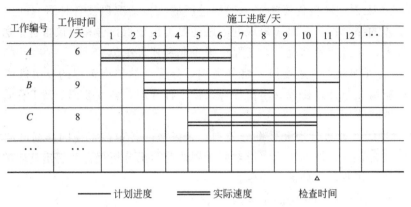

图 2-3　某工程实际进度与计划进度比较

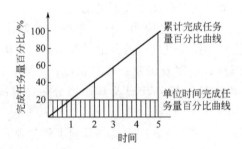

图 2-4　匀速进展工作时间与完成任务量关系曲线

② 在进度计划上标出检查日期。

③ 将检查收集到的实际进度数据经加工整理后按比例用涂黑的粗线标于计划进度的下方，如图 2-5 所示。

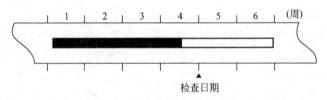

图 2-5　匀速进展横道图比较

④ 对比分析实际进度与计划进度。

a. 如果涂黑的粗线右端落在检查日期左侧，表明实际进度拖后。

b. 如果涂黑的粗线右端落在检查日期右侧，表明实际进度超前。

c. 如果涂黑的粗线右端与检查日期重合，表明实际进度与计划进度一致。

必须指出，该方法仅适用于工作从开始到结束的整个过程中，其进展速度均为固定不变的情况。如果工作的进展速度是变化的，则不能采用这种方法进行实际进度与计划进度比较；否则会得出错误的结论。

（2）双比例单侧横道图比较法。双比例单侧横道图比较法是适用于工作的进度按变速进展的情况下，实际进度与计划进度进行比较的一种方法。该方法在表示工作实际进度的涂黑粗线同时，并标出其对应时刻完成任务的累计百分比，将该百分比与其同时刻计划完成任务的累计百分比相比较，判断工作的实际进度与计划进度之间的关系。具体步骤如下。

① 编制横道图进度计划。

② 在横道线上方标出各主要时间工作的计划完成任务累计百分比。

③ 在横道线下方标出相应日期工作的实际完成任务累计百分比。

④ 用涂黑粗线标出实际进度线，由开工日标起，同时反映出实际过程中的连续与间断情况。

⑤ 对照横道线上方计划完成任务累计量与同时刻的下方实际完成任务累计量，比较出实际进度与计划进度之偏差，可能有三种情况。

a. 同一时刻上下两个累计百分比相等，表明实际进度与计划进度一致。

b. 同一时刻上面的累计百分比大于下面的累计百分比，表明该时刻实际进度拖后，拖后的量为两者之差。

c. 同一时刻上面的累计百分比小于下面累计百分比，表明该时刻实际进度超前，超前的量为两者之差。

这种比较法，不仅适合于进展速度是变化情况下的进度比较；同样的，除标出检查日期进度比较情况外，还能提供某一指定时间两者比较的信息。当然，这要求实施部门按规定的时间记录当时的任务完成情况。

（3）双比例双侧横道图比较法。双比例双侧横道图比较法，适用于工作进度按变速进展的情况，工作实际进度与计划进度进行比较的一种方法。它是双比例单侧横道图比较法的改进和发展，它是将表示工作实际进度的涂黑粗线，按照检查的期间和完成的累计百分比交替地绘制在计划横道线上下两面，其长度表示该时间内完成的任务量。工作的实际完成累计百分比标于横道线的下面的检查日期处，通过两个上下相对的百分比相比较，判断该工作的实际进度与计划进度之间的关系。这种比较方法从各阶段的涂黑粗线的长度看出各期间实际完成的任务量及其本期间的实际进度与计划进度之间关系。具体步骤如下。

① 编制横道图进度计划表。

② 在横道图上方标出各工作主要时间的计划完成任务累计百分比。

③ 在计划横道线的下方标出工作相对应日期实际完成任务累计百分比。

④ 用涂黑粗线分别在横道线上方和下方交替地绘制出每次检查实际完成的百分比。

⑤ 比较实际进度与计划进度。通过标在横道线上下方两个累计百分比，比较各时刻的两种进度的偏差。

以上介绍的 3 种横道图比较方法，由于其形象直观、作图简单、容易理解，因而被广泛用于工程施工的进度监测中，供不同层次的进度控制人员使用。并且由于在计划执行过程中不需要修改原因，因而使用起来也比较方便。但由于其以横道计划为基础，因而带有不可克服的局限性。在横道计划中，各项工作之间的逻辑关系表达不明确，关键工作和关键线路无法确定。一旦某些工作实际进度出现偏差时，难以预测其对后续工作和工程总工期的影响，也就难以确定相应的进度计划调整方法。因此，横道图比较法主要用于工程施工中某些工作实际进度与计划进度的局部比较。

2. 垂直进度图法

垂直进度图法适用于多项匀速施工作业的进度检查（图 2-6）。具体做法如下。

（1）建立直角坐标系，其横轴表示进度时间，纵轴表示施工任务的数量完成情况。施工数量进度可用实物工程量、施工产值、消耗的劳动时间（工日）等指标表示，但最常用的指标是由前述几个指标计算的完成任务百分比（%），因为它综合性强、便于广泛比较。

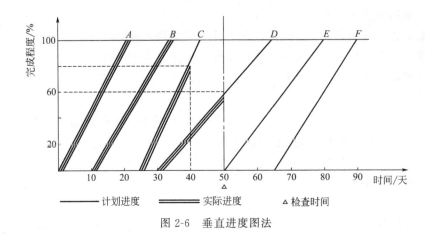

图 2-6　垂直进度图法

（2）在图中绘制出表示每个工程的计划进度时间和相应计划累计完成程度的计划线。计划线与横轴的交点表示计划开始时间，与 100％水平线的交点是计划完工时间，各计划线的斜率表示每个工程的施工速度。

（3）对进度计划执行情况检查，将在检查日已完成的施工任务标注在相应计划线的一侧。然后可按纵横两个坐标方向进行完成数量（进度百分比％）和工期进度的比较分析，在图 3-7 中，A、B、C、D、E、F 6 项工程的总工期 90 天，在第 50 天检查时 A、B 工程已完成；D 工程完成了 60％，符合进度按计划要求；C 工程按计划应全部完成，但实际完成了 80％，相当于第 40 天计划任务，故拖期了 10 天。

3. S 形曲线比较法

S 形曲线比较法与横道图比较法不同，它是以横坐标表示进度时间，纵坐标表示累计完成任务量，而绘制出一条按计划时间累计完成任务量的 S 形曲线，将工程施工的各检查时间实际完成的任务量与 S 形曲线进行实际进度与计划进度相比较的一种方法。

从整个工程施工实际进展全过程来看，施工过程是变速的，故计划线呈曲线形态。若施工速度（单位时间完成工程任务）是先快后慢，计划累计曲线呈抛物线形态；若施工速度是先慢后快，计划累计曲线呈指数曲线形态；若施工速度是快慢相间，曲线呈上升的波浪线；若施工速度是中期快首尾慢，计划累计曲线呈 S 形曲线形态。见表 2-3。其中后者居多，故而得名。

表 2-3　施工速度与累计完成任务量的关系

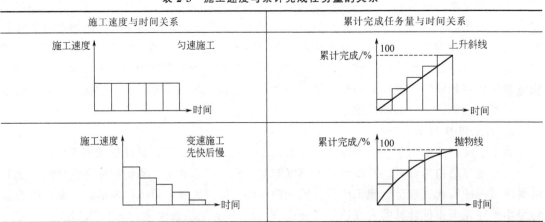

续表

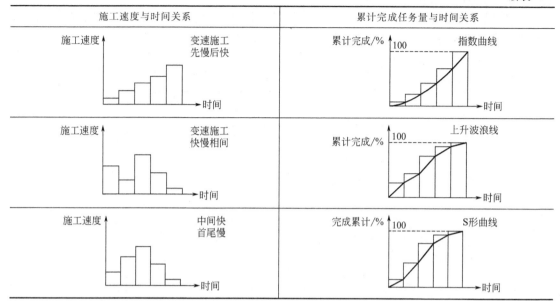

施工速度与时间关系累计完成任务量与时间关系

（1）S形曲线绘制。

① 确定工程进展速度曲线。在实际工程中计划进度曲线，可以根据每单位时间内完成的实物工程量或投入的劳动力与费用，计算出计划单位时间的量值 Q_j，则 Q_j 为离散型的。

② 累计单位时间完成的工程量（或工作量），可按下式确定：

$$Q_j = \sum_{j=1}^{j} q_j$$

式中　Q_j——某时间 j 计划累计完成的任务量；

　　　q_j——单位时间 j 的计划完成的任务量；

　　　j——某规定计划时刻。

③ 绘制单位时间完成工程量曲线和S曲线。

（2）S形曲线比较方法。利用S形曲线比较，可以在图上直观地进行工程项目实际进度与计划进度比较。一般情况，进度控制人员在计划实施前绘制出计划S形曲线，在项目实施过程中，按规定时间将检查的实际完成任务情况，绘制在与计划S形曲线同一张图上，可得出实际进度S形曲线，如图2-7所示。比较两条S形曲线可以得到如下信息。

① 工程施工实际进展状况。如果工程实际进展点落在计划S形曲线左侧，表明此时实际进度比计划进度超前，如图2-7中的 a 点；如果工程实际进展点落在S计划曲线右侧，表明此时实际进度拖后，如图2-7中的 b 点；如果工程实际进展点正好落在计划S曲线上，则表示此时实际进度与计划进度一致。

② 工程施工实际进度超前或拖后的时间。在S曲线比较图中可以直接读出实际进度比计划进度超前或拖后的时间。如图2-7所示，T_a 表示 T_a 时刻实际进度超前的时间；T_b 表示 T_b 时刻实际进度拖后的时间。

③ 工程施工实际超额或拖欠的任务量。在S曲线比较图中也可直接读出实际进度比计划进度超额或拖欠的任务量。如图2-7所示，Q_a 表示 T_a 时刻超额完成的任务量，Q_b 表示

T_b 时刻拖欠的任务量。

④ 后期工程进度预测。如果后期工程按原计划速度进行，则可作出后期工程计划 S 形曲线如图 2-7 中虚线所示，从而可以确定工期拖延预测值 T。

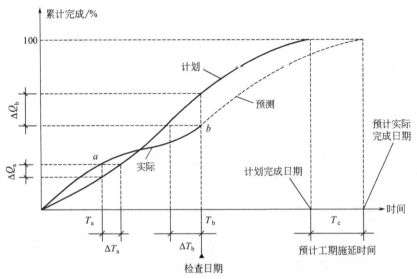

图 2-7　S 形曲线比较

4. 香蕉形曲线比较法

香蕉形曲线是两条 S 形曲线组合成的闭合图形。在工程施工的网络计划中，各项工作一般可分为最早和最迟开始时间，于是根据各项工作的计划最早开始时间安排进度，就可绘制出一条 S 形曲线，称为 ES 曲线，而根据各项工作的计划最迟开始时间安排进度，绘制出的 S 形曲线，称为 LS 曲线。这两条曲线都是起始于计划开始时刻，终止于计划完成之时，因而图形是闭合的。一般情况下，在其余时刻，ES 曲线上各点均应在 LS 曲线的左侧，其图形形似香蕉，因而得名，如图 2-8 所示。

绘制步骤如下。

（1）以工程施工的网络计划为基础，计算各项工作的最早开始时间和最迟开始时间。

（2）确定各项工作在各单位时间的计划完成任务量。分别按以下两种情况考虑。

① 根据各项工作按最早开始时间安排的进度计划，确定各项工作在各单位时间的计划完成任务量。

② 根据各项工作按最迟开始时间安排的进度计划，确定各项工作在各单位时间的计划完成任务量。

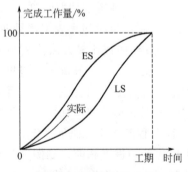

图 2-8　香蕉形曲线比较

（3）计算工程施工总任务量，即对所有工作在各单位时间计划完成的任务量累加求和。

（4）分别根据各项工作按最早开始时间、最迟开始时间安排的进度计划，确定工程施工在各单位时间计划完成的任务量，即将各项工作在某一单位时间内计划完成的任务量求和。

（5）分别根据各项工作按最早开始时间、最迟开始时间安排的进度计划，确定不同时间累计完成的任务量或任务量的百分比。

（6）绘制香蕉曲线。分别根据各项工作按最早开始时间、最迟开始时间安排的进度计划而确定的累计完成任务量或任务量的百分比描绘各点，并连接各点得到 ES 曲线和 LS 曲线，由 ES 曲线和 LS 曲线组成香蕉曲线。

5. 网络图切割线法

割切法是一种将网络计划中已完成部分割切去，然后对剩余网络部分进行分析的一种方法。其具体步骤如下。

（1）去掉已经完成的工作，对剩余工作组成的网络计划进行分析。

（2）把检查当前日期作为剩余网络计划的开始日期，将那些正在进行的剩余工作所需的历时估算出并标于网络图中，其余未进行的工作仍以原计划的历时为准。

（3）计算剩余网络参数，以当前时间为网络的最早开始时间，计算各工作的最早开始时间，各工作的最迟完成时间保持不变，然后计算各工作总时差，若产生负时差，则说明项目进度拖后。应在出现负时差的工作路线上，调整工作历时，消除负时差，以保证工期按期实现。

图 2-9 是割切检查法的实例。其检查标准日期是工程开工第 35 天，剩余进度网络计划如图中割切线以后的部分，依照上述检查步骤可知项目计算工期为 135 天，较计划工期 130天将拖后 5 天竣工。

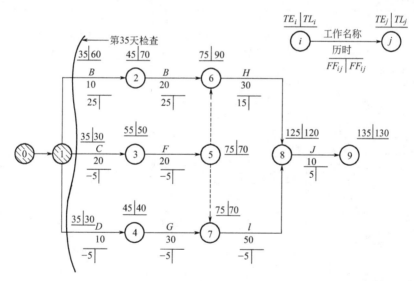

图 2-9　剩余进度网络计划

6. 前锋线比较法

前锋线比较法是一种简单地进行工程实际进度与计划进度的比较方法。它主要适用于时标网络计划。其主要方法是从检查时刻的时标点出发，首先连接与其相邻的工作箭线的实际进度点，由此再去连接该箭线相邻工作箭线的实际进度点，依此类推，将检查时刻正在进行工作的点都依次连接起来，组成一条一般为折线的前锋线。按前锋线与箭线交点的位置判定工程实际进度与计划进度的偏差。简而言之，前锋线法就是通过工程施工实际进度前锋线，比较工程实际进度与计划进度偏差的方法。

采用前锋线比较法进行实际进度与计划进度的比较，其步骤如下。

（1）绘制时标网络计划图。工程施工实际进度前锋线是在时标网络计划图上标示，为清楚起见，可在时标网络计划图的上方和下方各设一时间坐标。

（2）绘制实际进度前锋线。一般从时标网络计划图上方时间坐标的检查日期开始绘制，依次连接相邻工作的实际进展位置点，最后与时标网络计划图下方坐标的检查日期相连接。

（3）比较实际进度与计划进度。前锋线明显地反映出检查日期有关工作实际进度与计划进度的关系有以下 3 种情况。

① 工作实际进度点位置与检查日时间坐标相同，则该工作实际进度与计划进度一致。

② 工作实际进度点位置在检查日时间坐标右侧，则该工作实际进度超前，超前天数为两者之差。

③ 工作实际进度点位置在检查日时间坐标左侧，则该工作实际进展拖后，拖后天数为两者之差。

以上比较是指匀速进展的工作，对于非匀速进展的工作比较方法较复杂。

7. 施工进度检查比较方法的选择

由于施工过程包含的施工作业工作多样、复杂，所以需要根据施工的特点和检查要求来选择适当的方法，如表 2-4 所示。

表 2-4   施工进度检查的特点及方法选择

检查对象	特点	宜采用的方法
分项工程匀速施工 完成任务/% 累计完成/% 100 单位时间完成/% 时间	（1）施工速度是一条水平直线，即每天完成量相等 （2）施工时间与累计完成施工任务百分比是线性关系，其斜率即为施工速度 （3）施工时间长度与累计完成施工任务百分比同步增长 （4）检查施工时间（天数）也就等于检查了累计完成施工任务百分比 （5）利用实际与计划天数比例可换算累计完成施工任务百分比	（1）单比例横道图法 （2）垂直进度图法 （3）网络前锋线法
分项工程变速施工 或多项工程综合进度 完成任务/% 累计完成 100 单位时间完成/% 时间	（1）施工速度是不同高度的水平线段，即每天完成任务量不等 （2）施工时间与累计完成施工任务百分比是曲线（折线）关系，其各点斜率即为施工速度 （3）检查时，应同时标注和检查施工时间（天数）和累计完成施工任务百分比的执行情况	（1）双比例单侧横道图法 （2）双比例双侧横道图法 （3）S 形曲线法 （4）香蕉形曲线法
对单位（项）工程进度进行全局性检查时	（1）包含多项工作，须明确各工作之间的逻辑关系 （2）重点检查关键工作、关键线路 （3）预测对后续工作和总工期的影响 （4）对计划的调整提供建议 （5）仅检查进度目标工期实现情况	（1）网络图前锋线法 （2）列表比较法 （3）单比例横道图法

第三节　园林工程施工进度控制

一、园林工程施工进度控制任务

园林工程施工进度控制的主要任务是编制施工总进度计划并控制其执行，按期完成整个施工项目任务；编制单位工程施工进度计划并控制其执行，按期完成单位工程的施工任务；编制分部分项工程施工进度计划，并控制其执行，按期完成分部分项工程的施工任务；编制季度、月（旬）作业计划，并控制其执行，完成规定的目标等。

二、园林工程施工进度控制计划系统

园林工程施工的进度计划包括：施工准备工作计划、施工总进度计划、单位工程施工进度计划及分部分项工程进度计划。

1. 施工准备工作计划

施工准备工作的主要任务是为园林工程的施工创造必要的技术和物资条件，统筹安排施工力量和施工现场。施工准备的工作内容通常包括：技术准备、物资准备、劳动组织准备、施工现场准备和施工场外准备。为落实各项施工准备工作，加强检查和监督，应根据各项施工准备工作的内容、时间和人员，编制施工准备工作计划。

2. 施工总进度计划

施工总进度计划是根据园林施工部署中施工方案和工程项目的开展程序，对全工地所有单位工程作出时间上的安排。其目的在于确定各单位工程及全工地性工程的施工期限及开竣工日期，进而确定施工现场劳动力、材料、成品、半成品、施工机械的需要数量和调配情况，以及现场临时设施的数量、水电供应量和能源、交通需求量。因此，科学、合理地编制施工总进度计划，是保证整个园林工程按期交付使用，充分发挥投资效益，降低园林工程成本的重要条件。

3. 单位工程施工进度计划

单位工程施工进度计划是在既定施工方案的基础上，根据规定的工期和各种资源供应条件，遵循各施工过程的合理施工顺序，对单位工程中的各施工过程作出时间和空间上的安排，并以此为依据，确定施工作业所必需的劳动力、施工机具和材料供应计划。因此，合理安排单位工程施工进度，是保证在规定工期内完成符合质量要求的工程任务的重要前提。同时，为编制各种资源需要量计划和施工准备工作计划提供依据。

4. 分部分项工程进度计划

分部分项工程进度计划是针对工程量较大或施工技术比较复杂的分部分项工程，在依据工程具体情况所制订的施工方案基础上，对其各施工过程所作出的时间安排。如大型基础土方工程、复杂的基础加固工程、大体积混凝土工程、大型桩基工程、大面积预制构件吊装工程等，均应编制详细的进度计划，以保证单位工程施工进度计划的顺利实施。

此外，为了有效地控制建设工程施工进度，施工单位还应编制年度施工计划、季度施工计划和月（旬）作业计划，将施工进度计划逐层细化，形成一个旬保月、月保季、季保年的

计划体系。

三、 园林工程施工进度控制方法和措施

1. 园林工程施工进度控制方法

园林工程施工进度控制方法主要是规划、控制和协调。规划是指确定施工总进度控制目标和分进度控制目标，并编制其进度计划。控制是指在施工项目实施的全过程中，进行施工实际进度与施工计划进度的比较，出现偏差及时采取措施调整。协调是指协调与施工进度有关的单位、部门和工作队组之间的进度关系。

2. 园林工程施工进度控制措施

园林工程施工进度控制采取的主要措施有组织措施、管理信息措施、经济措施、技术措施、合同措施等。

（1）组织措施。

① 建立施工进度实施和控制的组织系统。

② 订立进度控制工作制度：检查时间、方法，召开协调会议时间、人员等。

③ 落实各层次进度控制人员、具体任务和工作职责。

④ 确定施工进度目标，建立施工进度控制目标体系技术措施。

（2）管理信息措施。

① 建立对施工进度能有效控制的监测、分析、调整、反馈信息系统和信息管理工作制度。

② 随时监控施工过程的信息流，实现连续、动态的全过程进度目标控制组织措施。

（3）经济措施。

① 落实实现进度目标的保证资金。

② 签订并实施关于工期和进度的经济承包责任制。

③ 建立并实施关于工期和进度的奖惩制度

（4）技术措施。

① 尽可能采用先进施工技术、方法和新材料、新工艺、新技术，保证进度目标实现。

② 落实施工方案，在发生问题时，能适时调整工作之间的逻辑关系，加快施工进度。

（5）合同措施。以合同形式保证工期进度的实现，即：

① 保持总进度控制目标与合同总工期相一致；

② 分包合同的工期与总包合同的工期相一致；

③ 供货、供电、运输、构件加工等合同规定的提供服务时间与有关的进度控制目标一致。

四、 园林工程施工进度控制程序

（1）项目经理部要根据施工合同的要求确定施工进度目标，明确计划开工日期、计划总工期和计划竣工日期，确定项目分期分批的开竣工日期。

（2）编制施工进度计划，具体安排实现计划目标的工艺关系、组织关系、搭接关系、起止时间、劳动力计划、材料计划、机械计划及其他保证性计划。分包人负责根据项目施工进度计划编制分包工程施工进度计划。

（3）向监理工程师提出开工申请报告，按监理工程师开工令确定的日期开工。

（4）实施施工进度计划。项目经理应通过施工部署、组织协调、生产调度和指挥、改善施工程序和方法的决策等，应用技术、经济和管理手段实现有效的进度控制。项目经理部首先要建立进度实施、控制的科学组织系统和严密的工作制度，然后依据施工项目进度控制目标体系，对施工的全过程进行系统控制。正常情况下，进度实施系统应发挥监测、分析职能并循环运行，即随着施工活动的进行，信息管理系统会不断地将施工实际进度信息，按信息流动程序反馈给进度控制者，经过统计整理，比较分析后，确认进度无偏差，则系统继续运行；一旦发现实际进度与计划进度有偏差，系统将发挥调控职能，分析偏差产生的原因，及对后续施工和总工期的影响。必要时，可对原计划进度作出相应的调整，提出纠正偏差方案和实施的技术、经济、合同保证措施，以及取得相关单位支持与配合的协调措施，确认切实可行后，将调整后的新进度计划输入到进度实施系统，施工活动继续在新的控制下运行。当新的偏差出现后，再重复上述过程，直到施工项目全部完成。进度控制系统也可以处理由于合同变更而需要进行的进度调整。

（5）全部任务完成后，进行进度控制总结并编写进度控制报告。施工项目进度控制的程序如图 2-10 所示。

五、园林工程施工进度控制目标体系

园林工程施工进度控制总目标是依据园林施工项目总进度计划确定的，然后对园林施工项目进度控制总目标进行层层分解，形成实施进度控制、相互制约的目标体系。

园林工程施工进度目标是从总的方面对项目建设提出的工期要求。但在施工活动中，是通过对最基础的分部分项工程的施工进度控制来保证各单项（位）工程或阶段工程进度控制目标的完成，进而实现施工项目进度控制总目标的。因而需要将总进度目标进行一系列的从总体到细部、从高层次到基础层次的层层分解，一直分解到在施工现场可以直接调度控制的分部分项工程或作业过程的施工为止。在分解中，每一层次的进度控制目标都限定了下一级层次的进度控制目标，而较低层次的进度控制目标又是较高一级层次进度控制目标得以实现的保证，于是就形成了一个自上而下层层约束，由下而上级级保证，上下一致的多层次的进度控制目标体系，如可以按单位工程或分包单位分解为交工分目标，按承包的专业或按施工阶段分解为完工目标，按年、季、月计划期分解为时间目标等。

六、园林工程施工进度控制目标确定

为了提高进度计划的预见性和进度控制的主动性，在确定施工进度控制目标时，必须全面细致地分析与工程进度有关的各种有利因素和不利因素，只有这样才能订出一个科学、合理的进度控制目标。确定施工进度控制目标的主要依据有：园林工程总进度目标对施工工期的要求；工期定额、工程难易程度、类似工程项目的实际进度和工程条件的落实情况等。在确定施工进度分解目标时，还要考虑以下各个方面。

（1）合理安排土建与设备的综合施工。要按照它们各自的特点，合理安排土建施工与设备基础、设备安装的先后顺序及搭接、交叉或平行作业，明确设备工程对土建工程的要求和土建工程为设备工程提供施工条件的内容及时间。

（2）对于大型园林建设工程项目，应根据尽早提供可动用单元的原则，集中力量分期分批建设，以便尽早投入使用，尽快发挥投资效益。这时，为保证每一动用单元能形成完整的生产能力，就要考虑这些动用单元交付使用时所必需的全部配套项目。因此，要处理好前期

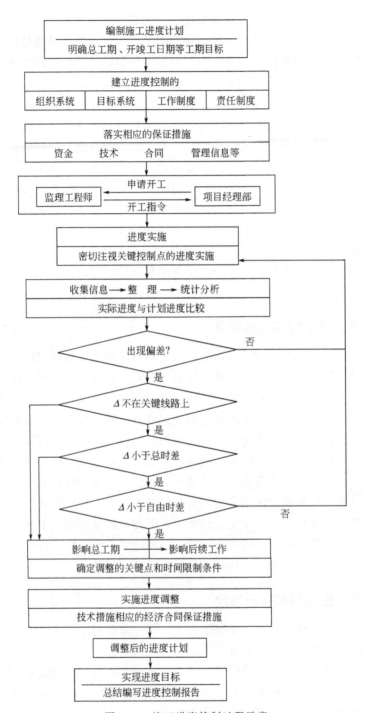

图 2-10　施工进度控制过程示意

动用和后期建设的关系、每期工程中主体工程与辅助及附属工程之间的关系等。

　　（3）做好资金供应能力、施工力量配备、物资（材料、构配件、设备）供应能力与施工进度的平衡工作，确保工程进度目标的要求而不使其落空。

　　（4）结合本工程的特点，参考同类园林工程的经验来确定施工进度目标。避免只按主观愿望盲目确定进度目标，从而在实施过程中造成进度失控。

（5）考虑工程项目所在地区地形、地质、水文、气象等方面的限制条件。

（6）考虑外部协作条件的配合情况。包括施工过程中及项目竣工动用所需的水、电、气、通信、道路及其他社会服务项目的满足程序和满足时间。它们必须与有关项目的进度目标相协调。

· 第三章 ·

园林工程施工现场质量管理

一、 园林工程施工现场质量管理基础知识

1. 园林工程施工前的质量管理

（1）研究和会审图纸及技术交底阶段。通过研究和会审图纸，可以广泛听取使用人员、施工人员的正确意见，弥补设计上的不足，提高设计质量；可以使施工人员了解设计意图、技术要求、施工难点，为保证工程质量打好基础。技术交底是施工前的一项重要准备工作，以使参与施工的技术人员与工人了解承建工程的特点、技术要求、施工工艺及施工操作要点。

（2）施工组织设计和施工方案编制阶段。施工组织设计或施工方案是指导施工的全面性技术经济文件，保证工程质量的各项技术措施是其中的重要内容。这个阶段的主要工作有以下几点。

① 签订承发包合同和总分包协议书。

② 根据建设单位和设计单位提供的设计图纸和有关技术资料，结合施工条件编制施工组织设计。

③ 及时编制并提出施工材料、劳动力和专业技术工种培训，以及施工机具、仪器的需用计划。

④ 认真编制场地平整、土石方工程、施工场区道路和排水工程的施工作业计划。

⑤ 及时参加全部施工图纸的会审工作，对设计中的问题和有疑问之处应随时解决和弄清，要协助设计部门消除图纸差错。

⑥ 属于国外引进工程项目，应认真参加与外商进行的各种技术谈判和引进设备的质量检验，以及包装运输质量的检查工作。

施工组织设计编制阶段，质量管理工作除上述几点外，还要着重制订好质量管理计划，编制切实可行的质量保证措施和各项工程质量的检验方法，并相应地准备好质量检验测试器具。质量管理人员要参加施工组织设计的会审，以及各项保证质量技术措施的制订工作。

（3）现场勘察与"三通一平"、临时设施搭建。掌握现场地质、水文等勘察资料，检查"三通一平"、临时设施搭建能否满足施工需要，保证工程顺利进行。

（4）物资准备。检查原材料、构配件是否符合质量要求；施工机具是否可以进入正常运行状态。

（5）劳动力准备。施工力量的集结，能否进入正常的作业状态；特殊工种及缺门工种的培训，是否具备应有的操作技术和资格；劳动力的调配，工种间的搭接，能否为后续工种创造合理的、足够的工作面。

2. 园林工程施工质量管理的特点

由于园林工程施工涉及面广，是一个极其复杂的综合过程，再加上工程位置固定、生产流动、质量要求不一、施工方法不一、结构类型不一、体型大、整体性强、建设周期长、受自然条件影响大等特点。因此，园林施工的质量比一般工业产品的质量更难以控制，主要表现在以下方面。

（1）影响质量的因素多。如设计、材料、机械、地形、地质、水文、气象、施工工艺、操作方法、技术措施、管理制度等，均直接影响园林施工的质量。

（2）容易产生质量变异。由于影响园林施工质量的偶然性因素和系统性因素都较多，因此，很容易产生质量变异。如材料性能微小的差异、机械设备正常的磨损、操作微小的变化、环境微小的波动等，均会引起偶然性因素的质量变异；当使用材料的规格、品种有误，施工方法不妥，操作不按规程，机械故障，仪表失灵，设计计算错误等，则会引起系统性因素的质量变异，造成工程质量事故。

（3）容易产生第一、第二判断错误。园林施工由于工序交接多，中间产品多，隐蔽工程多，若不及时检查实质，事后再看表面，就容易产生第二判断错误，也就是说，容易将不合格的产品，认为是合格的产品；反之，若检查不认真，测量仪表不准，读数有误，就会产生第一判断错误，也就是说容易将合格产品，认为是不合格的产品。这点，在进行质量检查验收时，应特别注意。

（4）质量要受投资、进度的制约。园林施工的质量受投资、进度的制约较大，如一般情况下，投资大、进度慢，质量就好；反之，质量则差。因此，在园林工程施工中，还必须正确处理质量、投资、进度三者之间的关系，使其达到对立的统一。

（5）质量检查不能解体、拆卸。园林工程施工建成后，不可能像某些工业产品那样，再拆卸或解体检查内在的质量，或重新更换零件；即使发现质量有问题，也不可能像工业产品那样实行"包换"或"退款"。

3. 园林工程施工质量管理的过程

园林工程都是由分项工程、分部工程和单位工程所组成的，而园林工程的建设，则通过一道道工序来完成，所以园林工程施工的质量管理是从工序质量到分项工程质量、分部工程质量、单位工程质量的系统控制过程；也是一个由对投入原材料的质量控制开始，直到完成工程质量检验为止的全过程的系统过程，如图 3-1 所示。

4. 园林工程施工质量管理的原则

对园林工程施工而言，质量控制，就是为了确保合同、规范所规定的质量标准，所采取的一系列检测、监控措施、手段和方法。在进行施工质量控制过程中，应遵循以下几点

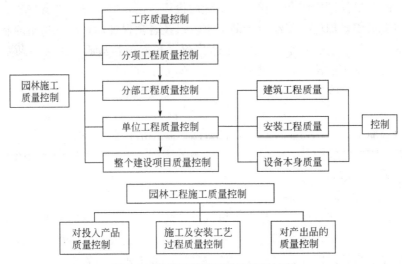

图 3-1　园林工程施工质量控制过程

原则。

（1）坚持"质量第一，用户至上"。商品经营的原则是"质量第一，用户至上"。园林产品作为一种特殊的商品，使用年限较长，是"百年大计"，直接关系到人民生命财产的安全。所以，园林工程在施工中应自始至终地把"质量第一，用户至上"作为质量控制的基本原则。

（2）"以人为核心"。人是质量的创造者，质量控制必须"以人为核心"，把人作为控制的动力，调动人的积极性、创造性；增强人的责任感，树立"质量第一"观念；提高人的素质，避免人的失误；以人的工作质量保工序质量、促工程质量。

（3）贯彻科学、公正、守法的职业规范。施工企业的项目经理，在处理质量问题过程中，应尊重客观事实，尊重科学，正直、公正，不持偏见；遵纪、守法，杜绝不正之风；既要坚持原则、严格要求、秉公办事，又要谦虚谨慎、实事求是、以理服人、热情帮助。

（4）"以预防为主"。"以预防为主"就是要从对质量的事后检查把关，转向对质量的事前控制、事中控制；从对产品质量的检查，转向对工作质量的检查、对工序质量的检查、对中间产品的质量检查。这是确保施工的有效措施。

（5）坚持质量标准、严格检查，一切用数据说话。质量标准是评价产品质量的尺度，数据是质量控制的基础和依据。产品质量是否符合质量标准，必须通过严格检查，用数据说话。

5. 园林工程施工质量管理的阶段

为了加强对园林工程施工的质量管理，明确各施工阶段管理的重点，可把园林工程施工质量分为事前控制、事中控制和事后控制三个阶段，如图 3-2 所示。

（1）事前控制。即对施工前准备阶段进行的质量控制。它是指在各工程对象正式施工活动开始前，对各项准备工作及影响质量的各因素和有关方面进行的质量控制。

1）施工技术准备工作的质量控制应符合下列要求。

① 组织施工图纸审核及技术交底。

a. 应要求勘察设计单位按国家现行的有关规定、标准和合同规定，建立健全质量保证体系，完成符合质量要求的勘察设计工作。

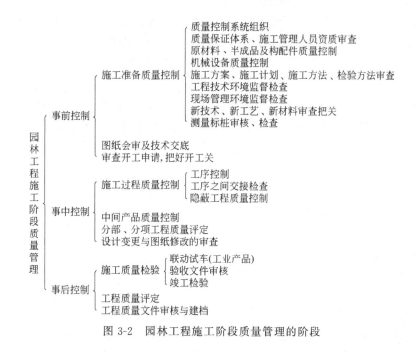

图 3-2 园林工程施工阶段质量管理的阶段

b. 在图纸审核中，审核图纸资料是否齐全，标准尺寸有无矛盾及错误，供图计划是否满足组织施工的要求及所采取的保证措施是否得当。

c. 设计采用的有关数据及资料是否与施工条件相适应，能否保证施工质量和施工安全。

d. 进一步明确施工中具体的技术要求及应达到的质量标准。

② 核实资料。核实和补充对现场调查及收集的技术资料，应确保可靠性、准确性和完整性。

③ 审查施工组织设计或施工方案。重点审查施工方法与机械选择、施工顺序、进度安排及平面布置等是否能保证组织连续施工，审查所采取的质量保证措施。

④ 建立保证工程质量的必要试验设施。

2）现场准备工作的质量控制应符合下列要求。

① 水、电、热及通信等的供应质量是否满足施工要求。

② 场地平整度和压实程度是否满足施工质量要求。

③ 施工道路的布置及路况质量是否满足运输要求。

④ 测量数据及水准点的埋设是否满足施工要求。

3）材料设备供应工作的质量控制应符合下列要求。

① 材料设备供应程序与供应方式是否能保证施工顺利进行。

② 所供应的材料设备的质量是否符合国家有关法规、标准及合同规定的质量要求。设备应具有产品详细说明书及附图；进场的材料应检查验收，验规格、验数量、验品种、验质量，做到合格证、化验单与材料实际质量相符。

（2）事中控制。即对施工过程中进行的所有与施工有关方面的质量控制，也包括对施工过程中的中间产品（工序产品或分部、分项工程产品）的质量控制。

事中控制的策略是：全面控制施工过程，重点控制工序质量。其具体措施是：工序交接有检查；质量预控有对策；施工项目有方案；技术措施有交底，图纸会审有记录；配制材料有试验；隐蔽工程有验收；计量器具校正有复核；设计变更有手续；钢筋代换有制度；质量处理有复查；成品保护有措施；行使质控有否决；质量文件有档案（凡是与质量有关的技术文件，如水准、坐标位置，测量、放线记录，沉降、变形观测记录，图纸会审记录，材料合格证明、试验报告，施工记录，隐蔽工程记录，设计变更记录，调试、试压运行记录，试车运转记录，竣工图等都要编目建档）。

（3）事后控制。是指对通过施工过程所完成的具有独立功能和使用价值的最终产品（单位工程或整个建设项目）及其有关方面（例如质量文档）的质量进行控制。其具体工作内容如下。

1）组织联动试车。

2）准备竣工验收资料，组织自检和初步验收。

3）按规定的质量评定标准和办法，对完成的分项、分部工程，单位工程进行质量评定。

4）组织竣工验收，其标准如下。

① 技术档案资料齐全。

② 按设计文件规定的内容和合同规定的内容完成施工，质量达到国家质量标准，能满足生产和使用的要求。

③ 主要生产工艺设备已安装配套，联动负荷试车合格，形成设计生产能力。

④ 交工验收的工程内净外洁，施工中的残余物料运离现场，灰坑填平，临时建（构）筑物拆除，2m 以内地坪整洁。

⑤ 交工验收的园林建筑物要窗明、地净、水通、灯亮、气来、采暖通风设备运转正常。

6. 园林工程施工质量管理的程序

在进行园林工程施工的全过程中，管理者要对园林工程施工生产进行全过程、全方位的监督、检查与管理，它与工程竣工验收不同，它不是对最终产品的检查、验收，而是对施工中各环节或中间产品进行监督、检查与验收。这种全过程、全方位的中间质量管理简要程序，如图 3-3 所示。

7. 园林工程施工方案的质量管理

施工方案正确与否，是直接影响园林工程施工质量、进度和成本的关键。施工方案考虑不周往往会拖延工期、影响质量、增加投资。为此，在制订施工方案时，必须结合工程实际，从技术、组织、管理、经济等方面进行全面分析、综合考虑，以确保施工方案在技术上可行，有利于提高工程质量，在经济上合理，有利于降低工程成本。在选用施工方案时，应根据工程特点、技术水平和设备条件进行多方案技术经济比较，从中选择最佳方案。

8. 施工机械设备的质量管理

施工机械设备是实现施工机械化的重要物质基础，是现代化施工中必不可少的设备，对施工项目的进度、质量均有直接影响。为此，施工机械设备的选用，必须综合考虑施工场地的条件、建筑结构形式、机械设备性能、施工工艺和方法、施工组织与管理等各种因素进行多方案比较，使之合理装备、配套使用、有机联系，以充分发挥机械设备的效能，力求获得较好的综合经济效益。

机械设备的选用，应着重从机械设备的选型、机械设备的主要性能参数和机械设备使用操作要求等三方面予以控制。

（1）机械设备的选型。机械设备的选择，应本着因地制宜、因工程制宜，按照技术上先进、经济上合理、生产上适用、性能上可靠、使用上安全、操作方便和维修方便的原则，贯彻执行机械化、半机械化与改良工具相结合的方针，突出施工与机械相结合的特色，使其具

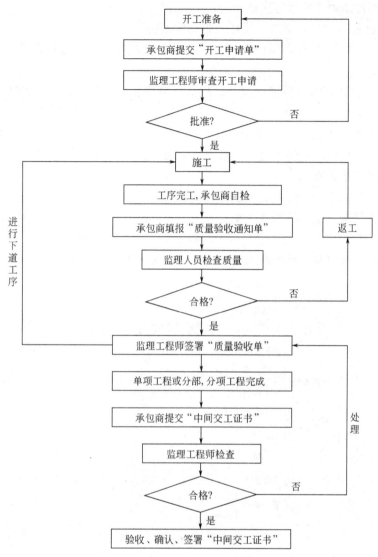

图 3-3 园林工程施工质量管理程序

有工程的适用性，具有保证工程质量的可靠性，具有使用操作的方便性和安全性。

（2）机械设备的主要性能参数。机械设备的主要性能参数是选择机械设备的依据，要能满足需要和保证质量的要求。

（3）机械设备使用与操作要求。合理使用机械设备，正确地进行操作，是保证项目施工质量的重要环节。应贯彻"人机固定"原则，实行定机、定人、定岗位责任的"三定"制度。操作人员必须认真执行各项规章制度，严格遵守操作规程，防止出现安全质量事故。机械设备在使用中，要尽量避免发生故障，尤其是预防事故损坏（非正常损坏），即指人为的损坏。造成事故损坏的主要原因有：操作人员违反安全技术操作规程和保养规程；操作人员技术不熟练或麻痹大意；机械设备保养、维修不良；机械设备运输和保管不当；施工使用方法不合理和指挥错误，气候和作业条件的影响等。这些都必须采取措施，严加防范，随时要以"五好"标准予以检查控制。

① 技术状况好：要做到机械设备经常处于完好状态，工作性能达到规定要求，机容整

洁和随机工具部件及附属装置等完整齐全。

②完成任务好。要做到高效、优质、低耗和服务好。

③使用好。要认真执行以岗位责任制为主的各项制度，做到合理使用、正确操作和原始记录齐全准确。

④保养好。要认真执行保养规程，做到精心保养，随时搞好清洁、润滑、调整、紧固、防腐。

⑤安全好。要认真遵守安全操作规程和有关安全制度，做到安全生产，无机械事故。

只要调动人的积极性，建立健全合理的规章制度，严格执行技术规定，就能提高机械设备的完好率、利用率和效率。

9. 影响园林工程施工质量的因素

影响园林工程施工质量的因素主要有五大方面，即4M1E，指：人（Man）、材料（Material）、机械（Machine）、方法（Method）和环境（Environment），如图3-4所示。事前对这五方面的因素严加控制，是保证园林工程施工质量的关键。

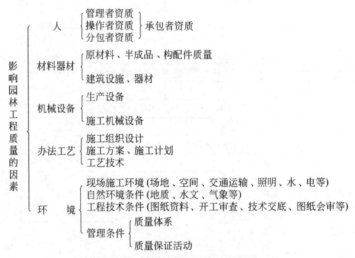

图3-4　影响园林工程质量的因素构成

（1）人的管理。人是指直接参与施工的组织者、指挥者和操作者。人作为管理的对象，要避免产生失误；作为管理的动力，要充分调动人的积极性，发挥人的主导作用。为此，除了加强政治思想教育、劳动纪律教育、职业道德教育、专业技术培训，健全岗位责任制，改善劳动条件，公平合理地激励劳动热情以外，还需根据工程特点，从确保质量出发，从人的技术水平、人的生理缺陷、人的心理行为、人的错误行为等方面来管理人的使用。

人的管理内容包括：组织机构的整体素质和每一个体的知识、能力、生理条件、心理状态、质量意识、行为表现、组织纪律、职业道德等，做到合理用人，发挥团队精神，调动人的积极性。

施工现场对人的控制，主要措施和途径如下。

①以项目经理的管理目标和职责为中心，合理组建管理机构，贯彻因事设岗，配备合适的管理人员。

②严格实行分包单位的资质审查，控制分包单位的整体素质，包括技术素质、管理素质、服务态度和社会信誉等。严禁分包工程或作业的转包，以防资质失控。

③ 坚持作业人员持证上岗，特别是重要技术工种、特殊工种、高空作业等，做到有资质者上岗。

④ 加强对现场管理和作业人员的质量意识教育及技术培训。开展作业质量保证的研讨交流活动等。

⑤ 严格现场管理制度和生产纪律，规范人的作业技术和管理活动的行为。

⑥ 加强激励和沟通活动，调动人的积极性。

（2）材料的管理。材料管理包括原材料、成品、半成品、构配件等的管理，主要是严格检查验收，正确合理地使用，建立管理台账，进行收、发、储、运等各环节的技术管理，避免混料和将不合格的原材料使用到工程上。实施材料的质量管理应抓好以下环节。

① 材料采购。承包商采购的材料都应根据工程特点、施工合同、材料的适用范围和施工要求、材料的性能价格等因素综合考虑。采购材料应根据施工进度提前安排，项目经理部或企业应建立常用材料的供应商信息库并及时追踪市场。必要时，应让材料供应商呈送材料样品或对其实地考察，应注意材料采购合同中质量条款的严格说明。

② 材料检验。材料质量检验的目的是事先通过一系列的检测手段，将所取得的材料数据与其质量标准相比较，借以判断材料质量的可靠性，能否用于工程。业主供应的材料同样应进行质量检验，检验方法有书面检验、外观检验、理化检验和无损检验四种，根据材料信息的保证资料的具体情况，其质量检验程序分免检、抽检和全部检查三种。抽样理化检验是建筑材料常见的质量检验方式，应按照国家有关规定的取样方法及试验项目进行检验，并对其质量作出评定。

③ 材料的仓储和使用。运至现场或在现场生产加工的材料经过检验后应重视对其仓储和使用管理，避免因材料变质或误用造成质量问题，如水泥的受潮结块、钢筋的锈蚀、不同直径钢筋的混用等。为此，一方面，承包商应合理调度，避免现场材料大量积压；另一方面，坚持对材料应按不同类别排放、挂牌标志，并在使用材料时现场检查督导。

（3）机械设备的管理。施工机械设备是现代园林施工必不可少的设施，是反映一个施工企业力量强弱的重要方面，对工程的施工进度和质量有直接影响。施工时，要根据不同工艺特点和技术要求，选用合适的机械设备，正确使用、管理和保养好机械设备。为此要健全"人机固定"制度、"操作证"制度、岗位责任制度、交接班制度、"技术保养"制度、"安全使用"制度、机械设备检查制度等，确保机械设备处于最佳使用状态。

① 承包商应按照技术先进、经济合理、生产适用、性能可靠、使用安全的原则选用施工机械设备，使其具有特定工程的适用性和可靠性。如预应力张拉设备，根据锚具的形式，从适用性出发，对于拉杆式千斤顶，只适用于张拉单根粗钢筋的螺钉端杆锚具、张拉钢丝束的锥形螺杆锚具或 DM5A 型墩头锚具。

② 应从施工需要和保证质量的要求出发，正确确定相应类型的性能参数，如千斤顶的张拉力，必须大于张拉程序中所需的最大张拉值。

③ 在施工过程中，应定期对施工机械设备进行校正，以免误导操作，如锥螺纹接头的力矩扳手就应经常校验，保证接头质量的可靠。另外，选择机械设备必须有与之相配套的操作工人相适应。

（4）环境的管理。施工环境管理，既包括对自然环境特点和规律的了解、限制、改造及利用问题，也包括对管理环境及劳动作业环境的创设活动。

① 自然环境的管理。主要是掌握施工现场水文、地质和气象资料信息，以便在制订施

工方案、施工计划和措施时，能够从自然环境的特点和规律出发，建立地基和基础施工对策，防止地下水、地面水对施工的影响，保证周围建筑物及地下管线的安全；从实际条件出发做好冬雨季施工项目的安排和防范措施；加强环境保护和建设公害的治理。

② 管理环境管理。主要是根据承发包的合同结构，理顺各参建施工单位之间的管理关系，建立现场施工组织系统和质量管理的综合运行机制。确保施工程序的安排以及施工质量形成过程能够起到相互促进、相互制约、协调运转的作用。此外，在管理环境的创设方面，还应注意与现场近邻的单位、居民及有关方面的协调、沟通，搞好公共关系，以取得他们对施工造成的干扰和不便给予必要的谅解和支持配合。

（5）施工方法的管理。施工方法管理包括施工方案、施工工艺、施工组织设计、施工技术措施等的管理，主要应结合工程实际、能解决施工难题、技术可行、经济合理，有利于保证质量、加快进度、降低成本。对施工方法的管理，着重抓好以下几个关键点。

① 施工方案应随园林工程进展而不断细化和深化。

② 选择施工方案时，对主要工程要拟定几个可行的方案，突出主要矛盾，摆出其主要优劣点，以便反复讨论与比较，选出最佳方案。

③ 对主要工程、关键部位和难度较大的工程，如新结构、新材料、新工艺、大跨度、大悬臂、高大的结构部位等，制订方案时要充分估计到可能发生的施工质量问题和处理方法。

二、 园林工程施工质量管理体系与策划

1. 园林工程施工质量管理体系

（1）质量管理体系的概念。质量管理体系是指"在质量方面指挥和控制组织的管理体系"。它致力于建立质量方针和质量目标，并为实现质量方针和质量目标确定相关的过程、活动和资源。质量管理体系主要在质量方面能帮助组织提供持续满足要求的产品，以满足顾客和其他相关方的需求。组织的质量目标与其他管理体系的目标，如财务、环境、职业、卫生与安全等的目标应是相辅相成的。因此质量管理体系的建立要注意与其他管理体系的整合，以方便组织的整体管理，其最终目的应使顾客和相关方都满意。

（2）质量管理体系的要素

1）园林工程施工企业质量管理体系要素。质量管理体系要素是构成质量管理体系的基本单元。它是产生和形成工程产品的主要因素。

质量管理体系是由若干个相互关联、相互作用的基本要素组成的。在园林施工的全部活动中，工序内容多，施工环节多，工序交叉作业多，有外部条件和环境的因素，也有内部管理和技术水平的因素，企业要根据自身的特点，参照质量管理和质量保证国际标准和国家标准中所列的质量管理体系要素的内容，选用和增删要素，建立和完善施工企业的质量体系。根据园林企业的特点，质量管理体系可列出 17 个要素。这 17 个要素可分为 5 个层次。

第 1 层次阐述了企业的领导职责，指出厂长、经理的职责是制订实施本企业的质量方针和目标，对建立有效的质量管理体系负责，是质量的第一责任人。质量管理的职能就是负责质量方针的制订与实施。这是企业质量管理的第一步，也是最关键的一步。第 2 层次阐述了展开质量体系的原理和原则，指出建立质量管理体系必须以质量形成规律——质量环为依据，要建立与质量体系相适应的组织机构，并明确有关人员和部门的质量责任和权限。第 3 层次阐述了质量成本，从经济角度来衡量体系的有效性，这是企业的主要目的。第 4 层次阐

述了质量形成的各阶段如何进行质量控制和内部质量保证。第 5 层次阐述了质量形成过程中的间接影响因素，如图 3-5 所示。

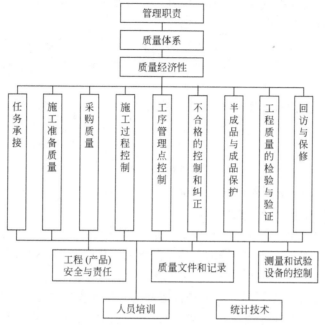

图 3-5　建设工程施工企业质量管理体系要素构成

2）园林工程质量管理体系要素。园林工程项目施工应达到的质量目标如下。

① 园林工程项目领导班子应坚持全员、全过程、各职能部门的质量管理，保持并实现工程项目的质量，以不断满足规定要求。

② 应使企业领导和上级主管部门相信工程施工正在实现并能保持所期望的质量，开展内部质量审核和质量保证活动。

③ 开展一系列有系统、有组织的活动，提供证实文件，使建设单位、建设监理单位确信该工程能达到预期的目标。若有必要，应将这种证实的内容和证实的程度明确地写入合同中。

④ 根据以上园林工程施工应达到的质量目标，从工程施工实际出发，对工程质量管理和质量管理体系要素进行的讨论，仅限于从承接施工任务、施工准备开始，直至竣工交验。从目前市场竞争角度出发到增加竣工交验后的工程回访与保修服务。整个施工管理过程由 17 个要素构成，如图 3-5 所示。

（3）质量管理体系的运行。质量管理体系的运行是执行质量管理体系文件、实现质量目标、保持质量管理体系持续有效和不断优化的过程。

保持质量管理体系的正常运行和持续实用有效，是企业质量管理的一项重要任务，是质量管理体系发挥实际效能、实现质量目标的主要阶段。

质量管理体系的有效运行是依靠体系的组织机构进行组织协调、实施质量监督、开展信息反馈、进行质量管理体系审核和复审实现的。

① 组织协调。质量管理体系是入选的软件体系，它的运行是借助于质量管理体系组织结构的组织和协调来进行运行的。组织和协调工作是维护质量管理体系运行的动力。质量管理体系的运行涉及企业众多部门的活动。

②质量监督。质量管理体系在运行过程中，各项活动及其结果不可避免地会有发生偏离标准的可能。为此，必须实施质量监督。

质量监督有企业内部监督和外部监督两种，需方或第三方对企业进行的监督是外部质量监督。需方的监督权是在合同环境下进行的。

质量监督的任务是对工程实体进行连续性的监视和验证。发现偏离管理标准和技术标准的情况时及时反馈，要求企业采取纠正措施，严重者责令停工整顿。从而促使企业的质量活动和工程实体质量均符合标准所规定的要求。

实施质量监督是保证质量管理体系正常运行的手段。外部质量监督应与企业本身的质量监督考核工作相结合，杜绝重大质量的发生，促进企业各部门认真贯彻各项规定。

③质量信息管理。企业的组织机构是企业质量管理体系的骨架，而企业的质量信息系统则是质量管理体系的神经系统，是保证质量管理体系正常运行的重要系统。在质量管理体系的运行中，通过质量信息反馈系统对异常信息的反馈和处理，进行动态控制，从而使各项质量活动和工程实体质量保持受控状态。

质量信息管理和质量监督、组织协调工作是密切联系在一起的。异常信息一般来自质量监督，异常信息的处理要依靠组织协调工作，三者的有机结合，是使质量管理体系有效运行的保证。

④质量管理体系审核与评审。企业进行定期的质量管理体系审核与评审，a. 对体系要素进行审核、评价，确定其有效性；b. 对运行中出现的问题采取纠正措施，对体系的运行进行管理，保持体系的有效性；c. 评价质量管理体系对环境的适应性，对体系结构中不适用的采取改进措施。开展质量管理体系审核和评审是保持质量管理体系持续有效运行的主要手段。

（4）质量管理体系的认证。质量管理体系认证是由具有第三方公正地位的认证机构，依据质量管理体系的要求标准，审核企业质量管理体系要求的符合性和实施的有效性，进行独立、客观、科学、公正的评价，得出结论。若通过，则颁发认证证书和认证标志，但认证标志不能用于具体的产品上。获得质量管理体系认证资格的企业可以再申请特定产品的认证。

质量管理体系认证过程总体上可分为以下四个阶段。

①认证申请。组织向其自愿选择的某个体系认证机构提出申请，并按该机构要求提交申请文件，包括企业质量手册等。体系认证机构根据企业提交的申请文件，决定是否受理申请，并通知企业。按惯例，机构不能无故拒绝企业的申请。

②体系审核。体系认证机构指派数名国家注册审核人员实施审核工作，包括审查企业的质量手册，到企业现场查证实际执行情况，并提交审核报告。

③审批与注册发证。体系认证机构根据审核报告，经审查决定是否批准认证。对批准认证的企业颁发体系认证证书，并将企业的有关情况注册公布，准予企业以一定方式使用体系认证标志。证书有效期通常为3年。

④监督。在证书有效期内，体系认证机构每年对企业进行至少一次的监督与检查，查证企业有关质量管理体系的保持情况。一旦发现企业有违反有关规定的事实证据，即对该企业采取措施，暂停或撤销该企业的体系认证。

2. 园林工程施工质量管理策划

（1）园林工程质量管理策划的概念。工程质量管理策划是指确定工程质量及采用的质量体系要求的目标和要求的活动，致力于设定质量目标并规定必要的作业过程和相关资源，以实现质量目标。

① 质量策划是质量管理的前期活动，是对整个质量管理活动的策划和准备。质量策划的好坏对质量管理活动的影响是非常关键的。

② 质量策划首先是对产品质量的策划。这项工作涉及了大量在有关产品专业以及有关市场调研和信息收集方面的专门知识，因此在产品策划工作中，必须有设计部门和营销部门人员的积极参与和支持。

③ 应根据产品策划的结果来确定适用的质量体系要素和采用的程度。质量体系的设计和实施应与产品的质量特性、目标、质量要求和约束条件相适应。

④ 对有特殊要求的产品、合同和措施应制订质量计划，并为质量改进作出规定。

(2) 园林工程质量计划的编制要求。工程质量计划应由项目经理主持编制。质量计划作为对外质量保证和对内质量控制的依据文件，应体现园林工程从分项工程、分部工程到单位工程的过程控制，同时也要体现从资源投入到完成工程质量最终检验和试验的全过程控制。工程质量计划编写的要求主要包括以下几个方面。

1) 质量目标。合同范围内的全部工程的所有使用功能符合设计（或更改）图纸要求。分项、分部、单位工程质量达到既定的施工质量验收统一标准，合格率 100%，其中专项达到以下几点。

① 所有隐蔽工程为业主质检部门验收合格。

② 所有的设备安装、调试符合有关验收规范。

③ 特殊工程的目标。

④ 工程交工后维修期为一年，其中屋面防水维修期为三年。

2) 管理职责。项目经理是园林工程实施的最高负责人，对以下项目负责。

① 园林工程的准备、施工、安装、交付和维修整个过程质量活动的控制、管理、监督、改进。

② 进场材料、机械设备的合格性。

③ 分包工程质量的管理、监督、检查。

④ 设计和合同有特殊要求的工程和部位。

⑤ 施工图纸、技术资料、项目质量文件、记录的控制和管理。

3) 资源提供。规定项目经理部管理人员及操作工人的岗位任职标准及考核认定方法。规定项目人员流动时进出人员的管理程序。规定人员进场培训（包括供方队伍、临时工、新进场人员）的内容、考核、记录等。规定对新技术、新结构、新材料、新设备修订的操作方法和操作人员进行培训并记录等。规定施工所需的临时设施（含临建、办公设备、住宿房屋等）、支持性服务手段、施工设备及通信设备等。

4) 工程实现过程策划。规定施工组织设计或专项工程质量的编制要点及接口关系。规定重要施工过程的技术交底和质量策划要求。规定新技术、新材料、新结构、新设备的策划要求。规定重要过程验收的准则或技艺评定方法。

5) 材料、机械、设备、劳务及试验等采购控制。由企业自行采购的工程材料、工程机械设备、施工机械设备、工具等，质量计划须有如下规定。

① 对供方产品标准及质量管理体系的要求。

② 选择、评估、评价和控制供方的方法。

③ 必要时对供方质量计划的要求及引用的质量计划。

④ 采购的法规要求。

⑤ 有可追溯性（追溯所考虑对象的历史、应用情况或所处场所的能力）要求时，要明确追溯内容的形成，记录、标志的主要方法。

⑥ 需要的特殊质量保证证据。

6）施工工艺过程的控制。对工程从合同签订到交付全过程的控制方法作出规定。对工程的总进度计划、分段进度计划、分包工程的进度计划、特殊部位进度计划、中间交付的进度计划等作出过程识别和管理规定。

对隐蔽工程、特殊工程进行控制、检查、鉴定验收、中间交付的方法。

工程实施过程需要使用的主要施工机械、设备、工具的技术和工作条件，运行方案，操作人员上岗条件和资格等内容，作为对施工机械设备的控制方式。

对各分包单位项目上的工作表现及其工作质量进行评估的方法、评估结果送交有关部门、对分包单位的管理办法等，以此控制分包单位。

7）搬运、储存、包装、成品保护和交付过程的控制。工程实施过程在形成的分项、分部、单位工程的半成品、成品保护方案、措施、交接方式等内容，作为保护半成品、成品的准则。规定工程期间交付、竣工交付、工程的收尾、维护、验评、后续工作处理的方案、措施，作为管理的控制方式。规定重要材料及工程设备的包装防护的方案及方法。

8）安装和调试的过程控制。对于园林工程水、电、暖、通信、通风、机械设备等的安装、检测、调试、验评、交付、不合格的处置等内容规定方案、措施、方式。由于这些工作同土建施工交叉配合较多，因此对于交叉接口程序、验证哪些特性、交接验收、检测、试验设备要求、特殊要求等内容要作明确规定，以便各方面实施时遵循。

9）检验、试验和测量的过程控制。规定材料、构件、施工条件、结构形式在什么条件、什么时间必须进行检验、试验、复验，以验证是否符合质量和设计要求，如钢材进场必须进行型号、钢种、炉号、批量等内容的检验，不清楚时要进行取样试验或复验。

10）检验、试验、测量设备的过程控制。在园林工程上使用所有检验、试验、测量和计量设备的控制和管理制度，包括以下几点。

① 设备的标识方法。

② 设备校准的方法。

③ 标明、记录设备准状态的方法。

④ 明确哪些记录需要保存，以便一旦发现设备失准时，确定以前的测试结果是否有效。

11）不合格品的控制。要编制工种、分项、分部工程不合格产品出现的方案、措施，以及防止与合格之间发生混淆的标识和隔离措施。哪些范围不允许出现不合格；明确一旦出现不合格哪些允许修补返工，哪些必须推倒重来，哪些必须局部更改设计或降级处理。

当分项分部和单位工程不符合设计图纸（更改）和规范要求时，项目和企业各方面对这种情况的处理有如下职权。

① 质量监督检查部门有权提出返工修补处理、降级处理或作不合格品处理。

② 质量监督检查部门以图纸（更改）、技术资料、检测记录为依据用书面形式向以下各方发出通知：当分项分部工程不合格时通知项目质量副经理和生产副经理；当分项工程不合格时通知项目经理；当单位工程不合格时通知项目经理和公司生产经理。

对于上述返工修补处理、降级处理或不合格的处理，接受通知方有权接受和拒绝这些要求。当通知方和接收通知方意见不能调解时，则上级质量监督检查部门、公司质量主管负责人，乃至经理裁决。若仍不能解决时申请由当地政府质量监督部门裁决。

三、 园林工程施工质量管理的数理统计方法

1. 数理统计的基本概念

数理统计就是用统计的方法，通过收集、整理质量数据，帮助我们分析、发现质量问题，从而及时采取对策措施，纠正和预防质量事故。

利用数理统计方法控制质量可以分为 3 个步骤，即统计调查和整理、统计分析以及统计判断。

（1）统计调查和整理。根据解决某方面质量问题的需要收集数据，将收集到的数据加以整理和归档，用统计表和统计图的方法，并借助于一些统计特征值（如平均数、标准偏差等）来表达这批数据所代表的客观对象的统计性质。

（2）统计分析。对经过整理、归档的数据进行统计分析，研究它的统计规律。例如判断质量特征的波动是否出现某种趋势或倾向，影响这种波动的又是什么因素，其中有无异常波动等。

（3）统计判断。根据统计分析的结果对总体的现状或发展趋势作出有科学根据的判断。

2. 质量数据的收集方法

（1）全数检验。全数检验是对总体中的全部个体逐一观察、测量、计数、登记，从而获得对总体质量水平评价结论的方法。全数检验一般比较可靠，能提供大量的质量信息，但要消耗很多人力、物力、财力和时间，特别是不能用于具有破坏性的检验和过程质量控制，应用上具有局限性；在有限的总体中，对重要的检测项目，当可采用简易快速的不破损检验方法时可选用全数检验方案。

（2）随机抽样检验。抽样检验是按照随机抽样的原则，从总体中抽取部分个体组成样本，根据对样品进行检测的结果，推断总体质量水平的方法。随机抽样检验抽取样品不受检验人员主观意愿的支配，每一个体被抽中的概率都相同，从而保证了样本在总体中的分布比较均匀，有充分的代表性；同时它还具有节省人力、物力、财力、时间和准确性高的优点；它又可用于破坏性检验和生产过程的质量监控，完成全数检测无法进行的检测项目，具有广泛的应用空间。随机抽样的具体方法如下。

① 单纯随机抽样法。这种方法适用于对母体缺乏基本了解的情况下，按随机的原则直接从母体 N 个单位中抽取 n 个单位作为样本。样本的获取方式常用的有两种。a. 利用随机数表和一个六面体骰子作为随机抽样的工具。通过掷骰子所得的数字，相应地查对随机数表上的数值，然后确定抽取试样编号。b. 利用随机数骰子，一般为正六面体。6 个面分别标 1~6 的数字。在随机抽样时，可将产品分成若干组，每组不超过 6 个，并按顺序先排列好，标上编号，然后掷骰子，骰子正面表现的数，即为抽取的试样编号。

② 分层随机抽样法。就是事先把在不同生产条件下（不同的工人、不同的机器设备、不同的材料来源、不同的作业班次等）制造出来的产品归类分组，然后再按一定的比例从各组中随机抽取产品组成子样。

③ 整群随机抽样。这种办法的特点不是一次随机抽取一个产品，而是一次随机抽取若干个产品组成子样。比如，对某种产品来说，每隔 20 小时抽出其中一个小时的产品组成子样；或者是每隔一定时间抽取若干个产品组成子样。这种抽样的优点是手续简便，缺点是子样的代表性差，抽样误差大。这种方法常用在工序控制中。

④ 等距抽样。等距抽样又称机械抽样、系统抽样，是将个体按某一特性排队编号后均分为 n 组，这时每组有 $K = N/n$ 个个体，然后在第一组内随机抽取第一件样品，以后每隔一定距离（K 值）抽选出其余样品组成样本的方法。如在流水作业线上每生产 100 件产品抽出一件产品做样品，直到抽出 n 件产品组成样本。在这里距离可以理解为空间、时间、数量的距离。若分组特性与研究目的有关，就可看作分组更细且等比例的特殊分层抽样，样品在总体中分布更均匀，更有代表性，抽样误差也最小；若分组特性与研究目的无关，就是纯随机抽样。进行等距抽样时特别要注意的是所采用的距离（K 值）不要与总体质量特性值的变动周期一致，如对于连续生产的产品按时间距离抽样时，相隔的时间不应是每班作业时间 8h 的约数或倍数，以避免产生系统偏差。

⑤ 多阶段抽样。多阶段抽样又称多级抽样。上述抽样方法的共同特点是整个过程中只有一次随机抽样，因而统称为单阶段抽样。但是当总体很大时，很难一次抽样完成预定的目标。多阶段抽样是将各种单阶段抽样方法结合使用，通过多次随机抽样来实现的抽样方法。如检验钢材、水泥等质量时，可以对总体按不同批次分为 R 群，从中随机抽取 r 群，而后在中选的 r 群中的 M 个个体中随机抽取 m 个个体，这就是整群抽样与分层抽样相结合的二阶段抽样，它的随机性表现在群间和群内有两次。

3. 常用的统计分析方法

（1）统计调查表法。在质量管理活动中，应用统计表是一种很好的收集数据的方法。统计表是为了掌握生产过程中或施工现场的情况，根据分层的设想做出的一类记录表。统计表不仅使用方便，而且能够自行整理数据，粗略地分析原因。统计表的形式是多种多样的，使用场合不同、对象不同、目的不同、范围不同，其表格形式内容也不相同，可以根据实际情况自行选项或修改。常用的有如下几种。

① 分项工程作业质量分布调查表。

② 不合格项目调查表。

③ 不合格原因调查表。

④ 施工质量检查评定用调查表等。如表 3-1 是混凝土空心板外观质量缺陷调查表。

表 3-1　混凝土空心板外观质量缺陷调查表

产品名称	混凝土空心板		生产班组			
日生产总数		生产时间	年　月　日		检查时间	年　月　日
检查方式	全数检查		检查员			
项目名称	检查记录		合计			
露筋 蜂窝 孔洞 裂缝 其他						
总计			26			

（2）直方图法。直方图又称质量分布图、矩形图、频数分布直方图。它是将产品质量频数的分布状态用直方形来表示，根据直方的分布形状和与公差界限的距离来观察、探索质量分布规律，分析、判断整个生产过程是否正常。利用直方图，可以制定质量标准，确定公差范围；可以判明质量分布情况，是否符合标准的要求。但其缺点是不能反映动态变化，而且

要求收集的数据较多（50~100 个），否则难以体现其规律。

1）直方图的做法。直方图可以按以下步骤绘制。

① 计算极差。收集一批数据（一般取 $n>50$），在全部数据中找出最大值 x_{max} 和最小值 x_{min}，极差 R 可以按下式求得：

$$R = x_{max} - x_{min}$$

② 确定分组的组数。一批数据究竟分为几组，并无一定规则，一般采用表 3-2 的经验数值来确定。

表 3-2　数据分组参考表

数据个数(n)	组数(k)	数据个数(n)	组数(k)
50 以内	5~6	100~250	7~12
50~100	6~10	250 以上	10~20

③ 计算组距。组距是组与组之间的差距。分组要恰当，如果分得太多，则画出的直方图像"锯齿状"从而看不出明显的规律，如分得太少，会掩盖组内数据变动的情况，组距可按下式计算：

$$h = \frac{R}{k}$$

式中　R——极差；

　　　k——组数。

计算组界 r_i。一般情况下，组界计算方法如下：

$$r_1 = x_{min} - \frac{h}{2}$$

$$r_i = r_{i-1} + h$$

为了避免某些数据正好落在组界上，应将组界取得比数据多一位小数。

④ 频数统计。根据收集的每一个数据，用正字法计算落入每一组界内的频数，据以确定每一个小直方的高度。以上作出的频数统计，已经基本上显示了全部数据的分布状况，再用图示则更加清楚。直方图的图形由横轴和纵轴组成。选用一定比例在横轴上画出组界，在纵轴上画出频数，绘制成柱形的直方图。

2）直方图图形分析。直方图形象直观地反映了数据分布情况，通过对直方图的观察和分析可以看出生产是否稳定，及其质量的情况。常见的直方图典型形状，如图 3-6 所示。

① 对称型。中间为峰，两侧对称分散者为对称形，如图 3-6（a）所示。这是工序稳定正常时的分布状况。

② 孤岛型。在远离主分布中心的地方出现小的直方，形如孤岛，如图 3-6（b）所示。孤岛的存在表明生产过程中出现了异常因素，例如原材料一时发生变化，有人代替操作，短期内工作操作不当。

③ 双峰型。直方图呈现两个顶峰，如图 3-6（c）所示。这往往是两种不同的分布混在一起的结果。例如两台不同的机床所加工的零件所造成的差异。

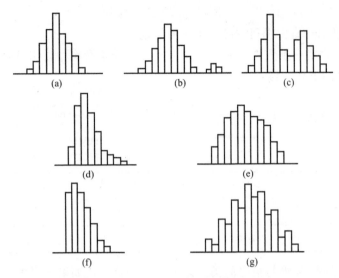

图 3-6　常见直方图形

④ 偏向型。直方图的顶峰偏向一侧，故又称偏坡型，它往往是因计数值或计量值只控制一侧界限或剔除了不合格数据造成的，如图 3-6（d）所示。

⑤ 平顶型。在直方图顶部呈平顶状态。一般是由多个母体数据混在一起造成的，或者在生产过程中有缓慢变化的因素在起作用所造成的。如操作者疲劳而造成直方图的平顶状，如图 3-6（e）所示。

⑥ 绝壁型。是由于数据收集不正常，可能有意识地去掉下限以下的数据，或是在检测过程中存在某种人为因素所造成的，如图 3-6（f）所示；

⑦ 锯齿型。直方图出现参差不齐的形状，即频数不是在相邻区间减少，而是隔区间减少，形成了锯齿状。造成这种现象的原因不是生产上的问题，而主要是绘制直方图时分组过多或测量仪器精度不够而造成的，如图 3-6（g）所示。

（3）排列图法。排列图又叫巴雷特图（Pareto），也称主次因素排列图。它是从影响产品的众多因素中找出主要因素的一种有效方法。

1）作图方法。排列图有两个纵坐标，左侧纵坐标表示产品频数，即不合格产品件数；右侧纵坐标表示频率，即不合格产品累计百分数。如图 3-7 所示。

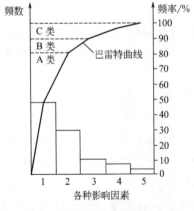

图 3-7　排列图

图中横坐标表示影响产品质量的各个不良因素或项目，按影响质量程度的大小，从左到右依次排列。每个直方形的高度表示该因素影响的大小，图中曲线称为巴雷特曲线。在排列图上，通常把曲线的累计百分数分为三级，与此相对应的因素分三类。A 类因素对应于频率 0～80%，是影响产品质量的主要因素；B 类因素对应于频率 80%～90%，为次要因素；与频率 90%～100% 相对应的为 C 类因素，属一般影响因素。运用排列图，便于找出主次矛盾，使错综复杂问题一目了然，有利于采取对策，加以改善。

2）作图步骤。制作排列图需要以准确而可靠的数据为基础，一般按以下步骤进行。

① 按照影响质量的因素进行分类。分类项目要具体而明确，一般按产品品种、规格、不良品、缺陷内容或经济损失等情况而定。

② 统计计算各类影响质量因素的频数和频率。

③ 画左右两条纵坐标，确定两条纵坐标的刻度和比例。

④ 根据各类影响因素出现的频数大小，从左到右依次排列在横坐标上。各类影响因素的横向间隔距离要相同，并画出相应的矩形图。

⑤ 将各类影响因素发生的频率和累计频率逐个标注在相应的坐标点上，并将各点连成一条折线。

⑥ 在排列图的适当位置，注明统计数据的日期、地点、统计者等可供参考的事项。

3）作排列图应注意以下几个问题。

① 要注意所取数据的时间和范围。做排列图的目的是为了找出影响质量因素的主次因素，如果收集的数据不是在发生时间内或不属本范围内的数据，作出的排列图起不了控制质量的作用。所以，为了有利于工作循环和比较，说明对策的有效性，就必须注意所取数据的时间和范围。

② 找出的主要因素最好是1~2个，最多不超过3个，否则失去了抓主要矛盾的意义。如遇到这类情况需要重新考虑因素分类。遇到项目较多时，可适当合并一般项目，不太重要的项目通常可以列入"其他"栏内，排在最后一项。

③ 针对影响质量的主要因素采取措施后，在PDCA循环过程中，为了检查实施效果需重新作排列图进行比较。

（4）因果分析图法。因果分析图是一种逐步深入研究和讨论质量问题的图示方法，又叫特性要因图、鱼刺图、树枝图，基本形式如图3-8所示。从图3-8可见，因果分析图由质量特性（即质量结果指某个质量问题）、要因（产生质量问题的主要原因）、枝干（指一系列箭线表示不同层次的原因）、主干（指较粗的直接指向质量结果的水平箭线）等所组成。

1）因果分析图绘制步骤。先确定要分析的某个质量问题（结果），然后由左向右画粗干线，并以箭头指向所要分析的质量问题（结果）。

座谈议论、集思广益、罗列影响该质量问题的原因。谈论时要请各方面的有关人员一起参加。把谈论中提出的原因，按照人、机、料、法、环五大要素进行分类，

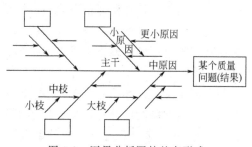

图3-8 因果分析图的基本形式

然后分别填入因果分析图的大原因的线条里，再顺序地把中原因、小原因及更小原因同样填入因果分析图内。

从整个因果分析图中寻找最主要的原因，并根据重要程度以顺序①、②、③等表示。画出因果分析图并确定了主要原因后，必要时可到现场做实地调查，进一步搞清主要原因的项目，以便采取相应措施予以解决。

2）因果分析图绘制注意事项有如下两点。

① 要对工程有比较全面和深入的了解，掌握相关专业技术，才能画好因果分析图；同时，一个人的认识是有限的，所以要组织有关人员共同讨论、研究、分析、集思广益，才能准确地找出问题的原因所在，制订行之有效的对策。

② 对于特性产生的原因，要分析大原因、中原因、小原因、更小原因，一层一层地追根到底，才能抓住真正的原因。

3）因果分析图的观察方法。

① 观察大小各种原因，都是通过什么途径，在多大程度上影响结果的。

② 观察各种原因之间有无关系。

③ 观察各种原因有无测定的可能，准确程度如何。

④ 观察把分析出来的原因与现场的实际情况逐项对比，看与现场有无出入、有无遗漏或不易

⑤ 观察遵守的条件。

（5）分层法。分层法又称分类法或分组法，就是将收集到的质量数据，按统计分析的需要，进行分类整理，使之系统化，以便于找到产生质量问题的原因，及时采取措施加以预防。分层的结果使数据各层间的差异突出地显示出来，减少了层内数据的差异。在此基础上再进行层间、层内的比较分析，可以更深入地发现和认识质量问题的原因。

分层时，一般按以下方法进行划分。

① 按时间分。如按日班、夜班、日期、周、旬、月、季划分。

② 按人员分。如按新、老、男、女或不同年龄特征划分。

③ 按使用仪器工具分。如按不同的测量仪器、不同的钻探工具等划分。

④ 按操作方法分。如按不同的技术作业过程、不同的操作方法等划分。

⑤ 按原材料分。按不同材料成分、不同进料时间等划分。

（6）控制图法。控制图法又称管理图法。其用于分析和判断施工生产工序是否处于稳定状态所使用的一种带有控制界限的图表。它的主要作用是反映施工过程的运动状况，分析、监督、控制施工过程，对工程质量的形成过程进行预先控制。所以，常用于工序质量的控制。

控制图的基本原理是根据正态分布的性质，合理确定控制上下限。如果实测的数据落在控制界限范围内，且排列无缺陷，则表明情况正常，工艺稳定，不会出废品；如果实测的数据落在控制界限范围外，或虽未越界但排列存在缺陷，则表明生产工艺状态出现异常，应采取措施调整。

控制图的基本形式如图3-9所示。横坐标为样本（子样）序号或抽样时间，纵坐标为被控制对象，即被控制的质量特性值。控制图上一般有三条线：在上面的一条虚线称为上控制界限，用符号 UCL 表示；在下面的一条虚线称为下控制界限，用符号 LCL 表示；中间的一条实线称为中心线，用符号 CL 表示。中心线标志着质量特性值分布的中心位置，上下控制界限标志着质量特性值允许波动范围。

在生产过程中通过抽样取得数据，把样本统计量描在图上来分析判断生产过程状态。如果点子随机地落在上、下控制界限内，则表明生产过程正常处于稳定状态，不会产生不合格品；如果点子超出控制界限，或点子排列有缺陷，则表明生产条件发生了异常变化，生产过程处于失控状态。

（7）相关图法。相关图又称散布图。在进行质量问题原因分析时，常常遇到一些变量共

处于一个统一体中，它们相互联系、相互制约，在一定条件下又相互转化。这些变量之间的关系，有些是属于确定性关系，即它们之间的关系，可以用函数关系来表达；而有些则属于非确定性关系，即不能由一个变量的数值精确地求出另一个变量的值。相关图法就是将两个非确定性变量的数据对应列出，并用点子画在坐标图

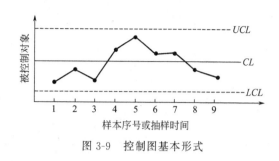

图 3-9 控制图基本形式

上，来观察它们之间关系的图。对它们进行的分析称为相关分析。

相关图可用于质量特性和影响质量因素之间的分析；质量特性和质量特性之间的分析；影响因素和影响因素之间的分析。例如混凝土的强度（质量特性）与水灰比、含砂率（影响因素）之间的关系；强度与抗渗性（质量特性）之间的关系；水灰比与含砂率之间的关系，都可用相关图来分析。

1）相关图的绘制方法实例。分析混凝土抗压强度和水灰比之间的关系。

① 收集数据。要成对地收集两种质量数据，数据不得过少。见表 3-3。

表 3-3　混凝土抗压强度与水灰比统计资料

序号		1	2	3	4	5	6	7	8
x	水灰比/(W/C)	0.4	0.45	0.5	0.55	0.6	0.65	0.7	0.75
y	强度/(N/mm²)	36.3	35.3	28.2	24.0	23.0	20.6	18.4	15.0

② 绘制相关图。在直角坐标系中，一般 x 轴用来代表原因的量或较易控制的量，本例中表示水灰比；y 轴用来代表结果的量或不易控制的量，本例中表示强度。然后将数据中相应的坐标位置上描点，便得到散布图，如图 3-10 所示。

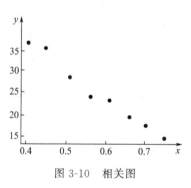

图 3-10　相关图

2）相关图的类型。相关图是利用有对应关系的两种数值画出来的坐标图。由于对应的数值反映出来的相关关系的不同，所以数据在坐标图上的散布点也各不相同，因此表现出来的分布状态有各种类型，如图 3-11 所示。

① 强正相关。它的特点是点子的分布面较窄。当横轴上的 x 值增大时，纵坐标 y 也明显增大，散布点呈一条直线带，图 3-11（a）所示的 x 和 y 之间存在着相当明显的相关关系，称为强正相关。

② 弱正相关。点子在图上散布的面积较宽，但总的趋势是横轴上的 x 值增大时，纵轴上的 y 值也增大。图 3-11（b）所示其相关程度比较弱，叫弱正相关。

③ 不相关。在相关图上点子的散布没有规律性。横轴上的 x 值增大时，纵轴上的 y 值也可能增大，也可能减小。即 x 和 y 不相关。见图 3-11（f）。

④ 强负相关。和强正相关所示的情况相似，也是点子的分布面较窄，只是当 x 值增大时，y 是减小的。见图 3-11（c）。

⑤ 弱负相关。和弱正相关所示的情况相似。只是当横轴上的 x 值增大时，纵轴上的 y 值却随之减小。见图 3-11（d）。

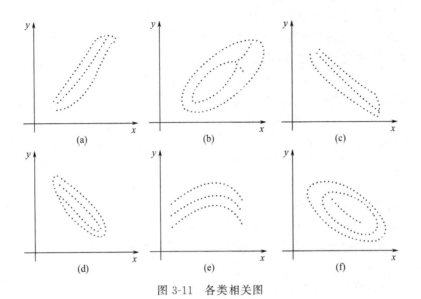

图 3-11　各类相关图

⑥ 曲线相关。图 3-11（e）所示的散布点不是呈线性散布，而是曲线散布。它表明两个变量间具有某种非线性相关关系。

（8）抽样检验方案。抽样检验方案是根据检验项目特性所确定的抽样数量、接受标准和方法。如在简单的计数值抽样检验方案中，主要是确定样本容量 n 和合格判定数，即允许不合格品件数 c，记为方案（n，c）。

1）抽样检验方案的分类。抽样检验方案分类如图 3-12 所示。

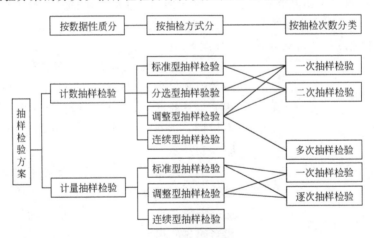

图 3-12　抽样检验方案分类

2）常用的抽样检验方案。

① 计数值标准型一次抽样检验方案。计数值标准型一次抽样检验方案是规定在一定样本容量 n 时的最高允许的批合格判定数 c，记作（n，c），并在一次抽检后给出判断检验批是否合格的结论。c 值一般为可接受的不合格品数，也可以是不合格品率，或者是可接受的每百单位缺陷数。若实际抽检时，检出不合格品数为 d，则当：$d \leqslant c$ 时，判定为合格批，接受该检验批；$d > c$，判定为不合格批，拒绝该检验批。

② 计数值标准型二次抽样检验方案。计数值标准型二次抽样检验方案是规定两组参数，即第一次抽检的样本容量 n_1 时的合格判定数 c_1 和不合格判定数 r_1（$c_1 \leqslant c_1$）；第二次抽检

的样本容量 n_2 时的合格判定数 c_2。在最多两次抽检后就能给出判断检验批是否合格的结论。其检验程序是：

第一次抽检 n_1 后，检出不合格品数为 d_1，则当：$d_1 \leqslant c_1$ 时，接受该检验批；$d_1 \geqslant c_1$ 时，拒绝该检验批；$c_1 < d_1 < r_1$ 时，抽检第二个样本。

第二次抽检 n_2 后，检出不合格品数为 d_2，则当：$d_1 + d_2 \leqslant c_2$ 时，接受该检验批；$d_1 + d_2 > c_2$ 时，拒绝该检验批。

③ 分选型抽样检验方案。计数值分选型抽样检验方案基本与计数值标准型一次抽样检验方案相同，只是在抽检后给出检验批是否合格的判断结论和处理有所不同。即实际抽检时，检出不合格品数为 d，则当：$d \leqslant c$ 时，接受该检验批；$d > c$ 时，则对该检验批余下的个体产品全数检验。

④ 调整型抽样检验方案。计数值调整型抽样检验方案是在对正常抽样检验的结果进行分析后，根据产品质量的好坏，过程是否稳定，按照一定的转换规则对下一次抽样检验判断的标准加严或放宽的检验。调整型抽样检验方案加严或放宽的规则详见图 3-13。

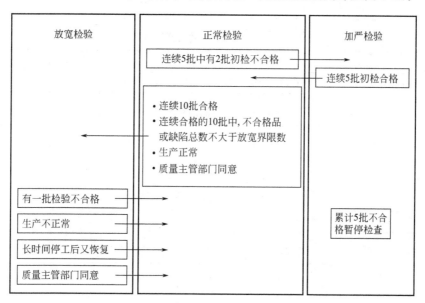

图 3-13　质量抽样检验宽严转换规则

第二节　绿化工程施工现场质量管理

一、树木栽植工程

1. 园林植物

（1）园林植物质量要求。

园林植物目前尚未制订统一的标准，各地多按各自的规定执行。一般合格的植物应具备以下条件和要求。

1）枝体生长发育正常，组织充实，要达到一定的高度和粗度，根条健壮，分布均匀，具有相当数量和长度的侧根，无病虫害，特别是检疫性的病虫害（表 3-4～表 3-8）。

表 3-4　乔木的质量要求

栽植地点	质量要求			
	树干	树冠	根系	病虫害
主干道、广场、公园、单位附属绿地主干道(含中心绿地)等绿地	主干挺直或按设计要求	枝叶茂密、层次分明、冠形匀称	土球符合要求、根系完整	无病虫害
次干道及除上述绿地和林地外的其他绿地	主干不应有明显弯曲或按设计要求	冠形匀称、无明显损伤	土球符合要求、根系完整	无明显病虫害
林地	主干弯曲不超过一次或按设计要求	树冠无严重损伤	土球符合要求、根系完整	无明显病虫害

表 3-5　灌木的质量要求

株型	要求
自然式	植株姿态自然、优美,丛生灌木分枝不少于 5 根,且生长均匀无病虫害,树龄一般以 3 年左右为宜
整形式	冠形呈规则式,根系完好,土球符合要求,无病虫害

表 3-6　藤本的质量要求

地径	要求
0.5cm 以上	树干已具有攀缘性,根系发达,枝叶茂密,无病虫害,树龄一般以 2~3 年生为宜

表 3-7　绿篱的质量要求

冠径	要求
40cm	生长旺盛,具有冠形,根系完好,无病虫害,不脱脚叶

表 3-8　植物材料基本项目表

序号	项目	等级	质量要求
1	姿态和生长势	合格	树干基本挺直,树形基本完整,生长基本健壮
		优良	树干挺直、树形完整,生长健壮
	害虫病	合格	基本无病虫害
		优良	无病虫害
	土球和裸根树根系	合格	土球和裸根树根系的规格应符合《园林植物栽培技术规程》的规定;土球基本完整,包扎基本牢固,无露出土球的根系;裸根树木主根无劈裂,根系基本完整,无损伤,切口平整
		优良	在合格的基础上,土球完整,包扎恰当牢固,裸根树木根系完整
2	草块和草根茎	合格	草块的尺寸基本一致,厚薄均匀,泥厚应不小于 2cm,杂草不得超过 5%;草根茎中的杂草不得超过 2%;过长草应修剪;基本无病虫害;生长势基本良好
		优良	在合格的基础上,草块每边长不应小于 33cm,边缘平直无病虫害;生长势良好
3	花苗、地被	合格	生长基本苗壮,发育基本匀齐,根系基本良好,无损伤;基本无病
		优良	在合格的基础上,生长苗壮,发育匀齐,根系发达;无病虫害

2) 草坪的草块、草卷质量要求。

① 草坪的草块、草卷必须是生长均匀, 根系密布, 无空秃; 草高不大于 5cm, 带土厚度不小于 2cm (高羊茅 3cm), 杂草不超过 5%, 草块、草卷长度适度, 每卷(块)规格一致。

② 茎繁殖用草，杂草不得超过 2%，无病虫害。

③ 植生带厚度不宜超过 1cm，种子分布均匀、饱满、发芽率大于 95%。

3）草种、花种质量要求。

① 草种、花种必须有品种、品系、产地、生产单位、采收年份、纯度、发芽率等标明种子质量的出厂检验报告或说明，并在使用前必须作发芽率试验，以便调整播种量，失效、有病虫害的种子不得使用。

② 不出示种子发芽率试验报告，擅自使用属违规操作。

（2）园林植物种植土的质量要求

① 花坛土。pH 值＝6.0～7.5；EC 值（mmho/cm）0.50～1.00；有机质（%）≥2.5；容重（g/cm³）≤1.20，石砾粒径（cm）≤1，含量＜8%。

② 树穴土。pH 值＝6.5～7.8；EC 值（mmho/cm）0.35～0.75；有机质（%）≥2.0；容重（g/cm³）≤1.30。

③ 草坪土。pH 值＝6.6～8.0；EC 值（mmho/cm）0.35～0.75；有机质（%）≥1.5；容重（g/cm³）≤1.30。

（3）园林植物质量的检验方法及措施

1）园林植物进场后，施工企业必须填写材料、设备进场使用报验单。

2）施工企业对进场的园林植物材料采用随机抽样方法，选择一定比例植物进行质量评定并将结果填入植物材料分项工程质量检验评定表，及时将报验单和质量评定表报项目监理部绿化监理工程师。

3）监理工程师接到上述材料后，应携带量具 15min 内到达现场，进行复检。

① 数量：乔灌木按数量抽查 10%，乔木不少于 10 株或全数，灌木不少于 20 株或全数，每株为一个点；草坪、草本地被按面积抽查 3%，3m² 为一个点，但不少于 3 点；花卉按数量抽查 5%，10 株为一个点，但不少于 5 点。

② 专业监理工程师将检查的结果填入绿化工程苗木清单。

③ 复检中若发现有不符合设计要求的植物材料，立即通知施工企业将不符合要求的植物材料自行处理，坚决退回并补足合格的植物材料。

④ 监理部门及时将材料、设备进场使用报验单、植物材料分项工程质量检验评定表连同绿化工程苗木清单递报建设单位。

⑤ 对色块植物、大批量的灌木，除了按规定抽检的数量外，专业监理工程师也可以采取旁站的方法，对数量进行复查，还可以抽查一定数量的植物材料是否符合质量要求。

⑥ 对大树（胸径 15cm 以上的常绿树，25cm 以上的落叶树）或特大树木，专业监理工程师必须采取事前控制，深入苗源地进行实地考察，了解、指导选苗、号苗、起苗、包扎、装运等工作；对不符合质量规格要求的植物材料进行严格控制，严格把关，严禁任何不符合规格的苗木进场。

树木景观是园林和城市植物景观的主体部分，树木栽植工程则是园林绿化最基本，最重要的工程。在实施树木栽植之前，要先整理绿化现场。去除场地上的废弃杂物和建筑垃圾，换来肥沃的栽植壤土，并把土面整平耙细。随后，进行树栽植工作。

2. 平整场地

（1）整理现场

① 根据设计图纸的要求，将绿化地段与其他用地界限区划开来，整理出预定的地形，

使其与周围排水趋向一致。整理工作一般应在栽植前三个月以上的时期内进行。

② 对坡度在8°以下的平缓耕地或半荒地，应根据植物种植必需的最低土层厚度要求，见表3-9。通常翻耕30～50cm深度，以利蓄水保墒。并视土壤情况，合理施肥以改变土壤肥性。平地整地要有一定倾斜度，以利排除过多的雨水。

表 3-9　绿地植物种植必需的最低土层厚度

植被类型	草木花卉	草坪地被	小灌木	大灌木	浅根乔木	深根乔木
土层厚度/cm	30	30	45	60	90	150

③ 对工程场地宜先清除杂物、垃圾，随后换土。

种植地的土壤含有建筑废土及其他有害成分，如强酸性土、强碱土、盐碱土、重黏土、沙土等，均应根据设计规定，采用客土或改良土壤的技术措施。

④ 对低湿地区，应先挖排水沟降低地下水位防止返碱。通常在种植前一年，每隔20m左右就挖出一条深1.5～2.0m的排水沟，并将掘起来的表土翻至一侧培成垄台，经过一个生长季，土壤受雨水的冲洗，盐碱减少，杂草腐烂了，土质疏松，不干不湿，即可在垄台上种树。

⑤ 对新堆土山的整地，应经过一个雨季使其自然沉降，才能进行整地植树。

⑥ 对荒山整地，应先清理地面，刨出枯树根，搬除可以移动的障碍物，在坡度较平缓、土层较厚的情况下，可以采用水平带状整地。

⑦ 清理障碍物。在施工场地上，凡对施工有碍的一切障碍物如堆放的杂物、违章建筑、坟堆、砖石块等要清除干净。一般情况下已有树木凡能保留的尽可能保留。

（2）定点和放线

1）自然式定位放线。

① 坐标定点法。根据植物配置的疏密度先按一定的比例在设计图及现场分别打好方格，在图上用尺量出树木在某方格的纵横坐标尺寸，再按此位置用皮尺量在现场相应的方格内。

② 仪器测放。用经纬仪或小平板仪依据地上原有基点或建筑物、道路将树群或孤植树依照设计图上的位置依次定出每株的位置。

③ 目测法。对于设计图上无固定点的绿化种植，如灌木丛、树群等可用上述两种方法画出树群树丛的栽植范围，其中每株树木的位置和排列可根据设计要求在所定范围内用目测法进行定点，定点时应注意植株的生态要求并注意自然美观。定好点后，多采用白灰打点或打桩，标明树种、栽植数量（灌木丛树群）、坑径。

2）行道树的定点放线。道路两侧成行列式栽植的树木，称行道树。要求栽植位置准确，株行距相等（在国外有用不等距的）。一般是按设计断面定点。在已有道路旁定点以路牙为依据，然后用皮尺、钢尺或测绳定出行位，再按设计定株距，每隔10株于株距中间钉一木桩（不是钉在所挖坑穴的位置上），作为行位控制标记，以确定每株树木坑（穴）位置的依据，然后用白灰点标出单株位置。

由于道路绿化与市政、交通、沿途单位、居民等关系密切，植树位置的确定，除和规定设计部门配合协商外，在定点后还应请设计人员验点。

3. 栽植的基本要求

（1）栽植对环境的要求

1）对温度的要求。植物的自然分布和气温有密切的关系，不同的地区就应选用能适应该区域条件的树种。并且栽植当日平均温度等于或略低于树木生物学最低温度时，栽植成活率高。

2）对光的要求。一般光合作用的速度随着光的强度的增加而加强。在光线强的情况下，光合作用强，植物生命特征表现强；反之，光合作用减弱，植物生命特征表现弱，故在阴天或遮光的条件下，对提高种植成活率有利。

3）对土壤的要求。土壤是树木生长的基础，它是通过其中水分、肥分、空气、温度等来影响植物生长的。

土壤水分和土壤的物理组成有密切的关系，对植物生长有很大影响。当土壤不能提供根系所需的水分时，植物就产生枯萎，当达到永久枯萎点时，植物便死亡。因此，在初期枯萎以前，必须开始浇水。掌握土壤含水率，即可及时补水。

土壤养分充足对于种植的成活率、种植后植物的生长发育有很大影响。

树木有深根性和浅根性两种。种植深根性的树木应有深厚的土壤，在移植大乔木时比小乔木、灌木需要更多的根土，所以栽植地要有较大的有效深度。具体可见表3-10。

表3-10　植物生长所必需的最低限度土层厚度　　　　　　　单位：cm

种别	植物生存的最小厚度	植物培育的最小厚度
草类、地被	15	30
小灌木	30	45
大灌木	45	60
浅根性乔木	60	90
深根性乔木	90	150

4）对移植期的要求。

① 移植期是指栽植树木的时间。树木是有生命的机体，在一般情况下，夏季树木生命活动最旺盛，冬天其生命活动最微弱或近乎休眠状态，可见，树木的种植是有季节性的。移植多选择树木生命活动最微弱的时候进行移植，也有因特殊需要进行非植树季节栽植树木的情况，但需经特殊处理。

② 华北地区大部分落叶树和常绿树在3月上中旬至4月中下旬种植。常绿树、竹类和草皮等，在7月中旬左右进行雨季栽植。秋季落叶后可选择耐寒、耐旱的树种，用大规格苗木进行栽植。这样可以减轻春季植树的工作量。一般常绿树、果树不宜秋天栽植。

③ 华东地区落叶树的种植，一般在2月中旬至3月下旬，在11月上旬至12月中下旬也可以。早春开花的树木，应在11月至12月种植。常绿阔叶树以3月下旬最宜、6～7月、9～10月进行种植也可以。香樟、柑橘等以春季种植为好。针叶树春、秋都可以栽种，但以秋季为好。竹子一般在9～10月栽植为好。

④ 东北和西北北部严寒地区，在秋季树木落叶后，土地封冻前种植成活更好。冬季采用带冻土移植大树，其成活率也很高。

（2）栽植穴、槽的挖掘

栽植穴、槽的质量，对植株以后的生长有很大的影响。除按设计确定位置外，应根据根系或土球大小、土质情况来确定坑（穴）径大小（一般应比规定的根系或土球直径大20～30cm）；根据树种根系类别，确定坑（穴）的深浅。坑（穴）或沟槽口径应上下一致，以免植树时根系不能舒展或填土不实。栽植穴、槽的规格，参见表3-11～表3-14。

表 3-11　常绿乔木类种植穴规格　　　　　　　单位：cm

树高	土球直径	栽植深度	栽植直径
150	40～50	50～60	80～90
150～250	70～80	80～90	100～110
250～400	80～100	90～110	120～130
400 以上	140 以上	120 以上	180 以上

表 3-12　落叶乔木类种植穴规格　　　　　　　单位：cm

胸径	栽植穴深度	栽植穴直径	胸径	栽植穴深度	栽植穴直径
2～3	30～40	40～60	5～6	60～70	80～90
3～4	40～50	60～70	6～8	70～80	90～100
4～5	50～60	70～80	8～10	80～90	100～110

表 3-13　花灌木类种植穴规格　　　　　　　单位：cm

管径	栽植穴深度	栽植穴直径
200	70～90	90～110
100	60～70	70～90
栽植穴深度		栽植穴直径
盘根或土球深		比盘根或土球大
20～40		40～50

表 3-14　绿篱类种植槽规格（深×宽）　　　　　　　单位：cm

苗高	栽植方式	
	单行	双行
50～80	40×40	40×60
100～120	50×50	50×70
120～150	60×60	60×80

栽植穴的形状应为直筒状，穴底挖平后把底土稍耙细，保持平底状。穴底不能挖成尖底状或锅底状。在新土回填的地面挖穴，穴底要用脚踏实或夯实，以免后来灌水时渗漏太快。在斜坡上挖穴时，应先将坡面铲成平台，然后再挖栽植穴，而穴深则按穴口的下沿计算。

挖穴时挖出的坑土若含碎砖、瓦块、灰团太多，就应另换好土栽树。若土中含有少量碎块，则可除去碎块后再用。如果挖出的土质太差，也要换成客土。

栽植穴挖好之后，一般即可开始种树。但若种植土太瘦瘠，就先要在穴底垫一层基肥。基肥一定要用经过充分腐熟的有机肥，如堆肥、厩肥等。基肥层以上还应当铺一层壤土，厚5cm 以上。

4. 种植

（1）起苗

① 选苗。在掘苗之前，首先要进行选苗，除了根据设计提出对规格和树形的特殊要求外，还要注意选择生长健壮、无病虫害、无机械损伤、树形端正和根系发达的苗木。做行道树种植的苗木分枝点应不低于 2.5m。选苗时还应考虑起苗包装运输的方便，苗木选定后，要挂牌或在根基部位画出明显标记，以免挖错。

② 掘苗前的准备工作。起苗时间最好是在秋天落叶后或土冻前、解冻后均可，因此时正值苗木休眠期，生理活动微弱，起苗对它们影响不大，起苗时间和栽植时间最好能紧密配合，做到随起随栽。

为了便于挖掘，起苗前13天可适当浇水使泥土松软，对起裸根苗来说也便于多带宿土，少伤根系。

③ 掘苗规格。掘苗规格主要指根据苗高或苗木胸径确定苗木的根系大小。苗木的根系是苗木的重要器官,受伤的、不完整的根系将影响苗木生长和苗木成活,苗木根系是苗木分级的重要指标。因此,起苗时要保证苗木根系符合有关的规格要求。

④ 掘苗。掘苗时间和栽植时间最好能紧密配合,做到随起随栽。为了挖掘方便,掘苗前 13 天可适当浇水使泥土松软,对起裸根苗来说也便于多带宿土,少伤根系。掘苗时,常绿苗应当带有完整的根团土球,土球散落的苗木成活率会降低。土球的大小一般可按树木胸径的 10 倍左右确定。对于特别难成活的树种要考虑加大土球,土球的包装方法,如图 3-14 所示。土球高度一般可比宽度少 5~10cm。一般的落叶树苗也多带有土球,但在秋季和早春起苗移栽时,也可裸根起苗。裸根苗木若运输距离比较远,需要在根兜里填塞湿草,或在其外包裹塑料薄膜保湿,以免根系失水过多,影响栽植成活率。为了减少树苗水分蒸腾,提高移栽成活率,掘苗后、装车前应进行粗略修剪。

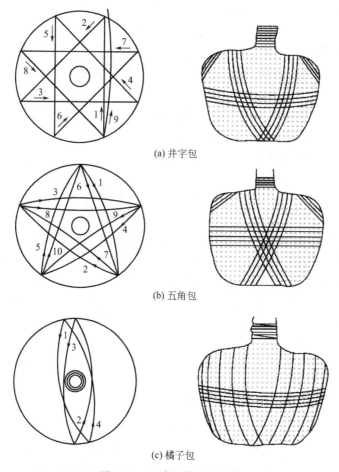

(a) 井字包

(b) 五角包

(c) 橘子包

图 3-14 土球包装方法示意

（2）包装

包装前应先对根系进行处理,一般是先用泥浆或水凝胶等吸水保水物质蘸根,以减少根系失水,然后再包装。泥浆一般是用黏度比较大的土壤,加水调成糊状。水凝胶是由吸水极强的高分子树脂加水稀释而成的。

包装要在背风庇荫处进行，有条件时可在室内、棚内进行。包装材料可用麻袋、蒲包、稻草包、塑料薄膜、牛皮纸袋、塑膜纸袋等。无论是包裹根系，还是全苗包装，包裹后要将封口扎紧，减少水分蒸发、防止包装材料脱落。将同一品种相同等级的存放在一起，挂上标签，便于管理和销售。

包装的程度视运输距离和存放时间确定。运距短，存放时间短，包装可简便一些；运距长，存放时间长，包装要细致一些。

（2）运苗

1）装运根苗。

① 装运乔木时，应将树根朝前，树梢向后，顺序安（码）放。

② 车后厢板，应铺垫草袋、蒲包等物，以防碰伤树根、干皮。

③ 树梢不得拖地，必要时要用绳子围绕吊起，捆绳子的地方也要用蒲包垫上，不要使其勒伤树皮。

④ 装车不得超高，压得不要太紧。

⑤ 装完后用苫布将树根盖严、捆好，以防树根失水。

2）装运带土球苗。

① 2m 以下的苗木可以立装；2m 以上的苗木必须斜放或平放。土球朝前，树梢向后，并用木架将树冠架稳。

② 土球直径大于 20cm 的苗木只装一层，小土球可以码放 2~3 层。土球之间必须安（码）放紧密，以防摇晃。

③ 土球上不准站人或放置重物。

3）卸车。苗木在装卸车时应轻吊轻放，不得损伤苗木和造成散球。起吊带土球（台）的小型苗木时，应用绳网兜土球吊起，不得用绳索缚捆根茎起吊。重量超过 1t 的大型土球，应在土球外部套钢丝缆起吊。

4）假植。苗木运到现场后应及时栽植。凡是苗木运到后在几天以内不能按时栽种，或是栽种后苗木有剩余的，都要进行假植。假植有带土球栽植与裸根栽植两种情况。

① 带土球的苗木假植。假植时，可将苗木的树冠捆扎收缩起来，使每一棵树苗都是土球挨土球，树冠靠树冠，密集地挤在一起。然后，在土球层上面盖一层壤土，填满土球间的缝隙，再对树冠及土球均匀地洒水，使上面湿透，以后仅保持湿润就可以了；或者，把带着土球的苗木临时性地栽到一块绿化用地上，土球埋入土中 1/3~1/2 深，株距则视苗木假植时间长短和土球、树冠的大小而定。一般土球与土球之间相距 15~30cm 即可。苗木成行列式栽好后，浇水保持一定湿度即可。

② 裸根苗木假植。裸根苗木必须当天种植。裸树苗木自起苗开始暴露时间不宜超过 8h。当天不能种植的苗木应进行假植。对裸根苗木，一般受取挖沟假植方式，先要在地面挖浅沟，沟深 40~60cm。然后将裸根苗木一棵棵紧靠着呈 30°角斜栽到沟中，使树梢朝向西边或朝向南边。如树梢向西，开沟的方向为东西向；若树梢向南，则沟的方向为南北向。苗木密集斜栽好以后，在根苑上分层覆土，层层插实。以后，经常对枝叶喷水，保持湿润。不同的苗木假植时，最好按苗木种类、规格分区假植，以方便绿化施工。假植区的土质不宜太泥泞，地面不能积水，在周围边沿地带要挖沟排水。假植区内要留出起运苗木的通道。在太阳特别强烈的日子里，假植苗木上面应该设置遮光网，减弱光照强度。对珍贵树种和非种植季节所需苗木，应在合适的季节起苗，并用容器假植。

（4）种植前的修剪

1）种植前应进行苗木根系修剪，宜将劈裂根、病虫根、过长根剪除，并对树冠进行修剪，保持地上地下平衡。

2）乔木类修剪应符合下列规定。

① 具有明显主干的高大落叶乔木应保持原有树形，适当疏枝，对保留的主侧枝应在健壮芽上短截，可剪去枝条 1/5～1/3。

② 无明显主干、枝条茂密的落叶乔木，对干径 10cm 以上树木，可疏枝保持原树形；对干径为 5～10cm 的苗木，可选留主干上的几个侧枝，保持原有树形进行短截。

③ 枝条茂密具圆头型树冠的常绿乔木可适量疏枝。树叶集生树干顶部的苗木可不修剪。具轮生侧枝的常绿乔木用作行道树时，可剪除基部 2～3 层轮生侧枝。

④ 常绿针叶树，不宜修剪，只剪除病虫枝、枯死枝、生长衰弱枝、过密的轮生枝和下垂枝。

⑤ 用作行道树的乔木，定干高度宜大于 3m，第一分枝点以下枝条应全部剪除，分枝点以上枝条酌情疏剪或短截，并应保持树冠原型。

⑥ 珍贵树种的树冠宜作少量疏剪。

3）灌木及藤蔓类修剪应符合下列规定。

① 带土球或湿润地区带宿土裸根苗木及上年花芽分化的开花灌木不宜作修剪，当有枯枝、病虫枝时应予剪除。

② 枝条茂密的大灌木，可适量疏枝。

③ 对嫁接灌木，应将接口以下砧木萌生枝条剪除。

④ 分枝明显、新枝着生花芽的小灌木，应顺其树势适当强剪，促生新枝，更新老枝。

⑤ 用作绿篱的乔灌木，可在种植后按设计要求整形修剪。苗圃培育成型的绿篱，种植后应加以整修。

⑥ 攀缘类和蔓性苗木可剪除过长部分。攀缘上架苗木可剪除交错枝、横向生长枝。

4）苗木修剪质量应符合下列规定：

① 剪口应平滑，不得劈裂。

② 枝条短截时应留外芽，剪口应距留芽位置以上 1cm。

③ 修剪直径 2cm 以上大枝及粗根时，截口必须削平并涂防腐剂。

（5）定植

定植应根据树木的习性和当地的气候条件，选择最适宜的时期进行。

1）将苗木的土球或根苑放入种植穴内，使其居中。

2）再将树干立起扶正，使其保持垂直。

3）然后分层回填种植土，填土后将树根稍向上提一提，使根群舒展开，每填一层土就要用锄把将土压紧实，直到填满穴坑，并使土面能够盖住树木的根茎部位。

4）检查扶正后，把余下的穴土绕根茎一周进行培土，做成环形的拦水围堰。其围堰的直径应略大于种植穴的直径。堰土要拍压紧实，不能松散。

5）种植裸根树木时，将原根际埋下 3～5cm 即可，应将种植穴底填土呈半圆土堆，置入树木填土至 1/3 时，应轻提树干使根系舒展，并充分接触土壤，随填土分层踏实。

6）带土球树木必须踏实穴底土层，而后置入种植穴，填土踏实。

7）绿篱成块种植或群植时，应由中心向外顺序退植。坡式种植时应由上向下种植。大型块植或不同彩色丛植时，宜分区分块。

8）假山或岩缝间种植，应在种植土中掺入苔藓、泥炭等保湿透气材料。

9）落叶乔木在非种植季节种植时，应根据不同情况分别采取以下技术措施：

① 苗木必须提前采取疏枝、环状断根或在适宜季节起苗用容器假植等处理。

② 苗木应进行强修剪，剪除部分侧枝，保留的侧枝也应疏剪或短截，并应保留原树冠的1/3，同时必须加大土球体积。

③ 可摘叶的应摘去部分叶片，但不得伤害幼芽。

④ 夏季可搭棚遮阴、树冠喷雾、树干保湿，保持空气湿润；冬季应防风防寒。

⑤ 干旱地区或干旱季节，种植裸根树木应采取根部喷布生根激素、增加浇水次数等措施。

10）对排水不良的种植穴，可在穴底铺10～15cm沙砾或铺设渗入管、盲沟，以利排水。

11）栽植较大的乔木时，在定植后应加支撑，以防浇水后大风吹倒苗木。

5. 栽植后的养护管理

（1）立支柱

较大苗木为了防止被风吹倒，应立支柱支撑，多风地区尤应注意；沿海多台风地区，往往需埋水泥预制柱以固定高大乔木。

① 单支柱。用固定的木棍或竹竿，斜立于下风方向，深埋入土30cm。支柱与树干之间用草绳隔开，并将两者捆紧。

② 双支柱。用两根木棍在树干两侧，垂直钉入土中。支柱顶部捆一横档，先用草绳将树干与横档隔开以防擦伤树皮，然后用绳将树干与横档捆紧。

行道树立支柱，应注意不影响交通，一般不用斜支法，常用双支柱、三脚撑或定型四脚撑。

（2）灌水。树木定植后24h内必须浇上第一遍水，定植后第一次灌水称为头水。水要浇透，使泥土充分吸收水分，灌头水主要目的是通过灌水将土壤缝隙填实，保证树根与土壤紧密结合以利根系发育，故亦称为压水。水灌完后应作一次检查，由于踩不实树身会倒歪，要注意扶正，树盘被冲坏时要修好。之后应连续灌水，尤其是大苗，在气候干旱时，灌水极为重要，千万不可疏忽。常规做法为定植后必须连续灌3次水，之后视情况适时灌水。第一次连续3天灌水后，要及时封堰（穴），即将灌足水的树盘撒上细面土封住，称为封堰，以免蒸发和土表开裂透风。树木栽植后的浇水量，参见表3-15。

表 3-15　树木栽植后的浇水量

乔木及常绿树胸径/cm	灌木高度/m	绿篱高度/m	树堰直径/cm	浇水量/kg
	1.2～1.5	1～1.2	60	50
	1.5～1.8	1.2～1.5	70	75
3～5	1.8～2	1.5～2	80	100
5～7	2～2.5		90	200
7～10			110	250

（3）扶直封堰

① 扶直。浇第一遍水渗入后的次日，应检查树苗是否有倒、歪现象，发现后应及时扶

直，并用细土将堰内缝隙填严，将苗木固定好。

② 中耕。水分渗透后，用小锄或铁耙等工具，将土堰内的土表锄松，称"中耕"。中耕可以切断土壤的毛细管，减少水分蒸发，有利保墒。植树后浇三水之间，都应中耕一次。

③ 封堰。浇第三遍水并待水分渗入后，用细土将灌水堰内填平，使封堰土堆稍高于地面。土中如果含有砖石杂质等物，应挑拣出来，以免影响下次开堰。华北、西北等地秋季植树，应在树干基部堆成30cm高的土堆，以保持土壤水分，并能保护树根，防止风吹摇动，影响成活。

（4）其他养护管理

① 对受伤枝条和栽前修剪不理想的枝条，应进行复剪。

② 对绿篱进行造型修剪。

③ 防治病虫害。

④ 进行巡查、围护、看管，防止人为破坏。

⑤ 清理场地，做到工完场净，文明施工。

二、 大树移植工程

1. 大树移植工作准备

（1）操作人员要求。必须具备一名园艺工程师和一名七级以上的绿化工或树木工，才能承担大树移植工程。

（2）基础资料及移植方案

1）应掌握树木情况：品种、规格、定植时间、历年养护管理情况，目前生长情况、发枝能力、病虫害情况、根部生长情况（对不易掌握的要作探根处理）。

2）树木生长和种植地环境必须掌握下列资料。

① 应掌握树木与建筑物、架空线、共生树木等的间距必须具备施工、起吊、运输的条件。

② 种植地的土质、地下水位、地下管线等环境条件必须适宜移植树木的生长。

③ 对土壤含水量、pH值、理化性状进行分析。

a. 土壤湿度高，可在根范围外开沟排水，晾土，情况严重的可在四角挖1m以下深洞，抽排渗透出来的地下水。

b. 含杂质受污染的土质必须更换种植土。

（3）移植方法。移植方法应根据品种，树木生长情况、土质、移植地的环境条件、季节等因素确定。

① 生长正常易成活的落叶树木，在移植季节可用带毛泥球灌浆法移植。

② 生长正常的常绿树，生长略差的落叶树或较难移植的落叶树在移植季节内移植或生长正常的落叶树在非季节移植的均应用带泥球的方法移植。

③ 生长较弱、移植难度较大或非季节移植的，必须放大泥球范围，并用硬材包装法移植。

（4）移植前措施

① 5年内未作过移植或切根处理的大树，必须在移植前1～2年进行切根处理。

② 切根应分期交错进行，其范围宜比挖掘范围小10cm左右。

③ 切根时间，可在立春天气刚转暖到萌芽前，秋季落叶前进行。

（5）定方位扎冠。

① 根据树冠形态和种植后造景的要求，应对树木做好定方位的记号。

② 树干、主枝用草绳或草片进行包扎后应在树上拉好浪风绳。

③ 收扎树冠时应由上至下，由内至外，依次向内收紧，大枝扎缚处要垫橡皮等软物，不应挫伤树木。

（6）修剪方法及修剪量。修剪方法及修剪量应根据树木品种、树冠生长情况、移植季节、挖掘方式、运输条件、种植地条件等因素来确定：

① 落叶树可抽稀后进行强剪，多留生长枝和萌生的强枝，修剪量可达 6/10～9/10。

② 常绿阔叶树，采取收缩树冠的方法，截去外围的枝条适当稀疏树冠内部不必要的弱枝，多留强的萌生枝，修剪量可达 1/3～3/5。

③ 针叶树以疏枝为主，修剪量可达 1/5～2/5。

④ 对易挥发芳香油和树脂的针叶树、香樟等应在移植前一周进行修剪，凡 10cm 以上的大伤口应光滑平整，经消毒，并涂保护剂。

（7）树穴准备

① 树穴大小、形状、深浅应根据树根挖掘范围泥球大小形状而定应每边留 40cm 的操作沟。

② 树穴必须符合上下大小一致的规格，若含有建筑垃圾等有害物质时均必须放大树穴，清除废土换上种植土，并及时填好回填土。

③ 树穴基部必须施基肥。

④ 地势较低处种植不耐水湿的树种时，应采取堆土种植法，堆土高度根据地势而定，堆土范围：最高处面积应小于根的范围（或泥球大小 2 倍），并分层夯实。

2. 大树的掘苗

（1）大树的选择。从理论上讲，只要时间掌握好，措施合理，任何品种树木都能进行移植，现仅介绍常见移植的树木和采取的方法。

常绿乔木：桧柏、油松、白皮松、雪松、龙柏、侧柏、云杉、冷杉、华山松等。

落叶乔木及珍贵观花树木：国槐、栾树、小叶白蜡、元宝枫、银杏、白玉兰等。

根据设计图纸和说明所要求的树种规格、树高、冠幅、胸径、树形（需要注明观赏面和原有朝向）和长势等，到郊区或苗圃进行调查，选树并编号。选择时应注意以下几点。

① 要选择接近新栽地生境的树木。野生树木主根发达，长势过旺的，适应能力也差，不易成活。

② 不同类别的树木，移植难易不同。一般灌木比乔木移植容易；落叶树比常绿树容易；扦插繁殖或经多次移植须根发达的树比播种未经移植直根性和肉质根类树木容易；叶型细小比叶少而大者容易；树龄小比树龄大的容易。

③ 一般慢生树选 20～30 年生；速生树种则选用 10～20 年生，中生树可选 15 年生，果树、花灌木为 5～7 年生，一般乔木树高在 4m 以上，胸径 12～25cm 的树木则最合适。

④ 应选择生长正常的树木以及没有感染病虫害和未受机械损伤的树木。

⑤ 选树时还必须考虑移植地点的自然条件和施工条件，移植地的地形应平坦或坡度不大，过陡的山坡，根系分布不正，不仅操作困难且容易伤根，不易起出完整的土球，因而应选择便于挖掘处的树木，最好使起运工具能到达树旁。

（2）大树的预掘。为了保证树木移植后能很好地成活，可在移植前采取一些措施，促进树木的须根生长，这样也可以为施工提供方便条件，常用下列方法：

① 多次移植。在专门培养大树的苗圃中多采用多次移植法，速生树种的苗木可以在头几年每隔 1～2 年移植一次，待胸径达 6cm 以上时，可每隔 3～4 年再移植一次。而慢生树待其胸径达 3cm 以上时，每隔 3～4 年移一次，长到 6cm 以上时，则隔 5～8 年移植一次，这样树苗经过多次移植，大部分的须根都聚生在一定的范围，因而再移植时可缩小土球的尺寸和减少对根部的损伤。

② 预先断根法（回根法）。适用于一些野生大树或一些具有较高观赏价值的树木的移植，一般是在移植前 1～3 年的春季或秋季，以树干为中心，2.5～3 倍胸径为半径或以较小于移植时土球尺寸为半径画一个圆或方形，再在相对的两面向外挖 30～40cm 宽的沟（其深度则视根系分布而定，一般为 50～80cm），对较粗的根应用锋利的锯或剪，齐平内壁切断，然后用沃土（最好是沙壤土或壤土）填平，分层踩实，定期浇水，这样便会在沟中长出许多须根。到第二年的春季或秋季再以同样的方法挖掘另外相对的两面，到第三年时，在四周沟中均长满了须根，这时便可移走，如图 3-15 所示。挖掘时应从沟的外缘开挖，断根的时间可按各地气候条件有所不同。

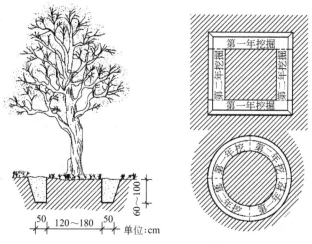

图 3-15 大树分期断根挖掘法示意

③ 根部环状剥皮法。同上法挖沟，但不切断大根，而采取环状剥皮的方法，剥皮的宽度为 10～15cm，这样也能促进须根的生长，这种方法由于大根未断，树身稳固，可不加支柱。

（3）大树移植的时间。如果掘起的大树带有较大的土球，在移植过程中严格执行操作规程，移植后又注意养护，那么，在任何时间都可以进行大树移植。但在实际中，最佳移植时间是早春，因为这时树液开始流动并开始生长、发芽，挖掘时损伤的根系容易愈合和再生，移植后经过从早春到晚秋的正常生长，树木移植的受伤的部分已复原，给树木顺利越冬创造了有利条件。

在春季树木开始发芽而树叶还没全部长成以前，树木的蒸腾还未达到最旺盛时期，此时带土球移植，缩短土球暴露的时间，栽后加强养护也能确保大树的存活。

盛夏季节，由于树木的蒸腾量大，此时移植对大树成活不利，在必要时可加大土球，加强修剪、遮阴、尽量减少树木的蒸腾量，也可成活，但费用较高。

在北方的雨季和南方的梅雨期，由于空气中的湿度较大，因而有利于移植，可带土球移植一些针叶树种。

深秋及冬季，从树木开始落叶到气温不低于－15℃这段时间，也可移植大树，此期间，树木虽处于休眠状态，但地下部分尚未完全停止活动，故移植时被切断的根系能在这段时间进行愈合，给来年春季发芽生长创造良好的条件，但在严寒的北方，必须对移植的树木进行土面保护，才能达到这一目的。南方地区尤其在一些气温不太低、温度较大的地区一年四季可移植，落叶树还可裸根移植。

3. 大树的挖掘

（1）带土球挖掘。适用于挖掘圆形土球，树木胸径为 10～15cm 或稍大一些的常绿乔木，土球的直径和高度应根据树木胸径的大小来确定。

① 带土球移植，应保证土球完好，尤其雨季更应注意。

② 土球规格一般按干径 1.3m 处的 7～10 倍，土球高度一般为土球直径的 2/3 左右。参见表 3-16。

表 3-16 土球规格

树木胸径/cm	土球规格		
	土球直径/cm	土球高度/cm	留底直径
10～12	胸径 8～10 倍	60～70	土球直径的 1/3
13～15	胸径 7～10 倍	70～80	

③ 挖掘高大乔木或冠幅较大的树木前应立好支柱，支稳树木。

④ 将包装材料蒲包、蒲包片、草绳用水浸泡好待用。

⑤ 掘前以树干为中心，按规定尺寸画出圆圈，在圈外挖 60～80cm 的操作沟至规定深度。挖时先去表土，见表根为准，再行下挖，挖时遇粗根必须用锯锯断再削平，不得硬铲，以免造成散坨。

⑥ 修坨，用铣将所留土坨修成上大下小呈截头圆锥形的土球。

⑦ 收底，土球底部不应留得过大，一般为土球直径的 1/3 左右。收底时遇粗大根系应锯断。

⑧ 围内腰绳，用浸好水的草绳，将土球腰部缠绕紧，随绕随拍打勒紧，腰绳宽度视土球土质而定。一般为土球的 1/5 左右。

⑨ 开底沟，围好腰绳后，在土球底部向内挖一圈 5～6cm 宽的底沟，以利打包时兜绕底沿，草绳不易松脱。

⑩ 用包装物，（蒲包、蒲包片、麻袋片等）将土球包严，用草绳围接固定。

⑪ 打包时绳要收紧，随绕随敲打，用双股或四股草绳以树干为起点，稍倾斜，从上往下绕到土球底沿沟内再由另一面返到土球上面，再绕树干顺时针方向缠绕，应先成双层或四股草绳，第二层与第一层交叉压花。草绳间隔一般 8～10cm。注意绕草绳时双股绳应排好理顺。如图 3-16 所示。

⑫ 围外腰绳，打好包后在土球腰部用草绳横绕 20～30cm 的腰绳，草绳应缠紧，随绕随用木槌敲打，围好后将腰绳上下用草绳斜拉绑紧，避免脱落。

⑬ 完成打包后，将树木按预定方向推倒，遇有直根应锯断，不得硬推，随后用蒲包片将底部包严，用草绳与土球上的草绳相串联。

（2）木箱挖掘。适用于挖掘方形土台，树木的胸径为 15～25cm 的常绿乔木，土台的规格一般按树木胸径的 7～10 倍选取，可参见表 3-17。

图 3-16　土球的包装

用木板包装大树的挖掘及包装，如图 3-17～图 3-19 所示。

表 3-17　土台规格

树木胸径/cm	15 18	18 24	25 27	28 30
木箱规格/m(上边长×高)	1.5×0.6	1.8×0.70	2.0×0.70	2.2×0.80

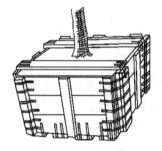

图 3-17　木板包装

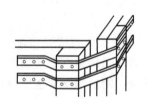

图 3-18　木板包装箱板交接处留有窄缝

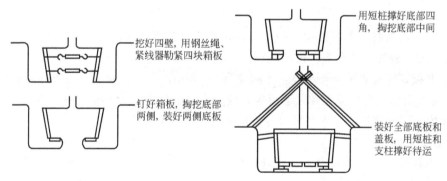

图 3-19　用木板包装大树的挖掘、包装程序

木箱挖掘的施工要点如下。

① 用木箱移植的土台呈正方形，上大下小，一般下部较上部少 1/10 左右。

② 放线，先清除表土，露出表面根，按规定以树干为中心，选好树冠观赏面，画出比规定尺寸大 5～10cm 的正方形土台范围，尺寸必须准确。然后在土台范围外 80～100cm 再画出一正方形白灰线，为操作沟范围。

③ 立支柱，用 3～4 根支柱将树支稳，呈三角或正方形，支柱应坚固，长度要在分枝点以上，支柱底部可钉小横棍，再埋严、夯实。支柱与树枝干应捆绑紧，但相接处必须垫软物，不得直接磨树皮。为更牢固支柱间还可加横杆相连。

④ 按所画出的操作沟范围下挖，沟壁应规整平滑，不得向内洼陷。挖至规定深度，挖出的土随时平铺或运走。

⑤ 修整土台，按规定尺寸，四角均应较木箱板大出 5cm，土台面平滑，不得有砖石或

粗根等突出土台。修好的土台上面不得站人。

⑥ 土台修整后先装四面的边板，上边板时板的上口应略低于土台 1~2cm，下口应高于土台底边 1~2cm。靠箱板时土台四角用蒲包片垫好再靠紧箱板，靠紧后暂用木棍与坑边支牢。检查合格后用钢丝绳围起上下两道放置，位置分别置于上下沿的 15~20cm 处。两道钢丝绳接口分别置于箱板的方向（一东一西或一南一北），钢丝绳接口处套入紧线器挂钩内，注意紧线器应稳定在箱板中间的带上。为使箱板紧贴土台，四面均应用 1~2 个圆木樽垫在绳板之间，放好后两面用驳棍转劲，同步收紧钢丝绳，随紧随用木棍敲打钢丝绳，直至发出金属弦音为止。

⑦ 钉箱板，用加工好的铁腰子将木箱四角连接，钉铁腰子，应距两板上下各 5cm 处为上下两道，中间每隔 8~10cm 一道，必须钉牢，圆钉应稍向外倾斜，钉入，钉子不能弯曲，铁皮与木带间应绷紧，敲打出金属颤音后方可撤除钢丝绳。2.5cm 以上木箱也可撤出圆木后再收紧钢丝绳。

⑧ 掏底，将四周沟槽再下挖 30~40cm 深后，从相对两侧同时向土台内进行掏底，掏底宽度相当安装单板的宽度，掏底时留土略高于箱板下沿 1~2cm。遇粗根应略向土台内将根锯断。

⑨ 掏好一块板的宽度应立即安装，装时使底板一头顶装在木箱边板的木带上，下部用木墩支紧，另一头用油压千斤顶顶起，待板靠近后，用圆钉钉牢铁腰子，用圆木墩顶紧，撤出油压千斤顶，随后用支棍在箱板上端与坑壁支牢，坑壁一面应垫木板，支好后方可继续向内掏底。

⑩ 向内掏底时，操作人员的头部、身体严禁进入土台底部，掏底时风速达 4 级以上应停止操作。

⑪ 遇底土松散时，上底板时应垫蒲包片，底板可封严不留间隙。遇少量亏土脱土处应用蒲包装土或木板等物填充后，再钉底板。

⑫ 装上板，先将表土铲垫平整，中间略高 1~2cm，上板长度应与边板外沿相等，不得超出或不足。上板前先垫蒲包片，上板放置的方向与底板交叉，上板间距应均匀，一般15~20cm。如树木多次搬运，上板还可改变方向再加一层呈井字形。

（3）裸根挖掘

① 裸根移植仅限于落叶乔木，按规定根系大小，应视根系分布而定，一般为 1.3m 处干径的 8~10 倍。

② 裸根移植成活的关键是尽量缩短根部暴露时间。移植后应保持根部湿润，方法是根系掘出后喷保湿剂或蘸泥浆，用湿草包裹等。

③ 沿所留根幅外垂直下挖操作沟，沟宽 60~80cm，沟深视根系的分布而定，挖至不见主根为准。一般 80~120cm。

④ 挖掘过程所有预留根系外的根系应全部切断，剪口要平滑不得劈裂。

⑤ 从所留根系深度 1/2 处以下，可逐渐向内部掏挖，切断所有主侧根后，即可打碎土台，保留护心土，清除余土，推倒树木，如有特殊要求可包扎根部。

4. 大树的装卸和运输

大树的装卸和运输工作也是大树移植中的重要环节之一。装卸和运输的成功与否，直接影响到树木的成活、施工的质量以及树形的美观等。其基本工序如图 3-20、图 3-21 所示。

（1）一般规定

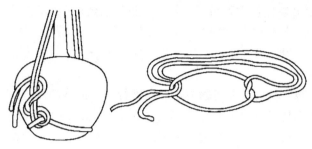

图 3-20 土球的吊装

(a) 由坑中吊出　　　　　(b) 在车上固定好　　　　　(c) 卸车、竖起

图 3-21 木板包装的大树吊装

1) 大树的装卸及运输必须使用大型机械车辆，因此为确保安全顺利地进行，必须配备技术熟练的人员统一指挥。操作人员应严格按安全规定作业。

2) 装卸和运输过程应保护好树木，尤其是根系，土球和木箱应保证其完好。树冠应围拢，树干要包装保护。

3) 装车时根系、土球、木箱向前，树冠朝后。

4) 装卸裸根树木，应特别注意保护好根部，减少根部劈裂、折断，装车后支稳、挤严，并盖上湿草袋或苦布遮盖加以保护。卸车时应顺序吊下。

5) 装卸土球树木应保护好土球完整，不散坨。为此装卸时应用粗麻绳捆绑，同时在绳与土球间，垫上木板，装车后将土球放稳，用木板等物卡紧，不使滚动。

6) 装卸木箱树木，应确保木箱完好，关键是拴绳、起吊，首先用钢丝绳在木箱下端约 1/3 处拦腰围住，绳头套入吊钩内。另再用一根钢丝绳或麻绳按合适的角度一头垫上软物拴在树干恰当的位置，另一头也套入吊钩内，缓缓使树冠向上翘起后，找好重心，保护树身，则可起吊装车。装车时，车厢上先垫较木箱长 20cm 的 10cm×10cm 的方木两根，放箱时注意不得压钢丝绳。

7) 树冠凡翘起超高部分应尽量围拢。树冠不要拖地，为此在车厢尾部放稳支架，垫上软物（蒲包、草袋）用以支撑树干。

8) 运输时应派专人押车。押运人员应熟悉掌握树木品种，卸车地点，运输路线，沿途障碍等情况，押运人员应在车厢上并应与司机密切配合。随时排除行车障碍。

9) 路途远，气候过冷、风大或过热时，根部必须盖草包等物进行保护。

10) 树木运到栽植地后必须检查下列项目。

① 树枝和泥球损伤情况。

② 树根泥球大小规格和树穴规格应适宜，泥球有松散漏底的，树穴应在漏底的相应部位填上土，树木吊入树穴后不应出现空隙。

③ 底土回填深度必须使树木种植后，根茎部位高出地面 10cm 左右。

（2）运输。树木装进汽车时，使树冠向着汽车尾部，土块靠近司机室，树干包上柔软材料放在木架或竹架上，用软绳扎紧，土块下垫一块木衬垫，然后用木板将上球夹住或用绳子将土球缚紧于车厢两侧。

通常一辆汽车只装一株树，在运输前，应先进行行车道路的调查，以免中途遇故障无法通行，行车路线一般都是城市划定的运输路线，应了解其路面宽度、路面质量、横架空线、桥梁及其负荷情况、人流量等，行车过程中押运员应站在车厢尾一面检查运输途中土球绑扎是否松动、树冠是否扫地、左右是否影响其他车辆及行人，同时要手持长竿，不时挑开横架空线，以免发生危险。

5. 大树的定植

（1）按设计位置挖种植穴，种植穴的规格应根据根系、土球、木箱规格的大小而定。

① 裸根和土球树木的种植穴为园坑，应较根系或土球的直径加大 60～80cm，深度加深 20～30cm。坑壁应平滑垂直。掘好后坑底部放 20～30cm 的土堆。

② 木箱树木，挖方坑，四周均较木箱大出 80～100cm，坑深较木箱加深 20～30cm。挖出的坏土和多余土壤应运走。将种植土和腐殖土置于坑的附近待用。

（2）种植的深浅应合适，一般与原土痕平或略高于地面 5cm 左右。

（3）种植时应选好主要观赏面的方向，并照顾朝阳面，一般树弯应尽量迎风，种植时要栽正扶植，树冠主尖与根在一垂直线上。

（4）还土，一般用种植土加入腐殖土，（肥土制成混合土）使用，其比例为 7/3。注意肥土必须充分腐熟，混合均匀。还土时要分层进行，每 30cm 一层，还后踏实，填满为止。

（5）立支柱。一般 3～4 根杉木高，或用细钢丝绳拉纤要埋深立牢，绳与树干相接处应垫软物。

（6）开堰

① 裸根，土球树开圆堰，土堰内径与坑沿相同，堰高 20～30cm，开堰时注意不应过深，以免挖坏树根或土球。

② 木箱树木，开双层方堰，内堰里边在土台边沿处，外堰边在方坑边沿处，堰高 25cm 左右。堰应用细土、拍实，不得漏水。

（7）浇水三遍，第一遍水量不易过大，水流要缓慢灌，使土下沉，一般栽后两三天内完成第二遍水，一周内完成第三遍水，此两遍水的水量要足，每次浇水后要注意整堰，填土堵漏。

（8）种植裸根树木根系必须舒展，剪去劈裂断根，剪口要平滑。有条件可施入生根剂。

（9）种植土球树木时，应将土球放稳，随后拆包取出包装物，如土球松散，腰绳以下可不拆除，以上部分则应解开取出。

（10）种植木箱树木，先在坑内用土堆一个高 20cm 左右，宽 30～80cm 的长方形土台。

如图 3-22 所示，将树木直立，如土质坚硬，土台完好，可先拆去中间 3 块底板，用两根钢丝绳兜住底板，绳的两头扣在吊钩上，起吊入坑，置于土台上。注意树木起吊入坑时，树下、吊臂下严禁站人。木箱入坑后，为了校正位置，操作人员应在坑上部作业，不得立于坑内，以免挤伤。树木落稳后，撤出钢丝绳，拆除底板填土。将树木支稳，即可拆除木箱上板及蒲包。坑内填土约 1/3 处。则可拆除四边箱板，取出，分层填土夯实至地平。

（11）支撑与固定。

① 大树的支撑宜用扁担桩十字架和三角撑，低矮树可用扁担桩，高大树木可用三角撑，风大树大的可两种桩结合起来用。

② 扁担桩的竖桩不得小于2.3m、入土深度1.2m，桩位应在根系和土球范围外，水平桩离地1m以上，两水平桩十字交叉位置应在树干的上风方向，扎缚处应垫软物。

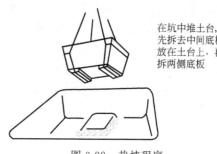

在坑中堆土台，先拆去中间底板放在土台上，再拆两侧底板

图3-22　栽植程序

③ 三角撑宜在树干高2/3处结扎，用毛竹或钢丝绳固定，三角撑的一根撑干（绳）必须在主风向上位，其他两根可均匀分布。

④ 发现土面下沉时，必须及时升高扎缚部位，以免吊桩。

6. 大树移植后的养护

（1）移栽后的水、肥管理

① 旱季的管理。6～9月，大部分时间气温在28℃以上，且湿度小，是最难管理的时期。如管理不当造成根干缺水、树皮龟裂，会导致树木死亡。这时的管理要特别注意：一是遮阳防晒，可以树冠外围东西方向搭"几"字型，盖遮阳网，这样能较好地挡住太阳的直射光，使树叶免遭灼伤；二是根部灌水，往预埋的塑料管或竹筒内灌水，此方法可避免浇"半截水"，能一次浇透，平常能使土壤见干见湿，也可往树冠外的洞穴灌水，增加树木周围土壤的湿度；三是树南面架设三角支架，安装一个高于树1m的喷灌装置，尽量调成雾状水，因为夏、秋季大多吹南风，安装在南面可经常给树冠喷水，使树干树叶保持湿润，也增加了树周围的湿度，并降低了温度，减少了树木体内有限水分、养分的消耗。没条件时可采用"滴灌法"，即在树旁搭一个三脚架，上面吊一只储水桶，在桶下部打若干孔，用硅胶将塑料管粘在孔上，另一端用火烧后封死，将管螺旋状绕在树干和树枝上，按需要的方向在管上打孔至滴水，同样可起到湿润树干树枝、减少水分养分消耗的作用。

② 雨季的管理。南方春季雨水多，空气湿度大，这时主要应抗涝。由于树木初生芽叶，根部伤口未愈合，往往造成树木死亡。雨季用潜水泵逐个抽干穴内水，避免树木被水浸泡。

③ 寒冷季节的管理。要加强抗寒、保暖措施。一要用草绳绕干，包裹保暖，这样能有效地抵御低温和寒风的侵害，二是搭建简易的塑料薄膜温室，提高树木的温、湿度，三是选择一天中温度相对较高的中午浇水或叶面喷水。

④ 移栽后的施肥。由于树木损伤大，第一年不能施肥，第二年根据树的生长情况施农家肥或叶面喷肥。

（2）移栽后病虫害的防治。树木通过锯截、移栽，伤口多、萌芽的树叶嫩，树体的抵抗力弱，容易遭受病害、虫害，如不注意防范，造成虫灾或树木染病后可能会迅速死亡，所以要加强预防。可用多菌灵或托布津、敌杀死等农药混合喷施。分4月、7月、9月三个阶段，每个阶段连续喷药，每星期一次，正常情况下可达到防治的目的。

大树移栽后，一定要加强养护管理。俗话说得好，"三分种，七分管"，由此可见，养护管理环节在绿化建设中的重要性。当然，要切实提高大树移栽后的成活率，还要在绿地规划设计、树种选择等方面动动脑筋，下点工夫。

（3）风害防治。北方早春的大风，使树木常发生风害，出现偏冠和偏心现象，偏冠全给树木整形修剪带来困难，影响树木功能作用的发挥；偏心的树易遭受冻害和日灼，影响树木正常发育。移栽大树，如果根盘起得小，则因树身大，易遭风害。所以大树移栽时一定要立支柱，以免树身吹歪。在多风地区栽植，坑应适当大，如果小坑栽植，树会因根系不舒展，发育不好，重心不稳，易受风害。对于遭受大风危害的风树及时顺势扶正，培土为馒头形，修去部分枝条，并立支柱。对裂枝要捆紧基部伤面，促其愈合，并加强肥水管理，促进树势的恢复。

三、 垂直绿化工程

1. 垂直绿化施工准备

（1）垂直绿化的施工依据应为技术设计、施工图纸、工程预算及与市政配合的准确栽植位置。

（2）大部分木本攀缘植物应在春季栽植，并宜于萌芽前栽完。为特殊需要，雨季可以少量栽植，应采取先装盆或者强修剪、起土球、阴雨天栽植等措施。

（3）施工前应实地了解水源、土质、攀缘依附物等情况。若依附物表面光滑，应设牵引铅丝。

（4）木本攀缘植物宜栽植三年生以上的苗木，应选择生长健壮、根系丰满的植株。从外地引入的苗木应仔细检疫后再用。草本攀缘植物应备足优良种苗。

（5）栽植前应整地。翻地深度不得少于40cm，石块砖头、瓦片、灰渣过多的土壤，应过筛后再补足种植土。如遇含灰渣量很大的土壤（如建筑垃圾等），筛后不能使用时，要清除40～50cm深、50cm宽的原土，换成好土。在墙、围栏、桥体及其他构筑物或绿地边种植攀缘植物时，种植池宽度不得少于40cm。当种植池宽度在40～50cm时，其中不可再栽植其他植物。如地形起伏时，应分段整平，以利浇水。

（6）在人工叠砌的种植池种植攀缘植物时，种植池的高度不得低于45cm，内沿宽度应大于40cm，并应预留排水孔。

2. 垂直绿化植物的选择

（1）垂直绿化植物材料的选择，必须考虑不同习性的攀缘植物对环境条件的不同需要；并根据攀缘植物的观赏效果和功能要求进行设计。应根据不同种类攀缘植物本身特有的习性，选择与创造满足其生长的条件。

① 缠绕类。适用于栏杆、棚架等。如：紫藤、金银花、菜豆、牵牛等。

② 攀缘类。适用于篱墙、棚架和垂挂等。如：葡萄、铁线莲、丝瓜、葫芦等。

③ 钩刺类。适用于栏杆、篱墙和棚架等。如：蔷薇、爬蔓月季、木香等。

④ 攀附类。适用于墙面等。如：爬山虎、扶芳藤、常春藤等。

（2）应根据种植地的朝向选择攀缘植物。东南向的墙面或构筑物前应种植以喜阳的攀缘植物为主；北向墙面或构筑物前，应栽植耐阴或半耐阴的攀缘植物；在高大建筑物北面或高大乔木下面，遮阴程度较大的地方种植攀缘植物，也应在耐阴种类中选择。

（3）应根据墙面或构筑物的高度来选择攀缘植物。

① 高度在2m以上，可种植爬蔓月季、扶芳藤、铁线莲、常春藤、牵牛、茑萝、菜豆、猕猴桃等。

② 高度在5m左右，可种植葡萄、江柳、葫芦、紫藤、丝瓜、瓜蒌、金银花、木香等。

③ 高度在 5m 以上，可种植中国地锦、美国地锦、美国凌霄、山葡萄等。

（4）应尽量采用地栽形式。种植带宽度 50～100cm，土层厚 50cm，根系距墙 15cm，株距 50～100cm 为宜。容器（种植槽或盆）栽植时，高度应为 60cm，宽度为 50cm，株距为 2m。容器底部应有排水孔。

3. 垂直绿化的方式

垂直绿化的形式很多，在选择植物材料时首先应当充分利用当地植物资源，这不仅因为从生态适应性而言，这些植物最适于本地生长，而且从园林艺术角度考虑，极易形成地方特色。

（1）棚架式。棚架式绿化在园林中可单独使用，也可用作由室内到花园的类似建筑形式的过渡物，一般以观果遮阴为主要目的。卷须类和缠绕类的攀缘植物均可使用，木质的如猕猴桃类、葡萄、木通类、五味子类、山柚藤、菝葜类、木通马兜铃等，草质的如西番莲、蓝花鸡蛋果、观赏南瓜、观赏葫芦、落葵等。花格、花架、绿亭、绿门一类的绿化方式也属于棚架式的范畴，但在植物材料选择上应偏重于花色鲜艳、枝叶细小的种类，如铁线莲、三角花、蔓长春花、双蝴蝶、探春等。部分蔓生种类也可用作棚架式，如木香和野蔷薇及其变种七姊妹、荷花蔷薇等，但前期应当注意设立支架、人工绑缚以帮助其攀附。

（2）凉廊式。凉廊式绿化是以攀缘植物覆盖长廊的顶部及侧方，从而形成绿廊或花廊、花洞。应选择生长旺盛、分枝力强、叶幕浓密而且花朵秀美的种类，一般多用木质的缠绕类和卷须类攀缘植物。因为廊的侧方多有格架，不必急于将藤蔓引至廊顶，否则容易造成侧方空虚。在北方可选用紫藤、金银花、木通、南蛇藤、太行铁线莲、蛇葡萄等落叶种类，在南方则有三角花、炮仗花、鸡血藤、常春油麻藤、龙须藤、使君子、红茉莉、串果藤等多种可供应用。

（3）篱垣式。篱垣式主要用于矮墙、篱架、栏杆、铁丝网等处的绿化，以观花为主要目的。由于一般高度有限，对植物材料攀缘能力的要求不太严格，几乎所有的攀缘植物均可用于此类绿化，但不同的篱垣类型各有适宜材料。竹篱、铁丝网、小型栏杆的绿化以茎柔叶小的草本种类为宜，如牵牛花、月光花、香豌豆、倒地铃、打碗花、海金沙、金钱吊乌龟等，在背阴处还可选用瓜叶乌头、两色乌头、荷包藤、竹叶子等；普通的矮墙、钢架等可选植物更多，如蔓生类的野蔷薇、藤本月季、云实、软枝黄蝉，缠绕类的使君子、金银花、探春、北清香藤，具卷须的炮仗藤、甜果藤、大果菝葜，具吸盘或气生根的五叶地锦、蔓八仙、凌霄等。

（4）附壁式。附壁式绿化只能选用吸附类攀缘植物，可用于墙面、裸岩、桥梁、假山石、楼房等设施的绿化。较粗糙的表面可选择枝叶较粗大的种类如有吸盘的爬山虎、崖爬藤，有气生根的薜荔、珍珠莲、常春卫矛、凌霄、钻地枫、海风藤、冠盖藤等，而表面光滑、细密的墙面如马赛克贴面则宜选用枝叶细小、吸附能力强的种类如络石、石血、紫花络石、小叶扶芳藤、常春藤等。在华南地区，阴湿环境还可选用蜈蚣藤、崖角藤、绿萝、量天尺、球兰等。

（5）立柱式。随着城市建设，各种立柱如电线杆、灯柱、高架桥立柱、立交桥立柱等不断增加，它们的绿化已经成为垂直绿化的重要内容之一。另外，园林中一些枯树如能加以绿化也可给人一种枯木逢春的感觉。从一般意义上讲，缠绕类和吸附类的攀缘植物均适于立柱式绿化，用五叶地锦、常春油麻藤、常春藤、木通、南蛇藤、络石、金银花、南五味子、爬山虎、软枣猕猴桃、蝙蝠葛、扶芳藤等耐阴种类。一般的电线杆及枯树的绿化可选用观赏价值高的如凌霄、络石、素方花、西番莲等。植物材料宜选用常绿的耐阴种类如络石、常春藤、扶芳藤、南五味子、海金沙等，以防止内部空虚，影响观赏效果。

4. 垂直绿化的室外布置

（1）墙面绿化是泛指用攀缘植物装饰建筑物外墙和各种围墙的一种立体绿化形式。适于作墙面绿化的植物一般是茎节有气生根或吸盘的攀缘植物，其品种很多。如：爬山虎、五叶地锦、扶芳藤、凌霄等。

① 墙面绿化的植物配置受墙面材料、朝向和墙面色彩等因素制约。粗糙墙面，如水泥混合砂浆和水刷石墙面，则攀附效果最好；墙面光滑的，如石灰粉墙和油漆涂料，攀附比较困难；墙面朝向不同，选择生长习性不同的攀缘植物。

② 墙面绿化植物配置形式有两种。一是规则式，二是自然式。

③ 墙面绿化种植形式大体分两种。一是地栽：一般沿墙面种植，带宽50～100cm，土层厚50cm，植物根系距墙体15cm左右，苗稍向外倾斜。二是种植槽或容器栽植：一般种植槽或容器高度为50～60cm，宽50cm，长度视地点而定。

（2）棚架绿化是攀缘植物在一定空间范围内，借助于各种形式、各种构件构成的。如花门、绿亭、花榭等生长，并组成景观的一种垂直绿化形式。棚架绿化的植物布置与棚架的功能和结构有关。

① 棚架从功能上可分为经济型和观赏型。经济型选择要用植物类，如：葫芦、苈萝等，生产类如：葡萄、丝瓜等。而观赏型的棚架则选用开花观叶、观果的植物。

② 棚架的结构不同，选用的植物也应不同。砖石或混凝土结构的棚架，可种植大型藤本植物，如：紫藤、凌霄等；竹、绳结构的棚架，可种植草本的攀缘植物，如：牵牛花、脾酒花等；混合结构的棚架，可使用草、木本攀缘植物结合种植。

（3）绿篱和栅栏的绿化，都是攀缘植物借助于各种构件生长，用以划分空间地域的绿化形式。主要是起到分隔庭院和防护的作用。一般选用开花、常绿的攀缘植物最好，如：爬蔓月季、蔷薇类等。栽植的间距以1～2m为宜。若是临时做围墙栏杆，栽植距离可适当加大。一般装饰性栏杆，高度在50cm以下，不用种攀缘植物。而保护性栏杆一般在80～90cm以上，可选用常绿或观花的攀缘植物，如：藤本月季、金银花等，也可以选用一年生藤本植物，如：牵牛花、苈萝等。

（4）护坡绿化是用各种植物材料，对具有一定落差坡面起到保护作用的一种绿化形式。包括大自然的悬崖峭壁、土坡岩面以及城市道路两旁的坡地、堤岸、桥梁护坡和公园中的假山等。护坡绿化要注意色彩与高度要适当，花期要错开，要有丰富的季相变化。因坡地的种类不同而要求不同。

① 河、湖护坡具有一面临水空间开阔的特点，选择耐湿、抗风的植物。

② 道路、桥梁两侧坡地绿化应选择吸尘、防噪、抗污染的植物。而且要求不得影响行人及车辆安全，并且要姿态优美的植物。

（5）阳台绿化是利用各种植物材料，包括攀缘植物，把阳台装饰起来。在绿化美化建筑物的同时，美化城市。阳台绿化是建筑和街景绿化的组成部分，也是居住空间的扩大部分。既有绿化建筑，美化城市的效果，又有居住者的个体爱好，还有阳台结构特点。因此，阳台的植物选择要注意三个特点。

① 要选择抗旱性强、管理粗放、水平根系发达的浅根性植物。以及一些中小型草、木

本攀缘植物或花木。

②要根据建筑墙面和周围环境相协调的原则来布置阳台。除攀缘植物外，可选择居住者爱好的各种花木。

③适于阳台栽植的植物材料有：地锦、爬蔓月季、十姐妹、金银花等木本植物，牵牛花、丝瓜等草本植物。

5. 垂直绿化植物的栽植

（1）应按照种植设计所确定的坑（沟）位，定点、挖坑（沟），坑（沟）穴应四壁垂直、低平、坑径（或沟宽）应大于根径 10～20cm。禁止采用一锹挖一个小窝，将苗木根系外露的栽植方法。

（2）栽植前，在有条件时，可结合整地，向土壤中施基肥。肥料宜选择腐熟的有机肥，每穴应施 0.5～1.0kg。将肥料与土拌匀，施入坑内。

（3）运苗前应先验收苗木，对太小、干枯、根部腐烂等植株不得验收装运。苗木运至施工现场，如不能立即栽植，应用湿土假植，埋严根部。假植超过两天，应浇水管护。对苗木的修剪程度应视栽植时间的早晚来确定。栽植早宜留蔓长，栽植晚宜留蔓短。

（4）栽植时的埋土深度应比原土痕深 2cm 左右。埋土时应舒展植株根系，并分层踏实。

（5）栽植后应做树堰。树堰应坚固，用脚踏实土堰，以防跑水。在草坪地栽植攀缘植物时，应先起出草坪。

（6）栽植后 24h 内必须浇足第一遍水。第二遍水应在 2～3 天后浇灌，第三遍水隔 5～7 天后进行。浇水时如遇跑水、下沉等情况，应随时填土补浇。

6. 养护管理

（1）浇水

①水是攀缘植物生长的关键，在春季干旱天气时，直接影响到植株的成活。

②新植和近期移植的各类攀缘植物，应连续浇水，直至植株不灌水也能正常生长为止。

③要掌握好三至七月份植物生长关键时期的浇水量。做好冬初冻水的浇灌，以有利于防寒越冬。

④由于攀缘植物根系浅、占地面积少，因此在土壤保水力差或天气干旱季节应适当增加浇水次数和浇水量。

（2）施肥

①施肥的目的是供给攀缘植物养分，改良土壤，增强植株的生长势。

②施肥的时间：施基肥，应于秋季植株落叶后或春季发芽前进行；施用追肥，应在春季萌芽后至当年秋季进行，特别是六至八月雨水勤或浇水足时，应及时补充肥力。

③施用基肥的肥料应使用有机肥，施用量宜为每延长米 0.5～1.0kg。

④追肥可分为根部追肥和叶面追肥两种。

根部施肥可分为密施和沟施两种。每两周一次，每次施混合肥每延长米 0.1kg，施化肥为每延长米 0.05kg。

叶面施肥时，对以观叶为主的攀缘植物可以喷浓度为 5% 的氮肥尿素，对以观花为主的攀缘植物喷浓度为 1% 的磷酸二氢钾。叶面喷肥宜每半月一次，一般每年喷 4～5 次。

⑤使用有机肥时必须经过腐熟，使用化肥必须粉碎、施匀；施用有机肥不应浅于40cm，化肥不应浅于 10cm；施肥后应及时浇水。叶面喷肥宜在早晨或傍晚进行，也可结合

喷药一并喷施。

（3）中耕除草

① 中耕除草的目的是保持绿地整洁，减少病虫发生条件，保持土壤水分。

② 除草应在整个杂草生长季节内进行，以早除为宜。

③ 除草要对绿地中的杂草彻底除净，并及时处理。

④ 在中耕除草时不得伤及攀缘植物根系。

（4）牵引

① 牵引的目的是使攀缘植物的枝条沿依附物不断伸长生长。特别要注意栽植初期的牵引。新植苗木发芽后应做好植株生长的引导工作，使其向指定方向生长。

② 对攀缘植物的牵引应设专人负责。从植株栽后至植株本身能独立沿依附物攀缘为止。应依攀缘植物种类不同、时期不同，使用不同的方法。如捆绑设置铁丝网（攀缘网）等。

（5）修剪与间移

① 对攀缘植物修剪的目的是防止枝条脱离依附物，便于植株通风透光，防止病虫害以及形成整齐的造型。

② 修剪可以在植株秋季落叶后和春季发芽前进行。剪掉多余枝条，减轻植株下垂的重量；为了整齐美观也可在任何季节随时修剪，但主要用于观花的种类，要在落花之后进行。

③ 攀缘植物间移的目的是使植株正常生长，减少修剪量，充分发挥植株的作用。间移应在休眠期进行。

（6）病虫害防治

① 攀缘植物的主要病虫害有：蚜虫、螨类、叶蝉、天蛾、虎夜蛾、斑衣蜡蝉、白粉病等。在防守上应贯彻"预防为主，综合防治"的方针。

② 栽植时应选择无病虫害的健壮苗，勿栽植过密，保持植株通风透光，防止或减少病虫发生。

③ 栽植后应加强攀缘植物的肥水管理，促使植株生长健壮，以增强抗病虫的能力。

④ 及时清理病虫落叶、杂草等，消灭病源虫源，防止病虫扩散、蔓延。

⑤ 加强病虫情况检查，发现主要病虫害应及时进行防治。在防治方法上要因地、因树、因虫制宜，采用人工防治、物理机械防治、生物防治、化学防治等各种有效方法。在化学防治时，要根据不同病虫对症下药。喷布药剂应均匀周到，应选用对天敌较安全，对环境污染轻的农药，既控制住主要病虫的危害，又注意保护天敌和环境。

（7）垂直绿化养护质量标准

1）精心养护精心管理达到以下标准为一级。

① 攀缘植物的牵引工作必须贯彻始终。按不同种类攀缘植物的生长速度，栽后年生长量应达到 $1.0 \sim 2.0 \mathrm{m}$。

② 植株无主要病虫危害的症状，生长良好，叶色正常，无脱叶落叶的现象。

③ 认真采取保护措施，无缺株，无严重人为损坏，发生问题及时处理，实现连线成景多样化的效果。修剪及时，疏密适度，保证植株叶不脱落，维持长年有整体效果。

2）认真养护认真管理，基本达到以下标准为二级。

① 及时牵引，按不同种类攀缘植物的生长速度，栽后年生长量不低于 $1.0 \mathrm{m}$。

② 基本上控制主要病害和虫害，有轻微受害面积，不超过 10％，不影响观瞻，植株正常生长，叶色基本正常。

③ 对人为损害能及时采取保护措施，缺株数量不超过 10％。

④ 基本控制徒长枝。

四、 屋顶绿化工程

1. 屋顶绿化的分类

（1）花园式屋顶绿化

① 新建建筑原则上应采用花园式屋顶绿化，在建筑设计时统筹考虑，以满足不同绿化形式对于屋顶荷载和防水的不同要求。

② 现状建筑根据允许荷载和防水的具体情况，可以考虑进行花园式屋顶绿化。

③ 建筑静荷载应大于等于 $250kg/m^2$。乔木、园亭、花架、山石等较重的物体应设计在建筑承重墙、柱、梁的位置。

④ 以植物造景为主，应采用乔、灌、草结合的复层植物配植方式，产生较好的生态效益和景观效果。

（2）简单式屋顶绿化

1）建筑受屋面本身荷载或其他因素的限制，不能进行花园式屋顶绿化时，可进行简单式屋顶绿化。

2）建筑静荷载应大于等于 $100kg/m^2$。

3）主要绿化形式。

① 覆盖式绿化。根据建筑荷载较小的特点，利用耐旱草坪、地被、灌木或可匍匐的攀缘植物进行屋顶覆盖绿化。

② 固定种植池绿化。根据建筑周边圈梁位置荷载较大的特点，在屋顶周边女儿墙一侧固定种植池，利用植物直立、悬垂或匍匐的特性，种植低矮灌木或攀缘植物。

③ 可移动容器绿化。根据屋顶荷载和使用要求，以容器组合形式在屋顶上布置观赏植物，可根据季节不同随时变化组合。

2. 屋顶绿化施工操作程序

（1）花园式屋顶绿化施工流程，如图 3-23 所示。

（2）简单式屋顶绿化施工流程，如图 3-24 所示。

3. 植物的选择原则

① 遵循植物多样性和共生性原则，以生长特性和观赏价值相对稳定、滞尘控温能力较强的本地常用和引种成功的植物为主。

② 以低矮灌木、草坪、地被植物和攀缘植物等为主，原则上不用大型乔木，有条件时可少量种植耐旱小型乔木。

③ 应选择须根发达的植物，不宜选用根系穿刺性较强的植物，防止植物根系穿透建筑防水层。

④ 选择易移植、耐修剪、耐粗放管理、生长缓慢的植物。

⑤ 选择抗风、耐旱、耐高温的植物。

⑥ 选择抗污性强，可耐受、吸收、滞留有害气体或污染物质的植物。

⑦ 华北地区屋顶绿化部分植物种类参考见表 3-18。

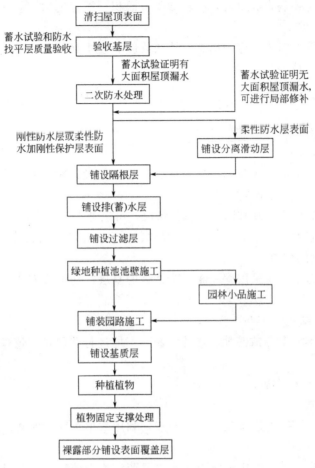

图 3-23　花园式屋顶绿化施工流程

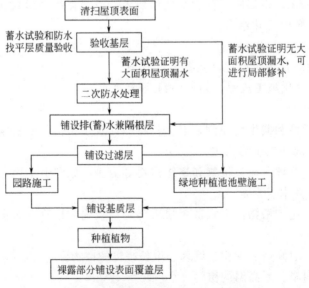

图 3-24　简单式屋顶绿化施工流程

表 3-18 推荐华北地区屋顶绿化部分植物种类

种类	植物	特性	植物	特性
乔木	油松	阳性,耐寒,耐旱,观树形	玉兰*	阳性,稍耐阴,观花、叶
	华山松*	耐阴,观树形	垂枝榆树	阳性,极耐旱,观树形
	白皮松	阳性,稍耐阴,观树形	紫叶李	阳性,稍耐阴,观花、叶
	西安桧	阳性,稍耐阴,观树形	柿树	阳性,耐旱,观果、叶
	龙柏	阳性,不耐盐碱,观树形	七叶树*	阳性,耐半阴,观树形、叶
	桧柏	偏阴性,观树形	鸡爪槭*	阳性,喜湿润,观叶
	龙爪桑	阳性,稍耐阴,观树形	樱花*	喜阳,观花
	银杏	阳性,耐旱,观树形、叶	海棠类	阳性,稍耐阴,观花、果
	栾树	阳性,稍耐阴,观枝、叶、果	山楂	阳性,稍耐阴,观花、果
灌木	珍珠梅	阳性,耐阴,较耐旱,观叶	碧桃类	阳性,观花
	大叶黄杨*	阳性,稍耐阴,观叶,耐阴	迎春	阳性,稍耐阴,观花、叶、枝
	小叶黄杨	阳性,稍耐阴,观叶	紫薇	阳性,观花、叶
	凤尾丝兰	观花、叶	金银木	耐阴,观花、果
	金叶女贞	阳性,稍耐阴,观叶	果石榴	阳性,耐半阴,观花、果、枝
	红叶小檗	阳性,稍耐阴,观叶	紫荆	阳性,耐阴,观花、枝
	矮紫杉*	阳性,观树形	平枝栒子	阳性,耐半阴,观果、叶、枝
	连翘	阳性,耐半阴,观花、叶	海仙花	阳性,耐半阴,观花
	榆叶梅	阳性,耐寒,耐旱,观花	黄栌	阳性,耐半阴,耐旱,观花、叶
	紫叶矮樱	阳性,观花、叶	锦带花类	阳性,观花
	郁李*	阳性,稍耐阴,观花、果	天目琼花	喜阴,观果
	寿星桃	阳性,稍耐阴,观花、叶	流苏	阳性,耐半阴,观花、枝
	丁香类	稍耐阴,观花、叶	海州常山	阳性,耐半阴,观花、果
	棣棠	喜半阴,观花、叶、枝	木槿	阳性,耐半阴,观花
	红瑞木	阳性,观花、叶、枝	蜡梅*	阳性,耐半阴,观花
	月季类	阳性,观花	黄刺玫	阳性,耐寒,观花
	大花绣球*	阳性,耐半阴,观花	猬实	阳性,观花
地被植物	玉簪类	喜阴,观花、叶	大花秋葵	阳性,观花
	马蔺	阳性,耐寒,观花、叶	芍药*	阳性,耐半阴,观花
	石竹类	阳性,耐半阴,观花、叶	小菊类	阳性,耐半阴,观花、叶
	随意草	阳性,观花	鸢尾类	阳性,耐半阴,观花、叶
	铃兰	阳性,耐半阴,观花、叶	萱草类	阳性,耐半阴,观花、叶
	荚果蕨*	耐半阴,观叶	五叶地锦	喜阴湿,观叶,可匍匐栽植
	白三叶	阳性,耐半阴,观叶	景天类	阳性,耐半阴,耐旱,观花、叶
	小叶扶芳藤	阳性,耐半阴,观叶,可匍匐栽植	京八号常春藤*	阳性,耐半阴,观叶,可匍匐栽植
	砂地柏	阳性,耐半阴,观叶	台尔曼忍冬*	阳性,耐半阴,观花、叶,可匍匐栽植

注:加"*"为在屋顶绿化中,需要一定小气候条件才能栽植的植物。

4. 种植区构造层

种植区构造层由上至下分别由植被层、基质层、隔离过滤层、排（蓄）水层、隔根层、分离滑动层等组成。其构造剖面示意图,如图 3-25 所示。

（1）植被层。通过移栽、铺设植生带和播种等形式种植的各种植物,包括小型乔木、灌木、草坪、地被植物、攀缘植物等。屋顶绿化植物种植方法,如图 3-26、图 3-27 所示。

（2）基质层。指满足植物生长条件,具有一定的渗透性能、蓄水能力和空间稳定性的轻质材料层。

① 基质理化性状要求。基质理化性状要求见表 3-19。

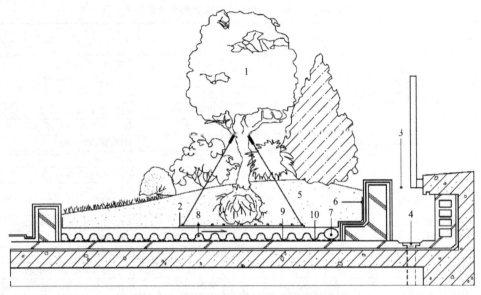

图 3-25　屋顶绿化种植区构造层剖面示意

1—乔木；2—地下树木支架；3—与围护墙之间留出适当间隔或围护墙防水层高度与基质上表面间距不小于 15cm；
4—排水口；5—基质层；6—隔离过滤层；7—渗水管；8—排（蓄）水层；9—隔根层；10—分离滑动层

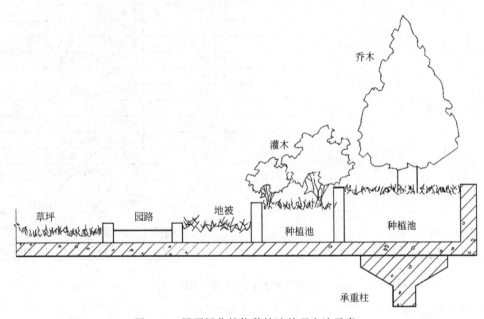

图 3-26　屋顶绿化植物种植池处理方法示意

表 3-19　基质理化性状要求

理化性状	要求	理化性状	要求
湿密度	$450\sim1300$kg/m³	全氮量	>1.0g/kg
非毛管孔隙度	$>10\%$	全磷量	>0.6g/kg
pH 值	$7.0\sim8.5$	全钾量	>17g/kg
含盐量	$<0.12\%$		

② 基质主要包括改良土和超轻量基质两种类型。改良土由田园土、排水材料、轻质骨料和肥料混合而成；超轻量基质由表面覆盖层、栽植育成层和排水保水层三部分组成。目前

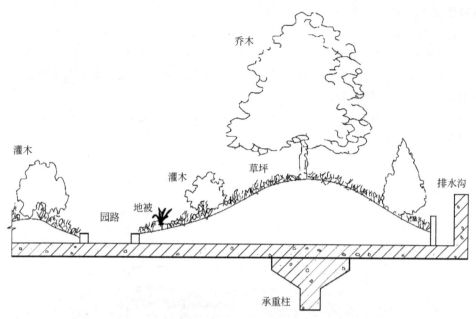

图 3-27 屋顶绿化植物种植微地形处理方法示意

常用的改良土与超轻量基质的理化性状见表 3-20。

表 3-20 常用改良土与超轻量基质理化性状

理化指标		改良土	超轻量基质
密度/(kg/m³)	干密度	550～900	120～150
	湿密度	780～1300	450～650
热导率/[W/(m·K)]		0.5	0.35
内部孔隙度		5%	20%
总孔隙度		49%	70%
有效水分		25%	37%
排水速率/（mm/h）		42	58

③ 基质配制。屋顶绿化基质荷重应根据湿密度进行核算，不应超过 1300kg/m³。常用的基质类型和配制比例参见表 3-21，可在建筑荷载和基质荷重允许的范围内，根据实际酌情配比。

表 3-21 常用基质类型和配制比例参考

基质类型	主要配比材料	配置比例	湿密度/(kg/m³)
改良土	田园土、轻质土	1：1	1200
	腐叶土、蛭石、砂土	7：2：1	780～1000
	田园土、草炭(蛭石和肥)	4：3：1	1100～1300
	田园土、草炭、松针土、珍珠岩	1：1：1：1	780～1100
	田园土、草炭、松针土	3：4：3	780～950
	轻沙壤土、腐殖土、珍珠岩、蛭石	2.5：5：2：0.5	1100
	轻砂壤土，腐殖土、蛭石	5：3：2	1100～1300
超轻量基质	无机介质		450～650

（3）隔离过滤层

① 一般采用既能透水又能过滤的聚酯纤维无纺布等材料，用于阻止基质进入排水层。

② 隔离过滤层铺设在基质层下，搭接缝的有效宽度应达到 10～20cm，并向建筑侧墙面

延伸至基质表层下方 5cm 处。

（4）排（蓄）水层

① 一般包括排（蓄）水板、陶砾（荷载允许时使用）和排水管（屋顶排水坡度较大时使用）等不同的排（蓄）水形式，用于改善基质的通气状况，迅速排出多余水分，有效缓解瞬时压力，并可蓄存少量水分。

② 排（蓄）水层铺设在过滤层下。应向建筑侧墙面延伸至基质表层下方 5cm 处。铺设方法，如图 3-28 所示。

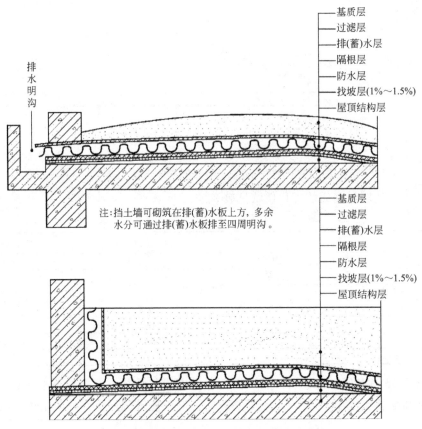

图 3-28　屋顶绿化排（蓄）水板铺设方法示意

③ 施工时应根据排水口设置排水观察井，并定期检查屋顶排水系统的通畅情况。及时清理枯枝落叶，防止排水口堵塞造成壅水倒流。

（5）隔根层

① 一般有合金、橡胶、PE（聚乙烯）和 HDPE（高密度聚乙烯）等材料类型，用于防止植物根系穿透防水层。

② 隔根层铺设在排（蓄）水层下，搭接宽度不小于 100cm，并向建筑侧墙面延伸 15～20cm。

（6）分离滑动层

① 一般采用玻纤布或无纺布等材料，用于防止隔根层与防水层材料之间产生粘连现象。

② 柔性防水层表面应设置分离滑动层；刚性防水层或有刚性保护层的柔性防水层表面，分离滑动层可省略不铺。

③ 分离滑动层铺设在隔根层下。搭接缝的有效宽度应达到 10～20cm，并向建筑侧墙面延伸 15～20cm。

（7）屋面防水层

① 屋顶绿化防水做法应符合设计要求，达到二级建筑防水标准。

② 绿化施工前应进行防水检测并及时补漏，必要时作二次防水处理。

③ 宜优先选择耐植物根系穿刺的防水材料。

④ 铺设防水材料应向建筑侧墙面延伸，应高于基质表面 15cm 以上。

5. 园路铺装

① 设计手法应简洁大方，与周围环境相协调，追求自然朴素的艺术效果。

② 材料选择以轻型、生态、环保、防滑材质为宜。

6. 园林小品

（1）根据屋顶荷载和使用要求，适当设置园亭、花架等园林小品。

① 设计要与周围环境和建筑物本体风格相协调，适当控制尺度。

② 材料选择应质轻、牢固、安全，并注意选择好建筑承重位置。

③ 与屋顶楼板的衔接和防水处理，应在建筑结构设计时统一考虑，或单独作防水处理。

（2）水池

① 屋顶绿化原则上不提倡设置水池，必要时应根据屋顶面积和荷载要求，确定水池的大小和水深。

② 水池的荷重可根据水池面积、池壁的重量和高度进行核算。池壁重量可根据使用材料的密度计算。

（3）景石

① 优先选择塑石等人工轻质材料。

② 采用天然石材要准确计算其荷重，并应根据建筑层面荷载情况，布置在楼体承重柱、梁之上。

7. 照明系统

① 花园式屋顶绿化可根据使用功能和要求，适当设置夜间照明系统。

② 简单式屋顶绿化原则上不设置夜间照明系统。

③ 屋顶照明系统应采取特殊的防水、防漏电措施。

8. 植物防风固定系统

① 种植高于 2m 的植物应采用防风固定技术。

② 植物的防风固定方法主要包括地上支撑法和地下固定法，如图 3-29～图 3-32 所示。

9. 养护管理

（1）浇水

① 花园式屋顶绿化养护管理，灌溉间隔一般控制在 10～15 天。

② 简单式屋顶绿化一般基质较薄，应根据植物种类和季节不同，适当增加灌溉次数。

（2）施肥。

① 应采取控制水肥的方法或生长抑制技术，防止植物生长过旺而加大建筑荷载和维护成本。

② 植物生长较差时，可在植物生长期内按照 $30～50g/m^2$ 的比例，每年施 1～2 次长效 N、P、K 复合肥。

图 3-29　植物地上支撑示意（一）

1—带有土球的木本植物；2—圆木直径 60～80mm，呈三角形支撑架；3—将圆木与三角形钢板（5mm×25mm×
120mm），用螺栓拧紧固定；4—基质层；5—隔离过滤层；6—排（蓄）水层；7—隔根层；8—屋面顶板

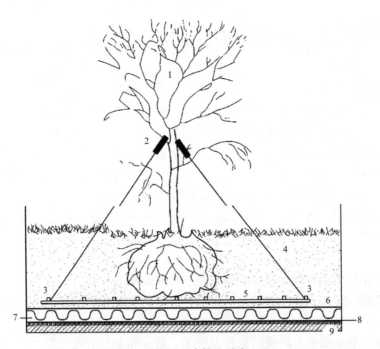

图 3-30　植物地上支撑法示意（二）

1—带有土球的木本植物；2—三角支撑架与主分支点用橡胶缓冲垫固定；3—将三角支撑架与钢板用螺栓拧紧固定；
4—基质层；5—底层固定钢板；6—隔离过滤层；7—排（蓄）水层；8—隔根层；9—屋面顶板

图 3-31 植物地下固定法示意 (一)

1—带有土球的树木；2—钢板与带土球的树木用螺栓固定；

3—扁铁网固定土球；4—固定弹簧绳；5—固定钢架（依土球大小而定）

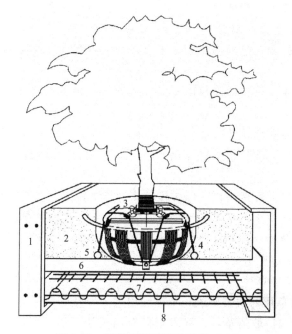

图 3-32 植物地下固定法示意 (二)

1—种植法；2—基质层；3—钢丝牵索，用螺栓拧紧固定；4—弹性绳索；

5—螺栓与底层钢丝网固定；6—隔离过滤层；7—排（蓄）水层；8—隔根层

（3）修剪。根据植物的生长特性，进行定期整形修剪和除草，并及时清理落叶。

（4）病虫害防治。应采用对环境无污染或污染较小的防治措施，如人工及物理防治、生物防治、环保型农药防治等措施。

（5）防风防寒。应根据植物抗风性和耐寒性的不同，采取搭风障、支防寒罩和包裹树干等措施进行防风防寒处理。使用材料应具备耐火、坚固、美观的特点。

（6）灌溉设施

① 宜选择滴灌、微喷、渗灌等灌溉系统。

② 有条件的情况下，应建立屋顶雨水和空调冷凝水的收集回灌系统。

五、 草坪绿化工程

1. 草种选择

草坪是用多年生矮小草本植株密植，并经修剪的人工草地。

影响草坪草种或具体品种选择的因素很多，要在了解掌握各草坪草生物学特性和生态适应性的基础上，根据当地的气候、土壤、用途、对草坪质量的要求及管理水平等因素，进行综合考虑后加以选择。具体步骤包括确定草坪建植区的气候类型，分析掌握其气候特点，决定可供选择的草坪草种，选择具体的草坪草种。

（1）确定草坪建植区的气候类型

① 在建植草坪之前应先确定建植区的气候类型。

② 分析当地气候特点以及小环境条件。

③ 要以当地气候与土壤条件作为草坪草种选择的生态依据。

（2）决定可供选择的草坪草种

① 在冷季型草坪草中，草坪型高羊茅抗热能力较强，在我国东部沿海可向南延伸到上海地区，但是向北达到黑龙江南部地区即会产生冻害。

② 多年生黑麦草的分布范围比高羊茅要小，其适宜范围在沈阳和徐州之间的广大过渡地带。

③ 草地早熟禾则主要分布在徐州以北的广大地区，是冷季型草坪草中抗寒性最强的草种之一。

④ 正常情况下，多数紫羊茅类草坪草在北京以南地区难以度过炎热的夏季。

⑤ 暖季型草坪草中，狗牙根适宜在黄河以南的广大地区栽植，但狗牙根种内抗寒性变异较大。

⑥ 结缕草是暖季型草坪草中抗寒性较强的草种，沈阳地区有天然结缕草的广泛分布。

⑦ 野牛草是良好的水土保持用草坪草，同时也具有较强的抗寒性。

⑧ 在冷季型草坪草中，匍匐翦股颖对土壤肥力要求较高，而细羊茅较耐瘠薄；暖季型草坪草中，狗牙根对土壤肥力要求高于结缕草。

（3）选择具体的草坪草种

1）草种选择要以草坪的质量要求和草坪的用途为出发点。

① 用于水土保持和护坡的草坪，要求草坪草出苗快，根系发达，能快速覆盖地面，以防止水土流失，但对草坪外观质量要求较低，管理粗放，在北京地区高羊茅和野牛草均可选用。

② 对于运动场草坪，则要求有低修剪、耐践踏和再恢复能力强的特点，由于草地早熟

禾具有发达的根茎，耐践踏和再恢复能力强，应为最佳选择。

2）要考虑草坪建植地点的微环境。

① 在遮阴情况下，可选用耐阴草种或混合草种。

② 多年生黑麦草、草地早熟禾、狗牙根、日本结缕草不耐阴，高羊茅、匍匐翦股颖、马尼拉结缕草在强光照条件下生长良好，但也具有一定的耐阴性。

③ 钝叶草、细羊茅则可在树荫下生长。

3）管理水平对草坪草种的选择也有很大影响。管理水平包括技术水平、设备条件和经济水平三个方面。许多草坪草在低修剪时需要较高的管理技术，同时也需用较高级的管理设备。例如匍匐翦股颖和改良狗牙根等草坪草质地细，可形成致密的高档草坪，但养护管理需要滚刀式剪草机、较多的肥料，需要及时灌溉和病虫害防治，因而养护费用也较高。而选用结缕草时，养护管理费用会大大降低，这在较缺水的地区尤为明显。

2. 场地准备

（1）场地清理

① 在有树木的场地上，要全部或者有选择地把树和灌丛移走，也要把影响下一步草坪建植的岩石、碎砖瓦块以及所有对草坪草生长的不利因素清除掉，还要控制草坪建植中或建植后可能与草坪草竞争的杂草。

② 对木本植物进行清理，包括树木、灌丛、树桩及埋藏树根的清理。

③ 还要清除裸露石块、砖瓦等。在35cm以内表层土壤中，不应当有大的砾石瓦块。

（2）翻耕

① 面积大时，可先用机械犁耕，再用圆盘犁耕，最后耙地。

② 面积小时，用旋耕机耕一两次也可达到同样的效果，一般耕深10～15cm。

③ 耕作时要注意土壤的含水量，土壤过湿或太干都会破坏土壤的结构。看土壤水分含量是否适于耕作，可用手紧握一小把土，然后用大拇指使之破碎，如果土块易于破碎，则说明适宜耕作。土太干会很难破碎，太湿则会在压力下形成泥条。

（3）整地

1）为了确保整出的地面平滑，使整个地块达到所需的高度，按设计要求，每相隔一定距离设置木桩标记。

2）填充土壤松软的地方，土壤会沉实下降，填土的高度要高出所设计的高度，用细质地土壤充填时，大约要高出15%；用粗质土时可低些。

3）在填土量大的地方，每填30cm就要镇压，以加速沉实。

4）为了使地表水顺利排出场地中心，体育场草坪应设计成中间高、四周低的地形。

5）地形之上至少需要有15cm厚的覆土。

6）进一步整平地面坪床，同时也可把底肥均匀地施入表层土壤中。

① 在种植面积小、大型设备工作不方便的场地上，常用铁耙人工整地。为了提高效率，也可用人工拖耙耙平。

② 种植面积大，应用专用机械来完成。与耕作一样，细整也要在适宜的土壤水分范围内进行，以保证良好的效果。

（4）土壤改良。土壤改良是把改良物质加入土壤中，从而改善土壤理化性质的过程。保水性差、养分贫乏、通气不良等都可以通过土壤改良得到改善。

大部分草坪草适宜的pH值在6.5～7.0之间。土壤过酸过碱，一方面会严重影响养分有效性，另一方面，有些矿质元素含量过高而对草坪草产生毒害，从而大大降低草坪质量。因此，对过酸过碱的土壤要进行改良。对过酸的土壤，可通过施用石灰来降低酸度。对于过碱的土壤，可通过加入硫酸镁等来调节。

（5）排水及灌溉系统。草坪与其他场地一样，需要考虑排除地面水，因此，最后平整地面时，要结合考虑地面排水问题，不能有低凹处，以避免积水。做成水平面也不利于排水。草坪多利用缓坡来排水。在一定面积内修一条缓坡的沟道，其最低下的一端可设雨水口接纳排出的地面水，并经地下管道排走，或以沟直接与湖池相连。理想的平坦草坪的表面应是中部稍高，逐渐向四周或边缘倾斜。建筑物四周的草坪应比房基低5cm，然后向外倾斜。

地形过于平坦的草坪或地下水位过高或聚水过多的草坪、运动场的草坪等均应设置暗管或明沟排水，最完善的排水设施是用暗管组成一系统与自由水面或排水管网相连接。

草坪灌溉系统是兴造草坪的重要项目。目前国内外草坪大多采用喷灌。为此，在场地最后整平前，应将喷灌管网埋设完毕。

（6）施肥。在土壤养分贫乏和pH值不适时，在种植前有必要施用底肥和土壤改良剂。施肥量一般应根据土壤测定结果来确定，土壤施用肥料和改良剂后，要通过耙、旋耕等方式把肥料和改良剂翻入土壤一定深度并混合均匀。

在细整地时一般还要对表层土壤少量施用氮肥和磷肥，以促进草坪幼苗的发育。苗期浇水频繁，速效氮肥容易淋洗，为了避免氮肥在未被充分吸收之前出现淋失，一般不把它翻到深层土壤中，同时要对灌水量进行适当控制。施用速效氮肥时，一般种植前施氮量为50～80kg/hm²，对较肥沃土壤可适当减少，较瘠薄土壤可适当增加。如有必要，出苗两周后再追施25kg/hm²。施用氮肥要十分小心，用量过大会将子叶烧坏，导致幼苗死亡。喷施时要等到叶片干后进行，施后应立即喷水。如果施的是缓效性氮肥，施肥量一般是速效氮肥用量的2～3倍。

3. 种植

植草坪的主要方法是种子建植和营养体（无性）建植。选择使用哪种建植方法依费用、时间要求、现有草坪建植材料及其生长特性而定。种子建植费用最低，但速度较慢。无性建植材料包括草皮、草块、枝条和匍匐茎。其中直铺草皮费用最高，但速度最快。

（1）种子建植。大部分冷季型草坪草都能用种子建植法建坪。暖季型草坪草中，假俭草、斑点雀稗、地毯草、野牛草和普通狗牙根均可用种子建植法来建植，也可用无性建植法来建植。马尼拉结缕草、杂交狗牙根则一般常用无性繁殖的方法建坪。

1）播种时间。主要根据草种与气候条件来决定。播种草籽，自春季至秋季均可进行，冬季不过寒冷的地区以早秋播种为最好，此时土温较高，根部发育好，耐寒力强，有利于越冬。如在初夏播种，冷季型草坪草的幼苗常因受热和干旱而不易存活。同时，夏季一年生杂草也会与冷季型草坪草发生激烈竞争，而且夏季胁迫前根系生长不充分，抗性差。反之，如果播种延误至晚秋，较低的温度会不利于种子的发芽和生长，幼苗越冬时出现发育不良、缺苗、霜冻和随后的干燥脱水会使幼苗死亡。最理想的情况是：在冬季到来之前，新植草坪已成坪，草坪草的根和匍匐茎纵横交错，这样才具有抵抗霜冻和土壤侵蚀的能力。

在晚秋之前来不及播种时，有时可用休眠（冬季）播种的方法来建植冷季型草坪草，在土壤温度稳定在10℃以下时播种。这种方法必须用适当的覆盖物进行保护。

在有树荫的地方建植草坪，由于光线不足，采取休眠（冬季）播种的方法和春季播种建植比秋季要好。草坪草可在树叶较小、光照较好的阶段生长。当然在有树遮阴的地方种植草坪，所选择的草坪品种必须适于弱光照条件，否则生长将受到影响。

在温带地区，暖季型草坪草最好是在春末和初夏之间播种。只要土壤温度达到适宜发芽温度时即可进行。在冬季来临之前，草坪已经成坪，具备了较好的抗寒性，利于安全越冬。

秋季土壤温度较低，不宜播种暖季型草坪草。晚夏播种虽有利于暖季型草坪草的发芽，但形成完整草坪所需的时间往往不够。播种晚了，草坪草根系发育不完善，植株不成熟，冬季常发生冻害。

2）播种量。播种量的多少受多种因素限制，包括草坪草种类及品种、发芽率、环境条件、苗床质量、播后管理水平和种子价格等。一般由两个基本要素决定：生长习性和种子大小。每个草坪草种的生长特性各不相同。匍匐茎型和根茎型草坪草一旦发育良好，其蔓伸能力将强于母体。因此，相对低的播种量也能够达到所要求的草坪密度，成坪速度要比种植丛生型草坪草快得多。草地早熟禾具有较强的根茎生长能力，在草地早熟禾草皮生产中，播种量常低于推荐的正常播种量。

3）播种方法

① 撒播法。播种草坪草时要求把种子均匀地撒于坪床上，并把它们混入6mm深的表土中。播深取决于种子大小，种子越小，播种越浅。播得过深或过浅都会导致出苗率低。如播得过深，在幼苗进行光合作用和从土壤中吸收营养元素之前，胚胎内储存的营养不能满足幼苗的营养需求而导致幼苗死亡。播得过浅，没有充分混合时，种子会被地表径流冲走、被风刮走或发芽后干枯。

② 喷播法。喷播是一种把草坪草种子、覆盖物、肥料等混合后加入液流中进行喷射播种的方法。喷播机上安装有大功率、大出水量单嘴喷射系统，把预先混合均匀的种子、黏结剂、覆盖物、肥料、保湿剂、染色剂和水的浆状物，通过高压喷到土壤表面。施肥、播种与覆盖一次操作完成，特别适宜陡坡场地，如高速公路、堤坝等大面积草坪的建植。该方法中，混合材料选择及其配比是保证播种质量效果的关键。喷播使种子留在表面，不能与土壤混合和进行滚压，通常需要在上面覆盖植物（秸秆或无纺布）才能获得满意的效果。当气候干旱、土壤水分蒸发太大、太快时，应及时喷水。

4）后期管理。播种后应及时喷水，水点要细密、均匀，从上而下慢慢浸透地面。第1～2次喷水量不宜太大；喷水后应检查，如发现草籽被冲出时，应及时覆土埋平。两遍水后则应加大水量，经常保持土壤潮湿，喷水不可间断。这样，约经一个多月时间，就可以形成草坪了。此外，还必须注意围护，防止有人践踏，否则会造成出苗严重不齐。

（2）营养体建植。建植草坪的营养体繁殖方法包括铺草皮、栽草块、栽枝条和匍匐茎。除铺草皮之外，以上方法仅限于在强匍匐茎或强根茎生长习性的草坪草繁殖建坪中使用。营养体建植与播种相比，其主要优点是见效快。

1）草皮铺栽法。这种方法的主要优点是形成草坪快，可以在任何时候（北方封冻期除外）进行，且栽后管理容易，缺点是成本高，并要求有丰富的草源。质量良好的草皮均匀一致、无病虫、杂草，根系发达，在起卷、运输和铺植操作过程中不会散落，并能在铺植后1～2周内扎根。起草皮时，厚度应该越薄越好，所带土壤以1.5～2.5cm为宜，草皮中没有或有少量枯草层。也可以把草皮上的土壤洗掉以减轻重量，促进扎根，减少草皮土壤与移植地土壤质地差异较大而引起土壤层次形成的问题。

典型的草皮块一般长度为60～180cm，宽度为20～45cm。有时在铺设草皮面积很大时会采用大草皮卷。通常是以平铺、折叠或成卷运送草皮。为了避免草皮（特别是冷季型草皮）受热或脱水而造成损伤，起卷后应尽快铺植，一般要求在24～48h内铺植好。草皮堆积在一起，由于草皮植物呼吸产出的热量不能排出，使温度升高，能导致草皮损伤或死亡。在草皮堆放期间，气温高、叶片较长、植株体内含氮量高、病害、通风不良等都可加重草皮发热产生的危害。为了尽可能减少草皮发热，用人工方法进行真空冷却效果十分明显，但费用会大大提高。

草皮的铺栽方法常见的有下列3种。

① 无缝铺栽，是不留间隔全部铺栽的方法。草皮紧连，不留缝隙，相互错缝，要求快速造成草坪时常使用这种方法。草皮的需要量和草坪面积相同（100%）。

② 有缝铺栽，各块草皮相互间留有一定宽度的缝进行铺栽。缝的宽度为 4～6cm，当缝宽为 4cm 时，草皮必须占草坪总面积的 70% 以上。

③ 方格形花纹铺栽，草皮的需用量只需占草坪面积的 50%，建成草坪较慢。注意密铺应互相衔接不留缝，间铺间隙应均匀，并填以种植土。草块铺设后应滚压、灌水。

铺草皮时，要求坪床潮而不湿。如果土壤干燥，温度高，应在铺草皮前稍微浇水，润湿土壤，铺后立即灌水。坪床浇水后，人或机械不可在上行走。

铺设草皮时，应把所铺的相接草皮块调整好，使相邻草皮块首尾相接，尽量减少由于收缩而出现的裂缝。要把各个草皮块与相邻的草皮块紧密相接，并轻轻夯实，以便与土壤均匀接触。在草皮块之间和各暴露面之间的裂缝用过筛的土壤填紧，这样可减少新铺草皮的脱水问题。填缝隙的土壤应不含杂草种子，这样可把杂草减少到最低限度。当把草皮块铺在斜坡上时，要用木桩固定，等到草坪草充分生根，并能够固定草皮时再移走木桩。如坡度大于10%，每块草皮钉两个木桩即可。

2）直栽法。直栽法是将草块均匀栽植在坪床上的一种草坪建植方法。草块是由草坪或草皮分割成的小的块状草坪。草块上带有约 5cm 厚的土壤。常用的直栽法有以下三种：

① 栽植正方形或圆形的草坪块。草坪块的大小约为 5cm×5cm，栽植行间距为 30～40cm，栽植时应注意使草坪块上部与土壤表面齐平。常用此方法建植草坪的草坪草有结缕草，但也可用于其他多匍匐茎或强根茎草坪草。

② 把草皮分成小的草坪草束，按一定的间隔尺寸栽植。这一过程一般可以用人工完成，也可以用机械。机械直栽法是采用带有正方形刀片的旋筒把草皮切成草坪草束，通过机器进行栽植，这是一种高效的种植方法，特别适用于不能用种子建植的大面积草坪中。

③ 采用在果岭通气打孔过程中得到的多匍匐茎的草坪草束来建植草坪。把这些草坪草束撒在坪床上，经过滚压使草坪草束与土壤紧密接触和坪面平整。由于草坪草束上的草坪草易于脱水，因而要经常保持坪床湿润，直到草坪草长出足够的根系为止。

3）枝条匍茎法。枝条和匍匐茎是单株植物或者是含有几个节的植株的一部分，节上可以长出新的植株。插枝条法通常的做法是把枝条种在条沟中，相距 15～30m，深 5～7cm。每根枝条要有 2～4 个节，栽植过程中，要在条沟填土后使一部分枝条露出土壤表层。插入枝条后要立刻滚压和灌溉，以加速草坪草的恢复和生长。也可使用直栽法中使用的机械来栽植，它把枝条（而非草坪块）成束地送入机器的滑槽内，并且自动地种植在条沟中。有时也可直接把枝条放在土壤表面，然后用扁棍把枝条插入土壤中。插枝条法主要用来建植有匍匐茎的暖季型草坪草，但也能用于匍匐翦股颖草坪的建植。

匍茎法是指把无性繁殖材料（草坪草匍匐茎）均匀地撒在土壤表面，然后再覆土和轻轻滚压的建坪方法。一般在撒匍匐茎之前喷水，使坪床土壤潮而不湿。用人工或机械把打碎的匍匐茎均匀撒到坪床上，而后覆土，使草坪草匍匐茎部分覆盖，或者用圆盘犁轻轻耙过，使匍匐茎部分地插入土壤中。轻轻滚压后立即喷水，保持湿润，直至匍匐茎扎根。

4. 草坪修剪

（1）修剪的作用

① 修剪的草坪显得均一、平整而更加美观，提高了草坪的观赏性。草坪若不修剪，草坪草容易出现生长参差不齐，会降低其观赏价值。

② 在一定的条件下，修剪可以维持草坪草在一定的高度下生长，增加分蘖，促进横向匍匐茎和根茎的发育，增加草坪密度。

③ 修剪可以抑制草坪草的生殖生长，提高草坪的观赏性和运动功能。

④ 修剪可以使草坪草叶片变窄，提高草坪草的质地，使草坪更加美观。

⑤ 修剪能够抑制杂草的入侵，减少杂草种源。

⑥ 正确的修剪还可以增加草坪抵抗病虫害的能力。修剪有利于改善草坪的通风状况，降低草坪冠层温度和湿度，从而减少病虫害发生的机会。

（2）修剪的高度。草坪实际修剪高度是指修剪后的植株茎叶高度。草坪修剪必须遵守1/3原则。即每次修剪时，剪掉部分的高度不能超过草坪草茎叶自然高度的1/3。每一种草坪草都有其特定的耐修剪高度范围，这个范围常常受草坪草种及品种生长特性、草坪质量要求、环境条件、发育阶段、草坪利用强度等诸多因素的影响，根据这些因素可以大致确定某一草种的耐修剪高度范围，如表 3-22 所示。多数情况下，在这个范围内可以获得令人满意的草坪质量。

表 3-22　草坪草的参考修剪高度

草种	修剪高度/cm	草种	修剪高度/cm
巴哈雀稗	5.0～10.2	地毯草	2.5～5.0
普通狗牙根	2.1～3.8	假俭草	2.5～5.0
杂交狗牙根	0.6～2.5	钝叶草	5.1～7.6
结缕草	1.3～5.0	多年生黑麦草	3.8～7.6
匍匐翦股颖	0.3～1.3	高羊茅	3.8～7.6
细弱翦股颖	1.3～2.5	沙生冰草	3.8～6.4
细羊茅	3.8～7.6	野牛草	1.8～7.5
草地早熟禾	3.8～7.6	格兰马草	5.0～6.4

注：某些品种可忍受更低的修剪高度

（3）修剪频率。修剪频率是指在一定的时期内草坪修剪的次数，修剪频率主要取决于草坪草的生长速率和对草坪的质量要求。冷季型庭院草坪在温度适宜和保证水分的春、秋两季，草坪草生长旺盛，每周可能需要修剪两次，而在高温胁迫的夏季生长受到抑制，每两周修剪一次即可；相反，暖季型草坪草在夏季生长旺盛，需要经常修剪，在温度较低、不适宜生长的其他季节则需要减少修剪频率。

① 对草坪的质量要求越高，养护水平越高，修剪频率也越高。

② 不同草种的草坪其修剪频率也不同。

③ 表 3-23 给出几种不同用途草坪的修剪频率和次数，仅供参考。

表 3-23　草坪修剪的频率及次数

应用场所	草坪草种类	修剪频率/（次/月）			年修剪次数
		4～6月	7～8月	9～11月	
庭院	细叶结缕草	1	2～3	1	5～6
	翦股颖	2～3	8～9	2～3	15～20
公园	细叶结缕草	1	2～3	1	10～15
	翦股颖	2～3	8～9	2～3	20～30
竞技场、校园	细叶结缕草、狗牙根	2～3	8～9	2～3	20～30
高尔夫球场发球台	细叶结缕草	1	16～18	13	30～35
高尔夫球场果岭区	翦股颖	38	34～43	38	110～120
	细叶结缕草	51～64	25	51～64	120～150

（4）修剪机械

① 滚刀式剪草机。滚刀式剪草机的剪草装置由带有刀片的滚筒和固定的底刀组成，滚筒的形状像一个圆柱形鼠笼，切割刀呈螺旋形安装在圆柱表面上。滚筒旋转时，把叶片推向底刀，产生一个逐渐切割的滑动剪切将叶片剪断，剪下的草屑被甩进集草袋。由于滚刀剪草机的工作原理类似于剪刀的剪切，只要保持刀片锋利，剪草机调整适当，其剪草质量是几种剪草机中最佳的。滚刀式剪草机主要有手推式、坐骑式和牵引式。

缺点主要表现为：对具有硬质穗和茎秆的禾本科草坪草的修剪存在一定困难；无法修剪某些具有粗质穗部的暖季型草坪草；无法修剪高度超过 10.2～15.2cm 的草坪草；价格较高。因此，只有在具有相对平整表面的草坪上使用滚刀式剪草机才能获得最佳的效果。

② 旋刀式剪草机。旋刀式剪草机的主要部件是横向固定在直立轴末端上的刀片。剪草原理是通过高速旋转的刀片将叶片水平切割下来，为无支撑切割，类似于镰刀的切割作用，修剪质量不能满足较高要求的草坪。旋刀式剪草机主要有气垫式、手推式和坐骑式。

刀式剪草机不宜用于修剪低于 2.5cm 的草坪草，因为难以保证修剪质量；当旋刀式剪草机遇到跨度较小的土墩或坑洼不平表面时，由于高度不一致极易出现"剪秃"现象；刀片高速旋转，易造成安全事故。

③ 甩绳式剪草机。甩绳式剪草机是割灌机附加功能的实现，即将割灌机工作头上的圆锯条或刀片用尼龙绳或钢丝代替，高速旋转的绳子与草坪茎叶接触时将其击碎从而实现剪草的目的。

这种剪草机主要用于高速公路路边绿化草坪、护坡护堤草坪以及树干基部、雕塑、灌木、建筑物等与草坪临界的区域。在这些地方其他类型的剪草机难以使用。

甩绳式剪草机缺点是操作人员要熟练掌握操作技巧，否则容易损伤树木和灌木的韧皮部以及出现"剪秃"现象，而且转速要控制适中否则容易出现"拉毛"现象或硬物飞弹伤人事故。更换甩绳或排除缠绕时必须先切断动力。

④ 甩刀式剪草机。甩刀式剪草机的构造类似于旋刀式剪草机，但工作原理与连枷式剪草机相似。它的主要工作部件是横向固定于直立轴上的圆盘形刀盘，刀片（一般为偶数个）对称地铰接在刀盘边缘上。工作时旋转轴带动刀盘高速旋转，离心力使刀片崩直，以端部冲击力切割草坪草茎叶。由于刀片与刀盘铰接，当碰到硬物时可以避让而不致损坏机械并降低伤人的可能性。

甩刀式剪草机的缺点是剪草机无刀离合装置，草坪密度较大和生长较高情况下，启动机械有一定阻力，而且修剪质量较差，容易出现"拉毛"现象。

⑤ 连枷式剪草机。连枷式剪草机的刀片铰接或用铁链连接在旋转轴或旋转刀盘上，工作时旋转轴或刀盘高速旋转，离心力使刀片崩直，端部以冲击力切割草坪茎叶。由于刀片与刀轴或刀盘铰接，当碰到硬物时可以避让而不致损坏机器。连枷式剪草机适用于杂草和灌木丛生的绿地，能修剪 30cm 高的草坪。缺点是研磨刀片很费时间，而且修剪质量也较差。

⑥ 气垫式剪草机。气垫式剪草机的工作部分一般也采用旋刀式，特殊的部分在于它是靠安装在刀盘内的离心式风机和刀片高速转动产生的气流形成气垫托起剪草机修剪，托起的高度就是修剪高度。气垫式剪草机没有行走机构，工作时悬浮在草坪上方，特别适合于修剪地面起伏不平的草坪。

（5）修剪准备

1）修剪机的检查。

①　检查机油的状态，机油量是否达到规定加注体积，小于最小加注量时要及时补加，大于最大加注量时要及时倒出；检查机油颜色，如果为黑色或有明显杂质应及时更换规定标准的机油，一般累计工作时间达 25～35h 更换机油一次，新机器累计工作 5h 后更换新机油。更换机油要在工作一段时间或工作完毕后，将剪草机移至草坪外，趁热更换，此时杂质和污物很好地溶解于机油中利于更换。废机油要妥善处理，多余的机油要擦干净，千万不要将机油滴在草坪上，否则将导致草坪草死亡。

②　检查汽油的状态，汽油量不足时要及时加注，但不要超过标识，超过部分用虹吸管吸出。发动机发热时，禁止向油箱里加汽油，要等发动机冷却后再加。汽油变质要全吸出更换，否则容易阻塞化油器。所有操作都应移至草坪外进行。

③　检查空气滤清器是否需要清理，纸质部分用真空气泵吹净，海绵部分用肥皂水清洗晾干，均匀滴加少许机油，增强过滤效果。若效果不佳应及时更换新滤清器（一般一年左右）。

④　检查轮子旋转是否同步顺畅，某些剪草机轮轴需要加注黄油。检查轮子是否在同一水平面上，并调节修剪高度。

⑤　检查甩绳式剪草机尼龙绳伸出工作头的长度，过短需延长。工作头中储存的尼龙绳不足时应更换，尼龙绳的缠绕方向及方法对修剪效果及工作头的使用寿命影响很大，要由专业人员演示。更换甩绳或排除缠绕时必须先切断动力。

2）修剪前，要对草坪中的杂物进行认真清理，拣除草坪中的石块、玻璃、钢丝、树枝、砖块、钢筋、铁管、电线及其他杂物等，并对喷头、接头等处进行标记。

3）操作剪草机时，应穿戴较厚的工作服和平底工作鞋，佩戴耳塞减轻噪声。尤其操作甩绳式剪草机时，一定要佩戴手套和护目镜或一体式安全帽。

4）机器启动后仔细倾听发动机的工作声音，如果声音异常立即停机检查，注意检查时将火花塞拔掉，防止意外启动。

（6）修剪操作

1）一般先绕目标草坪外围修剪 1～2 圈，这有利于在修剪中间部分时机器的调头，防止机器与边缘硬质砖块、水泥路等碰撞损坏机器，以及防止操作人员意外摔倒。

2）剪草机工作时，不要移动集草袋（斗）或侧排口。集草袋长时间使用会由于草屑汁液与尘土混合，导致通风不畅影响草屑收集效果，因此要定期清理集草袋。不要等集草袋太满，才倾倒草屑，否则也会影响草屑收集效果或遗漏草屑于草坪上。

3）在坡度较小的斜坡上剪草时，手推式剪草机要横向行走，坐骑式剪草机则要顺着坡度上下行走，坡度过大时要应用气垫式剪草机。

4）在工作途中需要暂时离开剪草机时，务必要关闭发动机。

5）具有刀离合装置的剪草机，在开关刀离合时，动作要迅速，这有利于延长传动皮带或齿轮的寿命。对于具有刀离合装置的手推式剪草机，如果已经将目标草坪外缘修剪 1～2 周，由于机身小，因此在每次调头时，尽量不要关闭刀离合，以延长其使用寿命，但要时刻注意安全。

6）剪草时操作人员要保持头脑清醒，时刻注意前方是否有遗漏的杂物，以免损坏机器。长时间操作剪草机要注意休息，切忌心不在焉。剪草机工作时间也不应过长，尤其是在炎热的夏季要防止机体过热，影响其使用寿命。

7）旋刀式剪草机在刀片锋利、自走速度适中、操作规范的情况下仍然出现"拉毛"现象，则可能是由于发动机转速不够，可由专业维修人员调节转速以达到理想的修剪效果。

8）剪草机的行走速度过快，滚刀式剪草机会形成"波浪"现象，旋刀式剪草机会出现"圆环"状，从而严重影响草坪外观和修剪质量。

9）对于甩绳式剪草机，操作人员要熟练掌握操作技巧，否则容易损伤树木和旁边的花灌木以及出现"剪秃"的现象，而且转速要控制适中，否则容易出现"拉毛"现象或硬物飞溅伤人事故。不要长时间使油门处于满负荷工作状态，以免机器过早磨损。

10）手推式剪草机一般向前推，尤其在使用自走时切忌向后拉，否则，有可能伤到操作人员的脚。

11）修剪后的注意事项

① 草坪修剪完毕，要将剪草机置于平整地面，拔掉火花塞进行清理。

② 放倒剪草机时要从空气滤清器的另一侧抬起，确保放倒后空气滤清器置于发动机的最高处，防止机油倒灌淹灭火花塞火花，造成无法启动。

③ 清除发动机散热片和启动盘上的杂草、废渣和灰尘（特别是化油器旁的散热片很容易堵塞，要用钢丝清理）。因为这些杂物会影响发动机的散热，导致发动机过热而损坏。但不要用高压水雾冲洗发动机，可用真空气泵吹洗。

④ 清理刀片和机罩上的污物，清理甩绳式剪草机的发动机和工作头。

⑤ 每次清理要及时彻底，为以后清理打下良好的基础。清理完毕后，检查剪草机的启动状况，一切正常后入库存放于干净、干燥、通风、温度适宜的地方。

5. 草坪的灌溉

刚完成播种或栽植的草坪，灌溉是一项保证成坪的重要措施。灌溉有利于种子和无性繁殖材料的扎根和发芽。水分供应不足往往是造成草坪建植失败的主要原因。随着新建草坪草的逐渐成长，灌溉次数应逐渐减少，但灌溉强度应逐渐加强。随着单株植物的生长，其根系占据更大的土壤空间，枝条变得更加健壮。只要根区土壤持有足够的有效水分，土壤表层不必持续保持湿润。

随着灌溉次数的减少，土壤通气状况得到改善，当水分蒸发或排出时，空气进入土壤。生长发育中和成熟的草坪植物根区都需要有较高的氧浓度，以便于呼吸。

（1）水源与灌水方法

① 水源没有被污染的井水、河水、湖水、水库存水、自来水等均可作灌水水源。国内外目前使用城市"中道水"作绿地灌溉用水。随着城市中绿地不断增加，用水量大幅度上升，给城市供水带来很大的压力。"中道水"不失为一种可靠的水源。

② 灌水方法有地面漫灌、喷灌和地下灌溉等。地面漫灌是最简单的方法，其优点是简单易行，缺点是耗水量大，水量不够均匀，坡度大的草坪不能使用。采用这种灌溉方法的草坪表面应相当平整，且具有一定的坡度，理想的坡度是 0.5%～1.5%。这样的坡度用水量最经济，但大面积草坪要达到以上要求，较为困难，因而有一定的局限性。

喷灌是使用喷灌设备令水像雨水一样淋到草坪上。其优点是能在地形起伏变化大的地方或斜坡使用，灌水量容易控制，用水经济，便于自动化作业。主要缺点是建造成本高。但此法仍为目前国内外采用最多的草坪灌水方法。

地下灌溉是靠毛细管作用从根系层下面设的管道中的水由下向上供水。此法可避免土壤紧实，并使蒸发量及地面流失量减到最小程度。节省水是此法最突出的优点。然而由于设备投资大，维修困难，因而使用此法灌水的草坪甚少。

（2）灌水时间。在生长季节，根据不同时期的降水量及不同的草种适时灌水是极为重要的。一般可分为三个时期。

① 返青到雨季前。这一阶段气温高，蒸腾量大，需水量大，是一年中最关键的灌水时期。根据土壤保水性能的强弱及雨季来临的时期可灌水 2～4 次。

② 雨季基本停止灌水。这一时期空气湿度较大，草的蒸腾量下降，而土壤含水量已提高到足以满足草坪生长需要的水平。

③ 雨季后至枯黄前这一时期降水量少，蒸发量较大，而草坪仍处于生命活动较旺盛阶段，与前两个时期相比，这一阶段草坪需水量显著提高，如不能及时灌水，不但影响草坪生长，还会引起提前枯黄进入休眠。在这一阶段，可根据情况灌水 4～5 次。此外，在返青时灌返青水，在北方封冻前灌封冻水也都是必要的。草种不同，对水分的要求不同，不同地区的降水量也有差异。因而，必须根据气候条件与草坪植物的种类来确定灌水时期。

（3）灌水量。每次灌水的水量应根据土质、生长期、草种等因素而确定。以湿透根系层、不发生地面径流为原则。如北京地区的野牛草草坪，每次灌水的用水量为 $0.04～0.10t/m^2$。

6. 病虫及杂草控制

在新建植的草坪中，很容易出现杂草。大部分除草剂对幼苗的毒性比成熟草坪草的毒性大。有些除草剂还会抑制或减慢无性繁殖材料的生长。因此，大部分除草剂要推迟到绝对必要时才能施用，以便留下充足的时间使草坪成坪。在第一次修剪前，对于耐受能力一般的草坪草也不要施用 2,4-D、二甲四氯和麦草畏等。由于阔叶性杂草幼苗期对除草剂比成熟的草敏感，使用量可以减半，这样可以尽量减小对草坪草的危险性。对于控制马唐和其他夏季一年生杂草，施有机砷化物时要推迟得更晚一些（第二次修剪之后），并且也要施用正常量的一半。在新铺的草坪中，需要用萌前除草剂来防治春季和夏季出现于草坪卷之间缝隙中的杂草马唐等。但是，为了避免抑制根系的生长，要等到种植后 3～4 周才能施用。如果有恶性多年生杂草出现，但不成片时，在这些地方就要尽快用草甘膦点施。如果蔓延范围直径达到 10～15cm 时，必须在这些地方重新播种。

过于频繁的灌溉和太大的播种量造成的草坪群体密度过大，也容易引起病害发生。因而，控制灌溉次数和控制草坪群体密度可避免大部分苗期病害。一般情况下，建议使用拌种处理过的种子。如用甲霜灵处理过的种子可以控制枯萎病病菌。当诱发病害的条件出现时，可于草坪草萌发后施用农药来预防或抑制病害的发生。

在新建草坪中，蝼蛄常在幼苗期危害草坪。当这种昆虫处于活动期时，可把苗株连根拔起，以及挖洞导致土壤干燥，严重损坏草坪。蚂蚁的危害主要限于移走草坪种子，使蚁穴周围缺苗。常用的方法是播种后立即掩埋草种或撒毒饵驱赶害虫。

六、 花坛工程

1. 整地

花坛是在一定范围的畦地上按照整形式或半整形式的图案栽植观赏植物以表现花卉群体美的园林设施。

开辟花坛之前，一定要先整地，将土壤深翻 40～50cm，挑出草根、石头及其他杂物。如果栽植深根性花木，还要翻得更深一些；如土质很坏，则应全都换成好土。根据需要，施加适量肥性平和、肥效长久、经充分腐熟的有机肥作底肥。

为便于观赏和有利排水，花坛表面应处理成一定坡度，可根据花坛所在位置，决定坡的形状，若从四面观赏，可处理成尖顶状、台阶状、圆丘状等形式；如果只单面观赏，则可处理成一面坡的形式。

花坛的地面应高出所在地平面，尤其是四周地势较低之处，更应该如此。同时，应作边界，以固定土壤。

2. 定点放线与图案放样。

种植花卉的各种花坛（花带、花境等），应按照设计图定点放线，在地面准确画出位置、轮廓线。面积较大的花坛，可用方格线法，按比例放大到地面。

放样时，若要等分花坛表面，可从花坛中心桩牵出几条细线，分别拉到花坛边缘各处，用量角器确定各线之间的角度，就能够将花坛表面等分成若干份。以这些等分线为基准，比较容易放出花坛面上对称、重复的图案纹样。有些比较细小的曲线图样，可先在硬纸板上放样，然后将硬纸板剪成图样的模板，再依照模板把图样画到花坛土面上。

3. 花坛边缘石砌筑

（1）基槽施工。沿着已有的花坛边线开挖边缘石基槽；基槽的开挖宽度应比边缘石基础宽 10cm 左右，深度可在 12～20cm 之间。槽底土面要整平、夯实；有松软处要进行加固，不得留下不均匀沉降的隐患。在砌基础之前，槽底还应做一个 3～5cm 厚的粗砂垫层，作基础施工找平用。

（2）矮墙施工。边缘石多以砖砌筑 15～45cm 高的矮墙，其基础和墙体可用 1：2 水泥砂浆或 M2.5 混合砂浆砌 MU10 标准砖做成。矮墙砌筑好之后，回填泥土将基础埋上，并夯实泥土。再用水泥和粗砂配成 1：2.5 的水泥砂浆，对边缘石的墙面抹面，抹平即可，不可抹光。最后，按照设计，用磨制花岗石石片、釉面墙地砖等贴面装饰，或者用彩色水磨石、干粘石等方法饰面。

（3）花饰施工。对于设计有金属矮栏花饰的花坛，应在边缘石饰面之前安装好。矮栏的柱脚要埋入边缘石，用水泥砂浆浇筑固定。待矮栏花饰安装好后，才进行边缘石的饰面工序。

4. 栽植

（1）起苗

① 裸根苗应随栽随起，尽量保持根系完整。

② 带土球苗如果花圃土地干燥，应事先灌水。起苗时要保持土球完整，根系丰满；如果土壤过于松散，可用手轻轻捏实。起苗后，最好于阴凉处囤放一两天，再运苗栽植。这样，可以保证土壤不松散，又可以缓苗，有利于成活。

③ 盆育花苗栽时最好将盆退去，但应保证盆土不散。也可以连盆栽入花坛。

（2）花苗栽入花坛的基本方式

① 一般花坛如果小花苗就具有一定的观赏价值，可以将幼苗直接定植，但应保持合理的株行距；甚至还可以直接在花坛内播花籽，出苗后及时间苗管理。这种方式既省人力、物力，而且也有利于花卉的生长。

② 重点花坛一般应事先在花圃内育苗。待花苗基本长成后，于适当时期，选择符合要求的花苗栽入花坛内。这种方法比较复杂，各方面的花费也较多，但可以及时发挥效果。

宿根花卉和一部分盆花，也可以按上述方法处理。

（3）栽植方法

① 从花圃挖起花苗之前，应先灌水浸湿圃地，起苗时根土才不易松散。同种花苗的大

小、高矮应尽量保持一致，过于弱小或过于高大的都不要选用。

②花卉栽植时间，在春、秋、冬三季基本没有限制，但夏季的栽种时间最好在上午11时之前和下午4时以后，要避开太阳曝晒。

③花苗运到后，应即时栽种，不要放了很久才栽。栽植花苗时，一般的花坛都从中央开始栽，栽完中部图案纹样后，再向边缘部分扩展栽下去。在单面观赏花坛中栽植时，则要从后边栽起，逐步栽到前边。宿根花卉与一二年生花卉混植时，应先种植宿根花卉，后种植一二年生花卉；大型花坛，宜分区、分块种植。在单面观赏花坛中栽植时，则要从后边栽起，逐步栽到前边。若是模纹花坛和标题式花坛，则应先栽模纹、图线、字形，后栽底面的植物。在栽植同一模纹的花卉时，若植株稍有高矮不齐，应以矮植株为准，对较高的植株则栽得深一些，以保持顶面整齐。立体花坛制作模型后，按上述方法种植。

④花苗的株行距应随植株大小高低而确定，以成苗后不露出地面为宜。植株小的，株行距可为15cm×15cm；植株中等大小的，可为20cm×20cm至40cm×40cm；对较大的植株，则可采用50cm×50cm的株行距，五色苋及草皮类植物是覆盖型的草类，可不考虑株行距，密集铺种即可。

⑤栽植的深度，对花苗的生长发育有很大的影响，栽植过深，花苗根系生长不良，甚至会腐烂死亡；栽植过浅，则不耐干旱，而且容易倒伏，一般栽植深度，以所埋之土刚好与根茎处相齐为最好。球根类花卉的栽植深度，应更加严格掌握，一般覆土厚度应为球根高度的1～2倍。

⑥栽植完成后，要立即浇一次透水，使花苗根系与土壤密切接合，并应保持植株清洁。

5. 花坛的管理

(1) 浇水。苗栽好后，要不断浇水，以补充土中水分之不足。浇水的时间、次数、灌水量则应根据气候条件及季节的变化灵活掌握。每天浇水时间，一般应安排在上午10时前或下午2～4时以后。如果一天只浇一次，则应安排傍晚前后为宜；忌在中午气温正高、阳光直射的时间浇水。浇水量要适度，避免花根腐烂或水量不足；浇水水温要适宜，夏季不能低于15℃，春秋两季不能低于10℃。

(2) 施肥。草花所需要的肥料，主要依靠整地时所施入的基肥。在定植的生长过程中，也可根据需要，进行几次追肥。追肥时，千万注意不要污染花、叶。施肥后应及时浇水。

对球根花卉，不可使用未经充分腐熟的有机肥料，否则会造成球根腐烂。

(3) 中耕除草。花坛内发现杂草应及时清除，以免杂草与花苗争肥、争水、争光。另外，为了保持土壤疏松，有利花苗生长，还应经常中耕、松土。但中耕深度要适当，不要损伤花根，中耕后的杂草及残花、败叶要及时清除掉。

(4) 修剪。为控制花苗的植株高度，促使茎部分蘖，保证花丛茂密、健壮以及保持花坛整洁、美观，应随时清除残花、败叶，经常修剪，以保持图案明显、整齐。

(5) 补植。花坛内如果有缺苗现象，应及时补植，以保持花坛内的花苗完美无缺。补植花苗的品种、规格都应和花坛内的花苗一致。

(6) 立支柱。生长高大以及花朵较大的植株，为防止倒伏、折断，应设立支柱，将花茎轻轻绑在支柱上。支柱的材料可用细竹竿或定型塑料杆。有些花朵多而大的植株，除立支柱外，还应用铅丝编成花盘将花朵托住。支柱和花盘都不可影响花坛的观瞻，最好涂以绿色。

(7) 防治病虫害。花苗生长过程中，要注意及时防治地上和地下的病虫害，由于草花植株娇嫩，所施用的农药，要掌握适当的浓度，避免发生药害。

(8) 更换花苗。由于草花生长期短，为了保持花坛经常性的观赏效果，要经常做好更换花苗的工作。

七、 绿化工程施工质量控制与检验

1. 绿化工程材料的质量检查

（1）表土

① 在能够使用且没有破坏作用的条件下，允许承包人以适当的方式从用地范围内取得合适的表土，开挖的地点、深度、边线和坡度应依照监理工程师的指导进行。

② 表土的意思为土壤中含有供植物生长的有机物质，无不适合的物质（如直径超过25mm 的石头，黏土块、杂草、树根、木棍、垃圾以及对植物生长有害的物质）。任何表土在送到现场之前，承包人至少应提交 $1m^3$ 的标本，请监理工程师书面批准。

③ 承包人可按监理工程师指示的位置及大小建立土料堆。土料堆应防风、防雨水冲蚀，有足够的排水区，防止往来车辆。在存放期间，不允许土料堆上有植物生长。

（2）草籽。草籽应是包装的混合草种，由监理工程师指示或同意的成分组成。

（3）肥料。最好使用优质的农家肥。如用化学肥料，应用标准商业等级的化学肥料。最小有效成分含量为：硫酸铵肥料含氮 20%，尿素含氮 45%。使用的肥料应得到监理工程师的批准。

（4）树和灌木

① 送到现场的树木，依据树种，树高应为 1.5～3.0m，树干直径不小于 30mm。灌木种植在坡角或沟沿，高应为 1.0～1.5m；种在路中保留地的灌木，高度应为 0.6～0.7m。

② 所有的树木均应为标准品种，并应有正常的发育良好的树枝或树干系统，并有苗壮的根系。为满足特定的尺寸而过分修剪的大树应拒绝采用。树木应无变态的树枝，避免有太阳的灼伤及磨损树皮，免遭冰冻或其他外形损伤。树木应具有通直的树干和良好的分权，不能有直径超过 20mm 没有愈合的伤痕。

（5）水。用于植物生长和养护的水，应无油、酸、碱、盐或任何有害于苗木生长的物质，除非监理工程师的认可。否则，不得使用溪流、湖泊、池塘或类似水源中的水。

（6）表土的堆放。表土应按图纸要求的位置和深度供给和铺放。承包人应轻微地拍实表土，使最后的表面平整并达到要求的高度，无土块，随时可以耕作、种植或播种，按要求保证植物根的覆盖层。除非另有规定，否则，表土应覆盖到邻近的没有干扰的地面，与路缘石、预制排水和铺装的路面齐平，防止机械对所翻松或所铺表土的区域过度压实。

2. 绿化施工的控制

（1）植树控制要点

① 除图纸说明或监理工程师有所指示外，落叶植物应在早春种植，大约 1 个月以后种植常青树。在运输之前，所有的植物应立即掘出，包扎打捆，为运输做好准备，并应按照园艺技术精心护理。

② 任何时候，所有植物的根系不得干燥，也不得暴露在任何人工热源或冰冻温度里。在运输过程中，所有植物必须包装良好，以保证不受太阳、风吹与气候和季节的侵害。所有的裸根植物的根系，必须包装在有稀泥和其他适用材料的稻草袋内。所有常青树和灌木都应有泥土球和草袋包装，泥土球必须坚固，草袋在运输到现场及种植时必须保持完好。每一树冠应仔细捆好，以防树枝折断。

③ 运到现场的植物，都应带清楚的标签，为了与规定的植物一致，便于识别，标签应写出植物的园艺名称、大小年龄或其他详细资料。

④ 不允许用替代植物品种，除非向监理工程师提出有力的证明，证明所规定的植物在合同期内，正常种植季节中是不可行的。如果使用替代植物，必须事先得到监理工程师的批准，监理工程师认为有必要，应签发一个变动指令。

⑤ 对裸根植物，坑底部应有大约 150mm 深度的松表土，撒入大约 2.5kg 有机肥料，并用 50～100mm 的回填土层盖住肥料，以防止根部直接接触肥料。开挖表土应当先放，然后放底层土。裸根植物置于树坑中央，根部按天然情况适当散开。折断或损坏的根，应当剪掉，以保证根部生长良好。然后小心地围绕根部进行表土的回填，适当、充分地压实。对单株植物应有一个深 150mm 的蓄水浅坑。回填的树坑要彻底灌水，加水到表面成泥浆。

（2）技术修剪控制

① 成片树林修剪。对于杨树、油松等主轴明显的树种，要尽量保护中央领导枝。当出现竞争枝（双头现象），只选留一个；如果领导枝枯死折断，树高尚不足 10m 者，应于中央干上部选一强的侧生嫩枝扶直，培养成新的中央领导枝。

适时修剪主干下部侧生枝，逐步提高分枝点。分枝点的高度应根据不同树种、树龄而定。同一分枝点的高度应大体一致，而林缘分枝点应低留，使呈现丰满的林冠线。

对于一些主干很短，但树已长大，不能再培养成独干的树木，也可以把分生的主枝当作主干培养。逐年提高分枝，呈多干式。

② 行道树修剪。行道树以道路遮阴为主要功能，同时有卫生防护（防尘、减轻机动车废气污染等）、美化街道等作用。行道树所处的环境比较复杂，首先多与车辆交通有关系；有的受街道走向、宽窄、建筑高低所影响；在市区，尤其是老城区，与架空线多有矛盾，在所选树种合适的前提下，必须通过修剪来解决这些矛盾，达到冠大荫浓等功能效果。

为方便车辆交通，行道树的分枝点一般应在 2.5～3.5m 之上。其中上有电线者，为保持适当距离，其分枝点最低不得低于 2m，主枝应呈斜上生长，下垂枝一定要保持在 2.5m 以上，以防枝刮车辆。郊区公路行道树，分枝点应高些，视树木长势而定，其中高大乔木的分枝点甚至可提到 4～6m 之间。同一条街的行道树，分枝点最好整齐一致，相邻近树木间的差别，不要太大。

为解决与架空线的矛盾，除选合适的树种外，多采用杯状形整枝来避开架空线。每年除进行休眠期修剪外，在生长季节与供电、电信部门配合下，随时剪去触碰线路的枝条。树枝与电话线应保持 1m 左右，与高压线保持在 1.5m 左右的距离。

为解决因狭窄街道、高层建筑及地下管线等影响，所造成的街道树倾斜、偏冠，遇大风雨易倒伏带来的危险，应尽早通过适当重剪倾斜方向枝条，对另一方向枝只要不与电线、建筑有矛盾，则行轻剪，以调节生长势，能使倾斜度得到一定的纠正。

③ 新植灌木的修剪。灌木一般都裸根移植，为保证成活，一般应做强修剪。一些带土球移的珍贵灌木树种（如紫玉兰等）可适度轻剪。移植后的当年，如果开花太多，则会消耗养分，影响成活和生长，故应于开花前尽量剪除花芽。

有主干的灌木或小乔木，如碧桃、榆叶梅等，修剪时应保留一定高度较短主干，选留方向合适的主枝 3～5 个，其余的应疏去，保留的主枝短截 1/2 左右；较大的主枝上如有侧枝，也应疏去 2/3 左右的弱枝，留下的也应短截。修剪时注意树冠枝条分布均匀，以便形成圆满的冠形。

无主干的灌木（又称"丛木"），如玫瑰、黄刺玫、太平花、连翘、金钟花、棣棠等，常自地下发出多数粗细相近的枝条，应选留 4～5 个分布均匀、生长正常的丛生枝，其余的全部疏去，保留的枝条一般短截 1/2 左右，并剪成内膛高、外缘低的圆头形。

④ 灌木的养护修剪。应使丛生大枝均衡生长，使植株保持内高外低，自然丰满的圆球形。对灌丛中央枝上的小枝应疏剪；外边丛生枝及其小枝则应短截，促使多年斜生枝。

定植年代较长的灌木，如果灌丛中老枝过多，应有计划地分批疏除老枝，培养新枝，使之生长繁茂，永葆青春。但对一些有特殊需要，需培养成高大株型的大型灌木，或茎干生花的灌木（多原产热带，如紫荆等），均不在此列。

经常短截突出灌丛外的徒长枝，使灌丛保持整齐均衡。但对一些具拱形枝的树种（如连翘等），所萌生的长枝则例外。植株上不作留种用的残花、废果，应尽量及早剪去，以免消耗养分。

⑤ 绿篱修剪。主要应防止下部光秃，外表有缺陷，后期生长过于茂盛。

绿篱的高度类型依目前习惯拟分为：矮篱 20～25cm；中篱 50～120cm；高篱 120～160cm；绿墙 160cm 以上。

绿篱修剪常用的形状：一般多用整齐的形式，最常见的有圆顶形、梯形及矩形。另外还有栏杆式、玻璃垛口式等。

⑥ 藤本修剪的质量控制要求。因多数藤本离心生长很快，基部易光秃，小苗出圃定植时，宜只留数芽重剪。吸附举（具吸盘，吸附气根者）引蔓附壁后，生长季可多短截下部枝，促发副梢填补基部空缺处。用于棚架，冬季不必下架防寒者，以疏为主，剪除根、密枝；在当地易抬梢（尚未木质化或生理干旱）者，除应种在背风向阳处外，每年萌芽时就剪除枯梢。钩刺类，习性类似灌木，可按灌木去除老枝的剪法，蔓枝一般可不剪，视情况回缩更新。

（3）树木的养护。树木养护的标准，各地各有规定，下例仅供参考。

1）一级

① 生长势好。生长超过该树种规格的平均年生长量（平均年生长量待调查确定）。

② 叶片健壮。

a. 叶片正常，落叶树，叶大而肥厚；针叶树，针叶生长健壮，在正常的条件下不黄叶、不焦叶、不卷叶、不落叶；叶上无虫粪、虫网、灰尘。

b. 被虫咬食叶片最严重的每株在 5% 以下（包括 5%，以下同）。

③ 枝干健壮。

a. 无明显枯枝、死权；枝条粗壮，越冬前新梢已木质化。

b. 无蛀干害虫的活卵、活虫。

c. 介壳虫最严重处、主干、主枝上平均每 100cm 就有 1 头（活虫）以下（包括 1 头，以下同）。较细的枝条平均每尺长内在 5 头活虫以下（包括 5 头，以下同），株数都在 2% 以下（包括 2%，以下同）。

d. 无明显的人为损坏，绿地、草坪内无堆物堆料、搭棚或侵占等；行道树下，距树干 1m 内无堆物堆料、搭棚、围栏等影响树木养护管理和生长的东西；1m 以外如有，则应有保护措施。

e. 树冠完整美观，分枝点合适，主、侧枝分布匀称并且数量适宜、内膛不乱、通风透光。绿篱等，应枝条茂密，完满无缺。

④ 缺株在2％（包括2％，以下同）以下。

2）二级

① 生长势正常。生长达到该树种该规格的平均生长量。

② 叶片正常。

a. 叶色、大小、厚薄正常。

b. 较严重黄叶、焦叶、卷叶、带虫粪、虫网、蒙灰尘叶的株数在2％以下。

c. 被虫咬食的叶片最严重的每株在10％以下。

③ 枝、干正常。

a. 无明显枯枝、死权。

b. 有蛀干害虫的株数在2％以下。

c. 介壳虫最严重处，主干平均每100cm就有2头活虫以下，较细枝条平均每尺长内在10头活虫以下，株数都在4％以下。

d. 无较严重的人为损坏，对轻微或偶尔发生难以控制的人为损坏，能及时发现和处理。绿地、草坪内无堆物堆料、搭棚、侵占等，行道树下距树1m以内，无影响树木养护管理的堆物堆料、搭棚、围栏等。

e. 树干基本完整，主侧枝分布匀称，树冠通风透光。

④ 缺株在4％以下。

3）三级

① 生长势基本正常。

② 叶片基本正常。

a. 叶色基本正常。

b. 严重黄叶、焦叶、卷叶、带虫粪、虫网、灰尘叶的株数在10％以下。

c. 被虫咬食的叶片，最严重的每株在20％以下。

③ 枝、干基本正常。

a. 无明显枯枝、死权。

b. 有蛀干害虫的株数在10％以下。

c. 介壳虫最严重处，主枝主干上平均每100cm有3个活虫以下；较细的枝条平均每尺内在15头活虫以下，株数都在6％以下。

d. 对人为损坏能及时进行处理、绿地内无堆料、搭棚侵占等。行道树下无堆放石灰等对树木有烧伤、毒害的物质，无搭棚、围墙、圈占树等。

e. 90％以上的树木树冠基本完善、有绿化效果。

④ 缺株在6％以下。

4）四级。凡符合下列条件，均为四级。

① 有一定的绿化效果。

② 被严重吃光的树叶（被虫咬食的叶片面积、数量都超过一半）的株数，在2％以下。

③ 被严重吃光树叶的株数，在10％以下。

④ 严重焦叶、卷叶、落叶的株数，在2％以下。

⑤ 严重焦梢株数，在10%以下。

⑥ 有蛀干害虫的株数，在30%以下。

⑦ 介壳虫最严重处，主枝主干上平均每100cm有5头害虫以下，较细枝条平均每尺内20头活虫以下，株数都在10%以下。

⑧ 缺株在10%以下。

树木养护质量标准分为4级，是根据当前生产管理水平的权宜之计。当然，城市绿化树木的养护管理水平都应达到一级标准，这个目标应是城市绿化养护管理的奋斗目标。

3. 绿化工程验收项目

（1）种植材料验收项目

种植材料、种植土和肥料等，均应在种植前由施工人员按其规格、质量分批进行验收。

（2）工程中间验收的操作工序

① 种植植物的定点、放线应在挖穴、槽前进行。

② 种植的穴、槽应在未换种植土和施基肥前进行。

③ 更换种植土和施肥，应在挖穴、槽后进行。

④ 草坪和花卉的整地，应在播种或花苗（含球根）种植前进行。

⑤ 工程中间验收，应分别填写验收记录并签字。

（3）绿化工程竣工验收文件。工程竣工验收前，施工单位应于一周前向绿化质检部门提供下列有关文件。

① 土壤及水质化验报告。

② 工程中间验收记录。

③ 设计变更文件。

④ 竣工图和工程决算。

⑤ 外地购进苗木检验报告。

⑥ 附属设施用材合格证或试验报告。

⑦ 施工总结报告。

（4）绿化工程竣工验收时间

① 新种植的乔木、灌木、攀缘植物，应在一个年生长周期满后方可验收。

② 地被植物应在当年成活后，郁闭度达到80%以上进行验收。

③ 花坛种植的一、二年生花卉及观叶植物，应在种植15天后进行验收。

④ 春季种植的宿根花卉、球根花卉，应在当年发芽出土后进行验收。秋季种植的应在第二年春季发芽出土后验收。

（5）绿化工程质量验收规定

① 乔、灌木的成活率应达到95%以上。珍贵树种和孤植树应保证成活。

② 强酸性土、强碱性土及干旱地区，各类树木成活率不应低于85%。

③ 花卉种植地应无杂草、无枯黄，各种花卉生长茂盛，种植成活率应达到95%。

④ 草坪无杂草、无枯黄，种植覆盖率应达到95%。

⑤ 绿地整洁，表面平整。

⑥ 种植的植物材料的整形修剪应符合设计要求。

（6）绿化工程的质量验收标准

绿化工程的质量验收标准见表3-24。

表 3-24　绿化工程质量验收标准

序号	项目名称	质量标准	检验和认可
1	乔木	树干通直,生长健壮,树冠开展,树枝发育正常,根系苗壮,无虫害	承包人自检合格后,报监理工程师抽检,并填写各类验收单
2		树干胸径不得小于 2cm,树高不低于 1.5m	
3		不得有直径为 2cm 以上的未愈合的伤痕和截枝	
4	灌木	树干直径 2cm 以上,植于墙脚或边坡之外的高度为 1.5~1.0m	
5		所有灌木应是常绿、根蔓、枝大、枝干丛生的阔叶灌木,并有该地区生长特性	
6	草皮、草籽、花草	草本植物应具有耐旱力强,容易生长,蔓面大,根部发达,蔓低矮,多年生等特性;花草应有观赏价值	

第三节　水景工程施工现场质量管理

一、驳岸工程

1. 驳岸工程基础知识

(1)驳岸的概念。园林中的各种水体需要有稳定、美观的岸线,并使陆地与水面之间保持一定的比例关系,防止因水岸坍塌而影响水体,因而应在水体的边缘修筑驳岸或进行护坡处理。

驳岸是一面临水的挡土墙,是支持陆地和防止岸壁坍塌的水工构筑物。

(2)驳岸的作用

① 驳岸用来维系陆地与水面的界限,使其保持一定的比例关系。驳岸是正面临水的挡土墙,用来支撑墙后的陆地土壤。如果水际边缘不做驳岸处理,就很容易因为水的浮托、冻胀或风浪淘刷而使岸壁塌陷,导致陆地后退,岸线变形,影响园林景观。图 3-33 表明驳岸的水位关系。

高水位以上部分是不淹没部分,主要受风浪撞击和淘刷、日晒风化或超重荷载,致使下部坍塌,造成岸坡损坏。

常水位至高水位部分($B\sim A$)属周期性淹没部分,多受风浪拍击和周期性冲刷,使水岸土壤遭冲刷淤积水中,损坏岸线,影响景观。

常水位到低水位部分($B\sim C$)是常年被淹部分,其主要受湖水浸渗冻胀、剪力破坏、风浪淘刷。我国北方地区因冬季结冻,常造成岸壁断裂或移位。有时因波浪淘刷,土壤被淘空后导致坍塌。

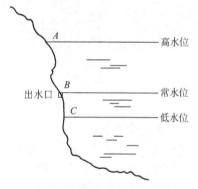

图 3-33　驳岸的水位关系

湖底(C 以下)以下部分是驳岸基础,主要影响地基的强度。

② 驳岸能保证水体岸坡不受冲刷。通常水体岸坡受水冲刷的程度取决于水面的大小、水位高低、风速及岸土的密实度等。当这些因素达到一定程度时,如水体岸坡不做工程处理,岸坡将失去稳定,而造成破坏。因而,要沿岸线设计驳岸以保证水体坡岸不受冲刷。

③ 驳岸还可强化岸线的景观层次。驳岸除支撑和防冲刷作用外,还可通过不同的形式

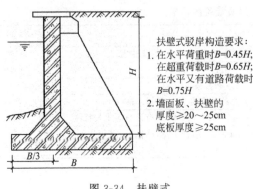

扶壁式驳岸构造要求：
1. 在水平荷重时B=0.45H；
   在超重荷载时B=0.65H；
   在水平又有道路荷载时
   B=0.75H
2. 墙面板、扶壁的
   厚度≥20～25cm
   底板厚度≥25cm

图 3-34　扶壁式

处理，增加驳岸的变化，丰富水景的立面层次，增强景观的艺术效果。

2. 驳岸的造型

按照驳岸的造型形式将驳岸分为规则式驳岸、自然式驳岸和混合式驳岸三种。

（1）规则式驳岸。指用块石、砖、混凝土砌筑的几何形式的岸壁，如常见的重力式驳岸、半重力式驳岸、扶壁式驳岸（图 3-34）等。规则式驳岸多属永久性的，要求较好的砌筑材料和较高的施工技术。其特点是简洁规整，但缺少变化。

（2）自然式驳岸。是指外观无固定形状或规格的岸坡处理，如常用的假山石驳岸、卵石驳岸。这种驳岸自然堆砌，景观效果好。

（3）混合式驳岸。是规则式与自然式驳岸相结合的驳岸造型（图 3-35）。一般为毛石岸墙，自然山石岸顶。混合式驳岸易于施工，具有一定装饰性，适用于地形许可且有一定装饰要求的湖岸。

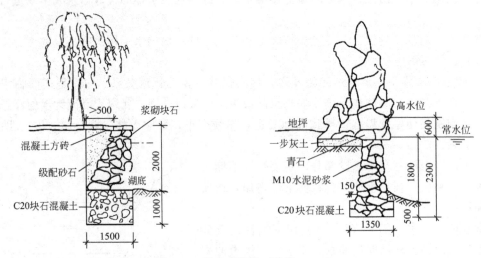

图 3-35　混合式驳岸（单位：mm）

3. 驳岸的类型

（1）砌石类驳岸。砌石类驳岸是指在天然地基上直接砌筑的驳岸，埋设深度不大，但基址坚实稳固。如块石驳岸中的虎皮石驳岸、条石驳岸、假山石驳岸等。此类驳岸的选择应根据基址条件和水景景观要求确定，既可处理成规则式，也可做成自然式。

图 3-36 为砌石驳岸的常见构造，它由基础、墙身和压顶三部分组成。基础是驳岸承重部分，通过它将上部重量传给地基。因此，驳岸基础要求坚固，埋入湖底深度不得小于 50cm，基础宽度 B 则视土壤情况而定，砂砾土为 $(0.35～0.4)h$，砂壤土为 $0.45h$，湿砂土为 $(0.5～0.6\ h$。饱和水壤土为 $0.75h$。墙身处于基础与压顶之间，承受压力最大，包括垂直压力、水的水平压力及墙后土壤侧压力。因此，墙身应具有一定的厚度，墙体高度要以最高水位和水面浪高来确定，岸顶应以贴近水面为好，便于游人亲近水面，并显得蓄水丰盈饱满。压顶为驳岸最上部分，宽度 30～50cm，用混凝土或大块石做成。其作用是增强驳岸

稳定、美化水岸线、阻止墙后土壤流失。图3-37是重力式驳岸结构尺寸图，与表3-25配合使用。整形式块石驳岸迎水面常采用1∶10边坡。

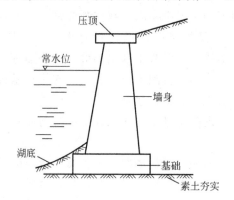

图3-36　永久性驳岸结构示意

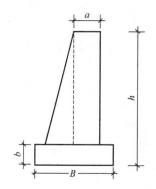

图3-37　重力式驳岸结构尺寸

表3-25　常见块石驳岸选用表　　　　　　　　　　　　　　　　单位：cm

h	a	B	b
100	30	40	30
200	50	80	30
250	60	100	50
300	60	120	50
350	60	140	70
400	60	160	70
500	60	200	70

如果水体水位变化较大，即雨季水位很高，平时水位很低，为了岸线景观起见，则可将岸壁迎水面做成台阶状，以适应水位的升降。

驳岸施工前应进行现场调查，了解岸线地质及有关情况，作为施工时的参考。施工程序如下。

① 放线。布点放线应依据设计图上的常水位线，确定驳岸的平面位置，并在基础两侧各加宽20cm放线。

② 挖槽。一般由人工开挖，工程量较大时采用机械开挖。为了保证施工安全，对需要放坡的地段，应根据规定进行放坡。

③ 夯实地基。开槽后应将地基夯实。遇土层软弱时需进行加固处理。

④ 浇筑基础。一般为块石混凝土，浇筑时应将块石分隔，不得互相靠紧，也不得置于边缘。

⑤ 砌筑岸墙。浆砌块石岸墙的墙面应平整、美观；砌筑砂浆饱满，勾缝严密。每隔25～30m做伸缩缝，缝宽3cm，可用板条、沥青、石棉绳、橡胶、止水带或塑料等防水材料填充。填充时应略低于砌石墙面，缝用水泥砂浆勾满。如果驳岸有高差变化，则应做沉降缝，确保驳岸稳固。驳岸墙体应于水平方向2～4m、竖直方向1～2m处预留泄水孔，口径为120mm×120mm，便于排除墙后积水，保护墙体。也可于墙后设置暗沟，填置砂石排除积水。

⑥ 砌筑压顶。可采用预制混凝土板块压顶，也可采用大块方整石压顶。顶石应向水中至少挑出5～6cm，并使顶面高出最高水位50cm为宜。

（2）桩基类驳岸。桩基是我国古老的水工基础做法，在水利建设中得到广泛应用，直至现在仍是常用的一种水工地基处理手法。当地基表面为松土层且下层为坚实土层或基岩时最宜用桩基。其特点是：基岩或坚实土层位于松土层下，桩尖打下去，通过桩尖将上部荷载传

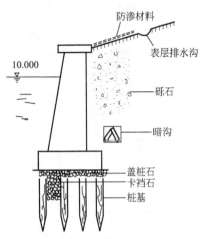

图 3-38　桩基驳岸结构示意

给下面的基岩或坚实土层；若桩打不到基岩，则利用摩擦桩，借摩擦桩侧表面与泥土间的摩擦力将荷载传到周围的土层中，以达到控制沉陷的目的。

图 3-38 是桩基驳岸结构示意图。它由桩基、卡挡石、盖桩石、混凝土基础、墙身和压顶等几部分组成。卡挡石是桩间填充的石块，起保持木桩稳定作用。盖桩石为桩顶浆砌的条石，作用是找平桩顶以便浇灌混凝土基础。基础以上部分与砌石类驳岸相同。

（3）竹篱驳岸、板墙驳岸。竹篱、板墙驳岸是另一种类型的桩基驳岸。驳岸打桩后，基础上部临水面墙身由竹篱（片）或板片镶嵌而成，适于临时性驳岸。竹篱驳岸造价低廉、取材容易，施工简单，工期短，能使用一定年限，凡盛产竹子，如毛竹、大头竹、勒竹、撑篙竹的地方都可采用。施工时，竹桩、竹篱要涂上一层柏油，目的是防腐。竹桩顶端由竹节处截断以防雨水积聚，竹片镶嵌直顺紧密牢固，如图 3-39 和图 3-40 所示。

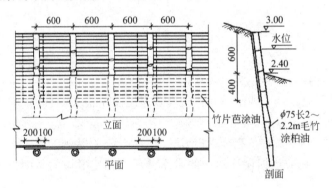

图 3-39　竹篱驳岸（单位：mm）

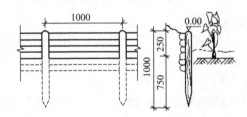

图 3-40　板墙驳岸（单位：mm）

由于竹篱缝很难做得密实，这种驳岸不耐风浪冲击、淘刷和游船撞击，岸土很容易被风浪淘刷，造成岸篱分开，最终失去护岸功能。因此，此类驳岸适用于风浪小，岸壁要求不高，土壤较黏的临时性护岸地段。

二、水池工程

1. 水池的给排水系统

（1）水池给水系统。水池的给水系统主要有直流给水系统、陆上水泵循环给水系统、潜水泵循环给水系统和盘式水景循环给水系统等形式。

① 直流给水系统。直流给水系统，如图 3-41 所示。将喷头直接与给水管网连接，喷头喷射一次后即将水排至下水道。这种系统构造简单、维护简单且造价低，但耗水量较大。直流给水系统常与假山、盆景配合，作小型喷泉、瀑布、孔流等，适合在小型庭院、大厅内设置。

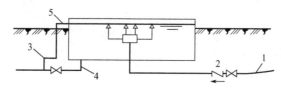

图 3-41　直流给水系统

1—给水管；2—止回隔断阀；3—排水管；4—泄水管；5—溢流管

② 陆上水泵循环给水系统。陆上水泵循环给水系统，如图 3-42 所示。该系统设有贮水池、循环水泵房和循环管道，喷头喷射后的水多次循环使用，具有耗水量少、运行费用低的优点。但系统较复杂，占地较多，管材用量较大，投资费用高，维护管理麻烦。此种系统适合各种规模和形式的水景，一般用于较开阔的场所。

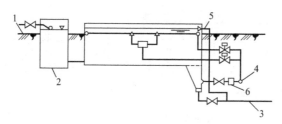

图 3-42　陆上水泵循环给水系统

1—给水管；2—补给水井；3—排水管；4—循环水泵；5—溢流管；6—过滤器

③ 潜水泵循环给水系统。潜水泵循环给水系统，如图 3-43 所示。该系统设有贮水池，将成组喷头和潜水泵直接放在水池内作循环使用。这种系统具有占地少、投资低、维护管理简单、耗水量少的优点，但是水姿、花形控制调节较困难。潜水泵循环给水系统适用于各种形式的中型或小型喷泉、水塔、涌泉、水膜等。

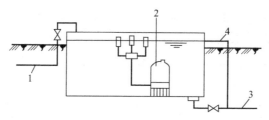

图 3-43　潜水泵循环给水系统

1—给水管；2—潜水泵；3—排水管；4—溢流管

④ 盘式水景循环给水系统。盘式水景循环给水系统，如图 3-44 所示。该系统设有集水盘、集水井和水泵房。盘内铺砌踏石构成甬路。喷头设在石隙间，适当隐蔽。人们可在喷泉间穿行，满足人们的亲水感、增添欢乐气氛。该系统不设贮水池，给水均循环利用，耗水量少，运行费用低，但存在循环水易被污染、维护管理较麻烦的缺点。

上述几种系统的配水管道宜以环状形式布置在水池内，小型水池也可埋入池底，大型水池可设专用管廊。一般水池的水深采用 0.4～0.5m，超高为 0.25～0.3m。水池充水时间按 24～48h 考

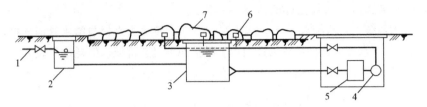

图 3-44　盘式水景循环给水系统

1—给水管；2—补给水井；3—集水井；4—循环泵；5—过滤器；6—喷头；7—踏石

虑。配水管的水头损失一般为 5~10mmH$_2$O/m 为宜。配水管道接头应严密平滑，转弯处应采用大转弯半径的光滑弯头。每个喷头前应有不小于 20 倍管径的直线管段；每组喷头应有调节装置，以调节射流的高度或形状。循环水泵应靠近水池，以减少管道的长度。

（2）水池排水系统。为维持水池水位和进行表面排污，保持水面清洁，水池应有溢流口。常用的溢流形式有堰口式、漏斗式、管口式和连通管式等，如图 3-45 所示。大型水池宜设多个溢流口，均匀布置在水池中间或周边。溢流口的设置不能影响美观，并要便于清除积污和疏通管道，为防止漂浮物堵塞管道，溢流口要设置格栅，格栅间隙应不大于管径的 1/4。

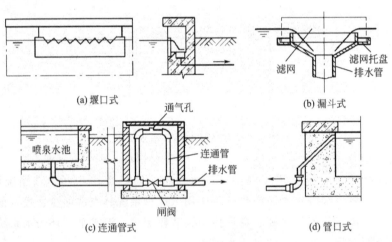

（a）堰口式　　　　　　　　　　　（b）漏斗式

（c）连通管式　　　　　　　　　　（d）管口式

图 3-45　水池各种溢流口

为便于清洗、检修和防止水池停用时水质腐败或池水结冰，影响水池结构，池底应有0.01 的坡度，坡向泄水口。若采用重力泄水有困难时，在设置循环水泵的系统中，也可利用循环水泵泄水，并在水泵吸水口上设置格栅，以防水泵装置和吸水管堵塞，一般栅条间隙不大于管道直径的 1/4。

2. 刚性材料水池施工

刚性材料水池一般施工工艺如下。

（1）放样。按设计图纸要求放出水池的位置、平面尺寸、池底标高对桩位。

（2）开挖基坑。一般可采用人工开挖，如水面较大也可采用机挖；为确保池底基土不受扰动破坏，机挖必须保留 200mm 厚度，由人工修整。需设置水生植物种植槽的，在放样时应明确，以防超挖而造成浪费；种植槽深度应视设计种植的水生植物特性决定。

（3）做池底基层。一般硬土层上只需用 C10 素混凝土找平约 100mm 厚，然后在找平层上浇捣刚性池底；如土质较松软，则必须经结构计算后设置块石垫层、碎石垫层、素混凝土找平层后，方可进行池底浇捣。

（4）池底、壁结构施工。按设计要求，用钢筋混凝土作结构主体的，必须先支模板，然后扎池底、壁钢筋；两层钢筋间需采用专用钢筋撑脚支撑，已完成的钢筋严禁踩踏或堆压重物。浇捣混凝土需先底板、后池壁；如基底土质不均匀，为防止不均匀沉降造成水池开裂，可采用橡胶止水带分段浇捣；如水池面积过大，可能造成混凝土收缩裂缝的，则可采用后浇带法解决。

如要采用砖、石作为水池结构主体的，必须采用 M7.5～M10 水泥砂浆砌筑底，灌浆饱满密实，在炎热天要及时洒水养护砌筑体。

（5）水池粉刷。为保证水池防水可靠，在作装饰前，首先应做好蓄水试验，在灌满水24h 后未有明显水位下降后，即可对池底、壁结构层采用防水砂浆粉刷，粉刷前要将池水放干清洗，不得有积水、污渍，粉刷层应密实牢固，不得出现空鼓现象。

3. 柔性材料水池施工

柔性材料水池的结构一般施工工序如下。

① 放样、开挖基坑要求与刚性水池相同。

② 池底基层施工。在地基土条件极差（如淤泥层很深，难以全部清除）的条件下，才有必要考虑采用刚性水池基层的做法。

不做刚性基层时，可将原土夯实整平，然后在原土上回填 300～500mm 的黏性黄土压实，即可在其上铺设柔性防水材料。

③ 水池柔性材料的铺设。铺设时应从最低标高开始向高标高位置铺设；在基层面应先按照卷材宽度及搭接长度要求弹线，然后逐幅分割铺贴，搭接也要用专用胶黏剂满涂后压紧，防止出现毛细缝。卷材底空气必须排出，最后在每个搭接边再用专用自粘式封口条封闭。一般搭接边长边不得小于 80mm，短边不得小于 150mm。

如采用膨润土复合防水垫，铺设方法和一般卷材类似，但卷材搭接处需满足搭接200mm 以上，且搭接处按 0.4kg/m 铺设膨润土粉压边，防止渗漏产生。

④ 柔性水池完成后，为保护卷材不受冲刷破坏，一般需在面上铺压卵石或粗砂作保护。

4. 水池防冻处理

在我国北方冰冻期较长，对于室外园林地下水池的防冻处理，就显得十分重要了。若为小型水池，一般是将池水排空，这样池壁受力状态是：池壁顶部为自由端，池壁底部铰接（如砖墙池壁）或固接（如钢筋混凝土池壁）。空水池壁外侧受土层冻胀影响，池壁承受较大的冻胀推力，严重时会造成水池池壁产生水平裂缝或断裂。

冬季池壁防冻，可在池壁外侧采用排水性能较好的轻骨料如矿渣、焦砟或砂石等，并应解决地面排水，使池壁外回填土不发生冻胀情况，如图 3-46 所示，池底花管可解决池壁外积水（沿纵向将积水排除）。

在冬季，大型水池为了防止冻胀推裂池壁，可采取冬季池水不撤空，池中水面与池外地坪持平，使池水对池壁压力与冻胀推力相抵消。因此为了防止池面结冰，胀裂池壁，在寒冬季节，应将池边冰层破开，使池子四周为不结冰的水面。

三、护坡工程

护坡在园林工程中得到广泛应用，原因在于水体的自然缓坡能产生自然、亲水的效果。护坡方法的选择应依据坡岸用途、构景透视效果、水岸地质状况和水流冲刷程度而定。目前常见的方法有铺石护坡、灌木护坡和草皮护坡。

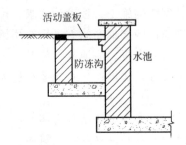

图 3-46　池壁防冻措施

1. 灌木护坡施工

灌木护坡较适于大水面平缓的坡岸。由于灌木有韧性，根系盘结，不怕水淹，能削弱风浪冲击力，减少地表冲刷，因而护岸效果较好。护坡灌木要具备速生、根系发达、耐水湿、株矮常绿等特点，可选择沼生植物护坡。施工时可直播、可植苗，但要求较大的种植密度。若因景观需要，强化天际线变化，可适量植草和乔木。

2. 草皮护坡施工

草皮护坡适于坡度在 1:（5～20）之间的湖岸缓坡。护坡草种要求耐水湿、根系发达、生长快、生存力强，如假俭草、狗牙根等。护坡做法按坡面具体条件而定，如果原坡面有杂草生长，可直接利用杂草护坡，但要求美观。也有直接在坡面上播草种，加盖塑料薄膜，先在正方砖、六角砖上种草，然后用竹签四角固定作护坡。最为常见的是块状或带状种草护坡，铺草时沿坡面自下而上成网状铺草，用木方条分隔固定，稍加压踩。若要增加景观层次，丰富地貌，加强透视感，可在草地散置山石，配以花灌木。

3. 铺实护坡施工

当坡岸较陡，风浪较大或因造景需要时，可采用铺石护坡。铺石护坡施工容易、抗冲刷力强、经久耐用，护岸效果好，还能因地造景，灵活随意，是园林常见的护坡形式。

护坡石料要求吸水率低（不超过 1%）、密度大（大于 $2t/m^3$）和较强的抗冻性，如石灰岩、砂岩、花岗石等岩石，以块径 18～25cm、长宽比 1:2 的长方形石料最佳。

铺石护坡的坡面应根据水位和土壤状况确定，一般常水位以下部分坡面的坡度小于 1:4,常水位以上部分采用 1:（1.5～5）。

施工方法如下：首先把坡岸平整好，并在最下部挖一条梯形沟槽，槽沟宽 40～50cm，深 50～60cm。铺石以前先将垫层铺好，垫层的卵石或碎石要求大小一致，厚度均匀，铺石时由下至上铺设。下部要选用大块的石料，以增加护坡的稳定性。铺时石块摆成丁字形，与岸坡平行，一行一行往上铺，石块与石块之间要紧密相贴，如有突出的棱角，应用铁锤将其敲掉。铺后检查一下质量，即当人在铺石上行走时铺石是否移动，如果不移动，则施工质量合乎要求。下一步就是用碎石嵌补铺石缝隙，再将铺石夯实即成。

四、 水闸与拦污栅工程

1. 闸门和埋件安装工程

（1）埋件安装前，门槽中的模板等杂物必须清除干净。一、二期混凝土的结合面应全部凿毛，二期混凝土的断面尺寸和预埋锚栓位置应符合图纸规定。

（2）平面闸门埋件安装的允许偏差应符合设计图样的规定。

（3）弧门铰座的基础螺栓中心和设计中心的位置偏差不应大于 1mm。

（4）弧门铰座钢梁中心的里程、高程和对孔口中心线距离的偏差不应超过±1.5mm。铰座钢梁的倾斜度按其水平投影尺寸 L 的偏差值来控制，要求的偏差不应大于 $L/1000$。

（5）锥形铰座基础环的中心偏差和表面垂直偏差，均不应大于1mm（如表面为非加工面，则垂直偏差为2mm），其表面对孔口中心线距离的允许偏差为 $-1.0\sim+2.0$mm。

（6）埋件安装调整后，应用加固钢筋与预埋锚栓焊牢，锚栓应扳直，加固钢筋的直径不应小于锚栓的直径，其两端与埋件及锚栓的焊接长度，均不应小于50mm。

（7）深孔闸门埋件过流面上的焊疤和焊缝加强高应铲平，弧坑应补平。

（8）埋件安装完，经检查合格后，应在5～7天内浇筑二期混凝土。如过期或有碰撞，应予复测，复测合格，方可浇筑混凝土。浇筑时，应注意防止撞击。

（9）埋件的二期混凝土拆模后，应对埋件进行复测，并做好记录。同时检查混凝土表面尺寸，清除遗留的钢筋头和杂物，以免影响闸门启闭。

2. 平面闸门安装工程

（1）整体到货的闸门在安装前，应对其各项尺寸按有关规定进行复查。

（2）分节到货的闸门组成整体后，其各项尺寸，除应按规定进行复查外，并应满足下列要求。

① 节间如采用螺栓连接，则螺栓应均匀拧紧，节间橡皮的压缩量应符合图纸规定。

② 节间如采用焊接，则焊接前应按已评定合格的焊接工艺编制焊接工艺规程，焊接时应监视变形。

（3）止水橡皮的螺孔应按门叶或止水压板上的螺孔位置定出，然后进行冲孔或钻孔，孔径应比螺栓直径小1.0mm，严禁烫孔。当螺栓均匀拧紧后，其端头应低于止水橡皮自由表面8.0mm以上。

（4）止水橡皮表面应光滑平直，不得盘折存放。其厚度允许偏差为±1.0mm，其余外形尺寸的允许偏差为设计尺寸的2%。

（5）止水橡皮接头可采用生胶热压等方法胶合，胶合接头处不得有错位、凹凸不平和疏松现象。

（6）止水橡皮安装后，两侧止水中心距离和顶止水中心至底止水底缘距离的偏差均不应超过±3.0mm，止水表面的平面度为2.0mm。闸门处于工作部位后，止水橡皮的压缩量应符合图纸规定，其允许偏差为 $-1.0\sim+2.0$mm。

（7）单吊点的平面闸门应作静平衡试验，试验方法为：将闸门吊离地面100mm，通过滚轮或滑道的中心测量上、下与左、右方向的倾斜，倾斜度不应超过门高的1/1000，且不大于8.0mm。

3. 弧形闸门安装现场监理

（1）圆柱形、球形和锥形铰座安装的允许偏差，应符合表3-26的规定。

表3-26　圆柱形、球形和锥形铰座安装的允许偏差

序　号	项　目	允许偏差/mm
1	铰座中心对孔口中心线的距离	±1.5
2	里程	±2
3	高程	±2
4	铰座轴孔倾斜	1/1000
5	两铰座轴线的同轴度	2

注：铰座轴孔倾斜系指任何方向的倾斜。

（2）分节到货的弧门门叶组成整体后，应在焊接前按已评定合格的焊接工艺编制焊接工

艺规程，焊接时监视变形。

（3）弧门安装的偏差应符合下列规定：

① 支臂两端的连接板和铰链、主梁组装焊接时，应采取措施减少变形，焊接后其组合面应接触良好。抗剪板应和连接板顶紧。

② 铰轴中心至面板外缘的曲率半径的偏差，对露顶式弧门不应超过±8.0mm，两侧相对差不应大于5.0mm；对潜孔式弧门不应超过±4.0mm，两侧相对差不应大于3.0mm。

4. 人字闸门安装现场监理

（1）底枢装置安装的偏差应符合下列规定。

① 蘑菇头中心的偏差不应大于2.0mm，高程偏差不超过±3.0mm，左、右两蘑菇头标高相对差不应大于2.0mm。

② 底枢轴座的水平偏差不应大于1/1000。

（2）顶枢装置安装的偏差应符合下列规定。

① 顶枢埋件应根据门叶上顶枢轴座板的实际高程进行安装，拉杆两端的高差不应大于1.0mm。

② 两拉杆中心线的交点与顶枢中心偏差不应大于2.0mm。

③ 顶枢轴线与底枢轴线应在同一轴线上，其偏离值不应大于2.0mm。

④ 顶枢轴两座板要求同心，其倾斜度不应大于1/1000。

（3）支、枕座安装时，以顶、底支、枕座中心的连线检查中间支、枕座的中心线，要求其任何方向的偏移植不应大于2.0mm。

（4）支、枕垫块调整后，应符合下列规定。

① 不做止水的支、枕垫块间不应有大于0.2mm的连续间隙，局部间隙不大于0.4mm；兼做止水的支、枕垫块间，应不大于0.15mm的连续间隙，局部间隙不大于0.3mm；间隙累计长度应不超过支、枕垫块长度的10%。

② 每对相接触的支、枕垫块中心线的相对偏移植不应大于5.0mm。

（5）支、枕垫块与支、枕座间浇注填料应符合下列规定。

① 如浇注环氧垫料，则其成分、配制比例和允许最小间隙宜经试验决定。

② 如浇注巴氏合金，则当支、枕垫块与支、枕座间的间隙小于7mm时，应将垫块和支、枕座均匀加热到200℃后方可浇注。禁用氧-乙炔焰加热。

（6）旋转门叶从全开到全关过程中，斜接柱上任意一点的最大跳动量：当门宽小于或等于12m时为1.0mm；门宽大于12m时为2.0mm。

（7）人字闸门安装后，底横梁在斜接柱一端的下垂值不应大于5.0mm。

（8）当闸门全关，各项止水橡皮的压缩量为2.0～4.0mm时，门底的限位橡皮块应与闸门底槛角钢的竖面均匀接触。

5. 闸门试验

（1）闸门安装完，应在无水情况下做全行程启闭试验。共用闸门应对每个门槽作启闭试验。试验前必须清除门叶上和门槽内所有杂物并检查吊杆的连接情况。启闭时，应在止水橡皮处浇水润滑。有条件时，工作闸门应做动水启闭试验。

（2）闸门启闭过程中应检查滚轮转动情况，闸门升降有无卡阻、止水橡皮有无损伤等现象。

（3）闸门全部处于工作部位后，应用灯光或其他方法检查止水橡皮的压紧程度，不应有透亮或有间隙。如闸门为上游止水，则应在支承装置和轨道接触后检查。

（4）闸门在承受设计水头的压力时，通过橡皮止水每米长度的漏水量不应超过 0.1L/s。

6. 拦污栅制造和安装

（1）拦污栅埋件制造的允许偏差应符合表 3-27 的规定。

表 3-27　拦污栅埋件制造的允许偏差

序号	项目	底槛	主轨	反轨
		允许偏差/mm		
1	里程	±5.0		
2	高程	±5.0		
3	工作表面一端对另一端的高差	3.0		
4	对栅槽中心线		+3.0 −2.0	+5.0 −2.0
5	对孔口中心线	±5.0	±5.0	±5.0

（2）拦污栅单个构件制造的允许偏差应符合相关标准或规范的规定。

（3）拦污栅栅体制造的偏差应符合下列规定。

① 栅体宽度和高度的偏差不应超过 ±8.0min。

② 栅体厚度的偏差不应超过 ±4.0mm。

③ 栅体对角线相对差不应超过 6.0mm；扭曲不应超过 4.0mm。

④ 各栅条应互相平行，其间距偏差不应超过设计间距的 ±5%。

⑤ 栅体的吊耳孔中心距偏差不应超过 ±4.0mm。

⑥ 栅体的滑块或滚轮应在同一平面内，其工作面的最高点和最低点的差值不应大于 4.0mm。

⑦ 滑块或滚轮的跨度偏差不应超过 ±6.0mm，同侧滑块或滚轮的中心线偏差不应超过 ±3.0mm。

⑧ 两边梁下端的承压板应在同一平面内，若不在同一平面内则其平面度公差应不大于 3.0mm。

（4）活动式拦污栅埋件安装的允许偏差应符合表 3-28 的规定。

表 3-28　活动式拦污栅栏埋件安装的允许偏差

序号	项目	允许偏差
1	工作面弯曲度	构件长度的 1/1000,且不超过 6.0mm
2	侧面弯曲度	构件长度的 1/750,且不超过 8.0mm
3	工作面局部凹凸不平度	每 1m 范围内不超过 2.0mm
4	扭曲	3.0mm

对于倾斜设置的拦污栅埋件，其倾斜角的偏差不应超过 ±1。

（5）固定式拦污栅埋件安装时，各横梁工作表面应在同一平面内，其工作表面最高点或最低点的差值不得超过 3.0mm。

（6）栅体吊入栅槽后，应做升降试验，检查其动作情况及各节的连接是否可靠。

五、 水景工程施工质量控制与检验

1. 水景施工质量要求。

水景是通过其形状、色彩、质地、光泽、流动、声响等品性相互作用，紧密联系，形成一个整体，来渲染和烘托空间气氛与情调的。

① 水本身没有固定的形式，而是成形于容器。因此，水容器的施工质量是水景艺术效果的前提。其基本要求是：结构牢固、表面平整、无渗漏现象。

② 水本身清滢无色，因此，会显露出容器饰面材料的色彩和质感，且随水层厚度、动态及光照条件的变化而发生相应的变化。因此水容器的设计与施工要充分考虑到其与水共同产生的视觉作用。

③ 水景的成形效果是在承水容器及设施施工完成之后才显现出来的，因此，承水容器及设施的施工应严格按照设计要求实施。

2. 水景施工质量检查

（1）施工前质量检验要点

① 设计单位向施工单位交底，除结构构造要求外，主要针对其水形、水的动态及声响等图纸难以表达的内容提出技术、艺术的要求。

② 对于构成水容器的装饰材料，应按设计要求进行搭配组合试排，研究其颜色、纹理、质感是否协调统一，还要了解其吸水率、反光度等性能，以及表面是否容易被污染。

（2）施工过程中的质量检验要点

① 以静水为景的池水，重点应放在水池的定位、尺寸是否准确；池体表面材料是否按设计要求选材及施工；给水与排水系统是否完备等方面。

② 流水水景应注意沟槽大小、坡度、材质等的精确性，并要控制好流量。

③ 水池的防水防渗应按照设计要求进行施工，并经验收。

④ 施工过程中要注意给、排水管网，供电管线的预埋（留）。

（3）水景施工的质量检查项目

① 检查池体结构混凝土配比通知书，材料试验报告，强度、刚度、稳定性是否满足要求。

② 检查防水材料的产品合格证书及种类、制作时间、储存有效期、使用说明等。

③ 检查水质检验报告，有无污染。

④ 检查水、电管线的测试报告单。

⑤ 检查水的形状、色彩、光泽、流动等与饰面材料是否协调统一。

3. 水景施工质量预控措施

一般来说，水池的砌筑是水景施工的重点，现以混凝土水池为例进行质量预控。

（1）施工准备工作。

① 复核池底、侧壁的结构受力情况是否安全牢固，有无构造上的缺陷。

② 了解饰面材料的品种、颜色、质地、吸水、防污等性能。

③ 检查防水、防渗漏材料，构造是否满足要求。

（2）施工阶段。

① 根据设计要求及现场实际情况，对水池位置、形状及各种管线放线定位。

② 浇筑混凝土水池前，应先施工完成好各种管线，并进行试压、验收。

③ 混凝土水池应按有关施工规程进行支模、配料、浇注、振捣、养护及取样检查，经验收后方可进行下道施工工序。

④ 防水防漏层施工前，应对水池基面抹灰层进行验收。

⑤ 饰面应纹理一致，色彩与块面布置均匀美观。

（3）放水试验。检查安全性、平整度、有无渗漏，水形、光色与环境是否协调统一。

4. 水池试水

水池施工所有工序全部完成后，可以进行试水，试水的目的是检验水池结构的安全性及水池的施工质量。

试水时应先封闭排水孔。由池顶放水，一般要分几次进水，每次加水深度视具体情况而定。每次进水都应从水池四周观察记录，无特殊情况可继续灌水直至达到设计水位标高。达到设计水位标高后，要连续观察7天，做好水面升降记录，外表面无渗漏现象及水位无明显降落说明水池施工合格。

第四节 假山施工现场质量管理

一、 假山施工准备

假山施工前，管理人员应根据假山的设计，确定石料，并要求施工单位运抵施工现场，同时，根据山石的尺度、石形、山石皴纹、石态、石质、颜色选择石料，要求施工单位准备好水泥、石灰、砂石、钢丝、铁爬钉、银锭扣等辅助材料以及倒链、支架、铁吊架、铁扁担、桅杆、撬棒、卷扬机、起重机、绳索等施工工具，并应注意检查起重用具的安全性能，以确保山石吊运和施工人员安全。

1. 一般规定

① 施工前应由设计单位提供完整的假山叠石工程施工图及必要的文字说明，进行设计交底。

② 施工人员必须熟悉设计，明确要求，必要时应根据需要制作一定比例的假山模型小样，并由监理人员和业主进行审定确认。

③ 根据设计构思和造景要求对山石的质地、纹理、石色进行挑选，山石的块径、大小、色泽应符合设计要求和叠山需要。湖石形态宜"透、漏、皱、瘦"，其他种类山石形态宜"平、正、角、皱"。各种山石必须坚实，无损伤和裂痕，并且表面无剥落。特殊用途的山石可用墨笔编号标记。

④ 山石在装运过程中，应轻装、轻卸，有特殊用途的山石要用草包、木板围绑保护，防止磕碰损坏。

⑤ 根据施工条件备好吊装机具，做好堆料及搬运场地、道路的准备。吊具一般应配有吊车、叉车、吊链、绳索、卡具、撬棍、手推车、振捣器、搅拌机、灰浆桶、水桶、铁锹、水管、大小锤子、錾子、抹子、柳叶抹、鸭嘴抹、笤帚等。

2. 假山石质量要求

① 假山叠石工程常用的自然山石，如太湖石、黄石、英石、斧劈石、石笋石及其他各类山石的块面、大小、色泽应符合设计要求。

② 孤赏石、峰石的造型和姿态，必须达到设计构思和艺术要求。

③ 选用的假山石必须坚实、无损伤、无裂痕，表面无剥落。

3. 假山石运输

① 假山石在装运过程中，应轻装、轻卸。

② 特殊用途的假山石，如孤赏石、峰石、斧劈石、石笋等，要轻吊、轻卸；在运输时，应用草包、草绳绑扎，防止损坏。

③ 假山石运到施工现场后，应进行检查，凡有损伤或裂缝的假山石不得作面掌石使用。

4. 假山石选石

施工前，应进行选石；对山石的质地、纹理、石色按同类集中的原则进行清理、挑选、堆放，不宜混用。

5. 假山石清洗

施工前，必须对施工现场的假山石进行清洗，除去山石表面积土、尘埃和杂物。

二、 假山定位与放样

1. 审阅图纸

假山定位放样前，要将假山工程设计图的意图看懂摸透，掌握山体形式和基础的结构。为了便于放样，要在平面图上按一定的比例尺寸，依工程大小或平面布置复杂程度，采用 $2m \times 2m$、$5m \times 5m$ 或 $10m \times 10m$ 的尺寸画出方格网，以其方格与山脚轮廓线的交点作为地面放样的依据。

2. 实地放样

按照设计图方格网及其定位关系，将方格网放大到施工场地的地面。在假山占地面积不大的情况下，方格网可以直接用白灰画在地面；在占地面积较大的大型假山工程中，也可以用测量仪器将各方格交叉点测设至地面，并在点上钉下坐标桩。放线时，用几条细绳拉直连上各坐标桩，就可表示出地面的方格网。以方格网放大法，用白灰将设计图中的山脚线在地面方格网中放大绘出，把假山基底的平面形状（也就是山石的堆砌范围）绘在地面上。假山内有山洞的，也要按相同的方法在地面绘出山洞洞壁的边线。

为了便于基础和土方的施工，应在不影响堆土和施工的范围内，选择便于检查基础尺寸的有关部位，如假山平面的纵横中心线、纵横方向的边端线、主要部位的控制线等位置的两端，设置龙门桩或埋地木桩，以便在挖土或施工时的放样白线被挖掉后，作为测量尺寸或再次放样的基本依据。

三、 假山基础施工

根据放样位置进行基础开挖，开挖应至设计深度。如遇流砂、疏松层、暗浜或异物等，应由设计单位作变更设计后，方可继续施工。基础表面应低于近旁土面或路面。

基础的施工应按设计要求进行，通常假山基础有浅基础、深基础、桩基础等。

基础施工完成后，要进行第二次定位放线。在基础层的顶面重新绘出假山的山脚线。并标出高峰、山岩和其他陪衬山的中心点和山洞洞桩位置。

（1）浅基础施工。浅基础是在原地形上略加整理、符合设计地貌后经夯实后的基础。此类基础可节约山石材料，但为符合设计要求，有的部位需垫高，有的部位需挖深以造成起伏。这样使夯实平整地面工作变得较为琐碎。对于软土、泥泞地段，应进行加固或渍淤处理，以免日后基础沉陷。此后，即可对夯实地面铺筑垫层，并砌筑基础。

（2）深基础施工。深基础是将基础埋入地面以下的基础，应按基础尺寸进行挖土，严格掌握挖土深度和宽度，一般假山基础的挖土深度为 $50 \sim 80cm$，基础宽度多为山脚线向外 $50cm$。土方挖完后夯实整平，然后按设计铺筑垫层和砌筑基础。

（3）桩基础施工。桩基础多为短木桩或混凝土桩，打桩位置、打桩深度应按设计要求进行，桩木按梅花形排列，称"梅花桩"。桩木顶端可露出地面或湖底10～30cm，其间用小块石嵌紧嵌平，再用平正的花岗石或其他石材铺一层在顶上，作为桩基的压顶石或用灰土填平夯实。混凝土桩基的做法和木桩桩基一样，也有在桩基顶上设压顶石与设灰土层的两种做法。

四、 山石的吊装与运输

零星山石起吊主要运用起吊木架、滑轮和绞盘或吊链组成不同起吊机构，结合人力进行起重。由于石材体量不一，常用的起吊构架有秤杆、滑车、龙门扒杆等。工程量较大时宜采用机械吊车施工。

水平运输大致可分大搬运、小搬运及走石三个阶段。大搬运是从采石地点运到施工堆料场，小搬运是从堆料地点运到叠筑假山的大致位置上，走石是指在叠筑时使山石作短距离的平移或转动。大搬运一般采用汽车机械运输，小搬运中常用人工抬运。人工抬运时应注意以下几点。

① 绳扣应结活扣，并须受力后牢实，拆下时易解，常用者有元宝扣与"鸭别翅"等。元宝扣是运输中使用最为广泛和方便的一种扣结，使用中应注意绳扣要压紧扣实。

② 扛抬分为直杆扛抬、加杆扛抬和架杆扛抬。抬运100kg以上山石多用"对脸"的抬法。如运距较长，可采用对脸起杆，起杆后再"倒肩"。过重的抬杆周围应有专人引路，上下坡道时应有人在杆端辅助推拉。

③ 走石用撬棍利用杠杆原理翻转和移动山石。撬棍应为铁制，长30～100cm，多人操作应设专人指挥，注意动作一致，防止压挤手脚。

五、 假山山脚施工

假山山脚直接落在基础之上，是山体的起始部分。山脚是假山造型的根本，山脚的造型对山体部分有很大的影响。山脚施工的主要内容是拉底、起脚和做脚三部分。

1. 拉底

拉底是指用山石作出假山底层山脚线的石砌层。即在基础上铺置最底层的自然山石。拉底应用大块平整山石，坚实、耐压，不允许用风化过度的山石。拉底山石高度以一层大块石为准，有形态的好面应朝外，注意错缝（垂直与水平两个方向均应照顾到）。每安装一块山石，即应将刹垫稳，然后填陷，如灌浆应先填石块，又如灌混凝土混凝土则应随灌随填石块。山脚垫刹的外围，应用砂浆或混凝土包严。北方多采用满拉底石的做法。

（1）拉底的方式。拉底的方式有线拉底和满拉底两种。

① 线拉底是按山脚线的周边铺砌山石，而内空部分用乱石、碎砖、泥土等填补筑实。这种方式适用于底面积较大的大型假山。

② 满拉底是将山脚线范围之内用山石满铺一层。这种方式适用于规模较小、山底面积不大的假山，或者有冻胀破坏的北方地区及有震动破坏的地区。

（2）拉底的技术要求。假山拉底施工应符合下列要求。

① 拉底的石与石之间要紧连互咬、紧密地扣合在一起。

② 山石之间要不规则地断续相间，有断有连。

③ 要注意选择合适的山石来做山底，不得用风化过度的松散山石。

④ 拉底的山石底部一定要垫平、垫稳，保证不能摇动，以便于向上砌筑山体。

⑤ 拉底的边缘部分要错落变化，使山脚线弯曲时有不同的半径，凹进时有不同的凹深和凹陷宽度，尽量避免山脚的平直和浑圆形状。

2. 起脚

在垫底的山石层上开始砌筑假山，就叫"起脚"。起脚石直接作用在山体底部的垫脚石上，它和垫脚石一样，都要选择质地坚硬、形状安稳实在、少有空穴的山石材料，以确保能够承受山体的重压。假山起脚施工时应注意以下事项：

（1）定点，摆线要准确。先选出山脚突出点所需的山石，并将其沿着山脚线先砌筑上，待多数主要的凸出点山石都砌筑好了，再选择和砌筑平直线、凹进线外所用的山石。这样，既保证了山脚线按照设计而成弯曲转折状，避免山脚平直的毛病，又使山脚突出部位具有最佳的形状和最好的皴纹，增加了山脚部分的景观效果。

（2）宜小不宜大，宜收不宜放。除了土山和带石土山之外，假山的起脚安排是宜小不宜大，宜收不宜放。起脚一定要控制在地面山脚线的范围内，宁可向内收一点，也不要向山脚线外突出。即使由于起脚太小而导致砌筑山体时的结构不稳，还有可能通过补脚来加以弥补。如果起脚太大，以后砌筑山体时导致山形臃肿、呆笨，没有一点险峻的态势，就不好挽回了。

3. 做脚

做脚，就是用山石砌筑成山脚。它是在假山的上面部分山形山势大体施工完成以后，于紧贴起脚石外缘部分拼叠山脚，以弥补起脚造型不足的一种操作技法。所做的山脚石起脚边线的做法常用的有点脚法、连脚法和块面法。

（1）点脚法。即在山脚边线上，用山石每隔不同的距离作墩点，用片块状山石盖于其上，做成透空小洞穴。这种做法多用于空透型假山的山脚。

（2）连脚法。即按山脚边线连续摆砌弯弯曲曲、高低起伏的山脚石，形成整体的连线山脚线。这种做法各种山形都可采用。

（3）块面法。即用大块面的山石，连线摆砌成大凸大凹的山脚线，使凸出凹进部分的整体感都很强。这种做法多用于造型雄伟的大型山体。

六、 假山中层施工

中层是指底层以上、顶层以下的大部分山体，是假山工程的主体，假山的造型手法与工程措施的巧妙结合主要表现在这一部分。假山的堆叠也是一个艺术创作的过程，对于中层施工来说也就是艺术创作的主要发挥部分。

1. 中层施工基本要求

（1）石色要统一，色泽的深浅力求一致，差别不能过大，更不允许同一山体用多种石料。

（2）堆砌时，应注意调节纹理，竖纹、横纹、斜纹、细纹等一般宜尽量同方向组合。整块山石要避免倾斜，靠外边不得有陡板式、滚圆式的山石，横向挑出的山石后部配重一般不得少于悬挑重量的两倍。

（3）一般假山多运用"对比"手法，显现出曲与直、高与低、大与小、远与近、明与暗、隐与显各种关系，运用水平与垂直错落的手法，使假山或池岸、掇石错落有致，富有生气，表现出山石沟壑的自然变化。

（4）叠石"四不"、"六忌"如下。

① 石不可杂、纹不可乱、块不可均、缝不可多。

② 忌"三峰并列，香炉蜡烛"，忌"峰不对称，形同笔架"，忌"排列成行，形成锯齿"，忌"缝多平口，满山灰浆，寸草不生，石墙铁壁"，忌"如似城墙堡垒，顽石一堆"，忌"整齐划一，无曲折，无层次"。

2. 假山山石堆叠的方法

基本方法包括：安、连、接、斗、挎、拼、悬、剑、卡，另外还有挑、垂、撑等。

（1）安。"安"是安置山石的总称。放置一块山石叫"安"一块山石。特别强调山石放下去要安稳。安可分为单安、双安和三安。双安指在两块不相连的山石上面安一块山石，下断上连，构成洞、岫等变化。三安则是在三块山石上安一石，使之成为一体。安石要"巧"，形状普通的山石，经过巧妙的组合，可以明显提高观赏性。

（2）连。山石之间水平方向的连接，称为"连"。按照假山的要求，高低参差，错落相连。连石时，一定要按照假山的皴纹分布规律，沿其方向依次进行，注意山石的呼应、顺次、对比等关系。

（3）接。山石之间竖向衔接，称为"接"。天然山石的茬口，在相接时，既要使之有较大面积的吻合，又要保证相接后山石组合有丰富的形态。茬口不够吻合，可以用小山石填补上，一方面使之更加完美，另一方面使上下石都受小石的牵制。相接山石要根据山体部位的主次依照皴纹结合。一般情况下，竖纹和竖纹相接，横纹和横纹相接。但也有例外，可以用横纹与竖纹相接，突出对比的效果。

（4）斗。将带拱形的山石，拱向上，弯向下，与下面的一块或两块山石相连接的方法称为"斗"，可使山石形成像自然山洞一样的景观，或如同山体的下部分塌陷，而上部与之分离形成的自然洞岫景象。

（5）挎。为使山石的某一侧面呈现出比较丰富曲折的线条，可以在其旁挎一山石。挎山石可利用茬口咬住或上层镇压来稳定。必要时，可用钢丝捆绑固定。当然，钢丝要隐藏于石头的凹缝中或用其他方法来掩饰。

（6）拼。将许多块小山石拼合在一起，形成一块完整的大山石，这种方法叫"拼"。在缺少大块山石，但要用石的空间又很大的情况下，用许多小石块来造景显得很零碎，就需要用拼来完成一个整体大山石，与环境协调。事实上，拼出一大块形美的山石，还要用到其他的方法，但总称为"拼"。

（7）悬。下层山石向相对的方向倾斜或环拱，中间形成竖长如钟乳石的山石，这种方法叫"悬"。用黄石和青石做悬，模拟的对象是竖纹分布的岩层，经风化后，部分沿节理面脱落所剩下的倒悬石。

（8）剑。把以纵长纹理取胜的石头，尖头向上，竖直而立的做法称为"剑"。山石峭拔挺立，有刺破青天之势。其多用于立石笋以及其他竖长之石。特置的剑石，其下部分必须有足够长度来固定，以求稳定。立剑做成的景观单元应与周围其他的内容明显区别开来，以成为独立的画面。立剑要避免整排队列，忌立成"山、川、小"字形的阵势。

（9）卡。两块山石对峙形成上大下小的楔口，在楔口中插入上大下小的山石，山石被窄口卡住，受到两边山石斜向上的力而与重力平衡。卡的着力点在中间山石的两侧，而不是在其下部，这就与悬相区别。况且，悬的山石其两侧大多受到正向上的支撑力。卡接的山石能营造出岌岌可危的气氛。

（10）垂。从一块山石顶部偏侧部位的茬口处，用另一山石倒垂下来的做法，称"垂"。垂与挎的受力基本一致，都要以茬口相咬，下石通过水平面向上支撑"挎"或"垂"的山石。所不同之处在于，"垂"与咬合面以下山石有一定的长度，而"挎"则完全在其之上。"垂"与"悬"也比较容易相混，但它们在结构上的受力关系不同。

（11）挑。即"出挑"，是上层的山石在下层山石的支撑下，伸出支承面以外一段长度，用一定量的山石压在出挑的反方向，使力矩达到平衡。假山中之环、洞、岫、飞梁，特别是悬崖都基于这种基本做法，镇压在出挑后面的山石，其重量要求足够大，保证出挑山石的安稳。

（12）撑。即用山石支撑洞顶或支撑相当于梁的结构，其作用与柱子相似。往往把单个山石相接或相叠形成一个柱形的构件，并与洞壁或另外的柱形构件一起形成孔、洞等景观。撑的巧妙运用不仅能解决支撑这一结构问题，而且可以组成景观或助洞内采光。撑，必须正确选择着力点。撑后的结构要与原先的景观融为一体。

七、 假山收顶施工

收顶即处理假山最顶层的山石。从结构上讲，收顶的山石要求体量大，以便合凑收压。从外观上看，顶层的体量虽不如中层大，但有画龙点睛的作用，因此，要选用轮廓和体态都富有特征的山石。收顶往往是在逐渐合凑的中层山石顶面加以重力的镇压，使重力均匀地分层传递下去。往往用一块收顶的山石同时镇压下面几块山石，如果收顶面积大而石材不够完整时，就要采取"拼凑"的手法，并用小石镶缝使成一体。

假山收顶施工要点如下。

① 收顶施工应自后向前、由主及次、自下而上分层作业。每层高度在 0.3～0.8m 之间，各工作面叠石务必在胶结料未凝之前或凝结之后继续施工。不得在凝固期间强行施工，一旦松动则胶结料失效，影响全局。

② 一般管线水路孔洞应预埋、预留，切忌事后穿凿，松动石体。

③ 对于结构承重受力用石必须小心挑选，保证有足够强度。

④ 山石就位前应按叠石要求原地立好，然后拴绳打扣。无论人抬机吊都应有专人指挥，统一指令术语。就位应争取一次成功，避免反复。

⑤ 有水景的地方应开阀试水，统查水路、池塘等是否漏水。

⑥ 有种植条件的地方应填土施底肥，种树、植草一气呵成。

⑦ 掇山始终应注意安全，用石必查虚实。拴绳打扣要牢固，工人应穿戴防护鞋帽，掇山要有躲避余地。雨季或冰期要排水防滑。人工抬石应搭配力量，统一口令和步调，确保行进安全。

⑧ 掇山完毕应重新复检设计（模型），检查各道工序，进行必要的调整补漏，冲洗石面，清理场地。

八、 假山施工质量控制与检验

1. 假山施工质量控制

① 对石料的产地、品种、色泽、质感、纹理、造型、尺度等特性全面了解，认真比较。必要时，由设计、采石、造景三方共同选石。

② 石料到场后，应按照设计要求，对石料进行甄别、分类、标记，并做实物试排或模型试排。

③ 施工操作前，认真做好各工序施工技术交底。

④ 做好吊运、安装、固定的施工计划，保证施工场地要求。

⑤ 明缝石景，胶结材料颜色要协调；暗缝石景，胶结材料不可外漏。

⑥ 选择技术好、责任心强、具有一定艺术素养的工人带头组织施工。

2. 假山施工质量检查

① 检查基面验收记录，是否达到设计所要求的强度、刚度、稳定性，表面是否清洁，是否能满足下一道工序施工要求。

② 检查所选石料造型、体量、尺度、色泽、纹理、质感等特性，并对其强度、风化程度、裂纹进行技术鉴定。

③ 检查胶结材料的配比通知，并按规定做试块（件）。

④ 考察施工者的艺术素养、技术水平、工作经验、责任心等。

⑤ 施工过程中的安全检查：吊装设备性能，人员安全疏散范围，是否由专人指挥，有无统一的指令术语等。

⑥ 构景完成后，对叠石艺术性进行评价：宾主、层次、起伏、曲折、凹凸、顾盼、呼应、疏密、轻重、虚实。对于不理想的地方，适当进行调整补漏。

⑦ 检查施工后对叠石的安全保护措施，清理清洁工作。

九、 假山施工安全

假山施工安全管理有如下要求。

① 施工人员应按规定着装，佩戴劳动保护用品，穿胶底防滑铁包头保护皮鞋。

② 操作前对施工人员应进行安全技术交底，增强自我保护意识，严格执行安全操作规程。

③ 山石吊装应由有经验的人员操作，并在起吊前进行试吊，五级风以上及雨中禁止吊装。

④ 山石吊装前应认真检查机具吊索、绑扎位置、绳扣、卡子，发现隐患立即更换。

⑤ 垫刹时，应由起重机械带钩操作，脱钩前必须对山石的稳定性进行检查，松动的垫刹石块必须背紧背牢。

⑥ 山石打刹垫稳后，严禁撬移或撞击搬动刹石，已安装好但尚未灌浆填实或未达到70％强度前的半成品，严禁任何非操作人员攀登。

⑦ 脚手架和垂直运输设备的搭设，应符合有关规范要求。

⑧ 高度 6m 以上的假山，应分层施工，避免由于荷载过大造成事故。

第五节 园路、园桥与广场施工现场质量管理

一、 园路工程

1. 施工准备

施工前准备工作必须综合现场施工情况，考虑流水作业，做到有条不紊。否则，会在开

工后造成人力、物力的浪费，甚至造成施工停歇。

施工准备的基本内容，一般包括技术准备、物资准备、施工组织准备、施工现场准备和协调工作准备等，有的必须在开工前完成，有的则可贯穿于施工过程中进行。

（1）技术准备。

1）做好现场调查工作。

① 广场底层土质情况调查。

② 各种物资资源和技术条件的调查。

2）做好与设计的结合、配合工作，会同建设单位、监理单位引测轴线定位点、标高控制点以及对原结构进行放线复核。

① 熟悉施工图。全面熟悉和掌握施工图的全部内容，领会设计意图，检查各专业之间的预埋管道、管线的尺寸、位置、埋深等是否统一或遗漏，提出施工图疑问和有利于施工的合理化建议。

② 进行技术交底。工程开工前，技术部门组织施工人员、质安人员、班组长进行交底，针对施工的关键部位、施工难点以及质量、安全要求、操作要点及注意事项等进行全面的交底，各班组长接受交底后组织操作工人认真学习，并要求落实在各施工环节。

③ 根据现场施工进度的要求及时提供现场所需材料以防因为材料短缺而造成停工。

（2）物资条件准备。根据施工进度的安排和需要量，组织分期分批进场，按规定的地点和方式进行堆放。材料进场后，应按规定对材料进行试验和检验。

（3）施工组织准备。

① 建立健全现场施工管理体制。

② 现场设施布置应合理、具体、适当。

③ 劳动力组织计划表。

④ 主要机构计划表。

（4）施工现场准备工作。开工前施工现场准备工作要迅速做好，以利于工程有秩序地按计划进行。所以现场准备工作进行得快慢，会直接影响工程质量和施工进展。现场开工前应将以下主要工作做好：

① 修建房屋（临时工棚）。按施工计划确定修缮房屋数量或工棚的建筑面积。

② 场地清理。在园路工程涉及的范围内，凡是影响施工进行的地上、地下物均应在开工前进行清理，对于保留的大树应确定保护措施。

③ 便道便桥。凡施工路线，均应在路面工程开工前做好维持通车的便道便桥和施工车辆通行的便桥（如通往料场、搅拌站地的便道）。

④ 备料。现场备料多指自采材料的组织运输和收料堆放，但外购材料的调运和储存工作也不能忽视。一般开工前材料进场应在 70% 以上。若有运输能力，运输道路畅通，在不影响施工的条件下可随用随运。自采材料的备置堆放，应根据路面结构、施工方法和材料性质而定。

2. 路基施工

（1）测量放样。

1）造型复测和固定。

① 复测并固定造型及各观点主要控制点，恢复失落的控制桩。

② 复测并固定为间接测量所布设的控制点，如三角点、导线点等桩。

③ 当路线的主要控制点在施工中有被挖掉或埋掉的可能时，则视当地地形条件和地物情况采用有效的方法进行固定。

2）路线高程复测。控制桩测好后，马上进行路线各点均匀进行水平测量，以复测原水准基点标高和控制点地面标高。

3）路基放样。

① 根据设计图表定出各路线中桩的路基边缘、路堤坡脚及路堑坡顶、边沟等具体位置，定出路基轮廓。根据分幅施工的宽度，做好分幅标记，并测出地面标高。

② 路基放样时，在填土没有进行压实前，考虑预加沉落度，同时考虑修筑路面的路基标高校正值。

③ 路基边桩位置可根据横断面图量得，并根据填挖高度及边坡坡度实地测量校核。

④ 为标出边坡位置，在放完边桩后进行边坡放样。采用麻绳竹竿挂线法结合坡度样板法，并在放样中考虑预压加沉落度。

⑤ 机械施工中，设置牢固而明显的填挖土石方标志，施工中随时检查，发现被碰倒或丢失立即补上。

（2）挖方。根据测放出的高程，使用挖土机械挖除路基面以上的土方，一部分土方经检验合格用于填方，余土运至有关单位指定的弃土场。

（3）填筑。填筑材料利用路基开挖出的可作填方的土、石等适用材料。作为填筑的材料，应先做试验，并将试验报告及其施工方案提交监理工程师批准。其中路基采用水平分层填筑，最大层厚不超过 30cm，水平方向逐层向上填筑，并形成 2%～4% 的横坡以利排水。

（4）碾压。采用振动压路机碾压，碾压时横向接头的轮迹，重叠宽度为 40～50cm，前后相邻两区段纵向重叠 1～1.5m，碾压时做到无漏压、无死角并确保碾压均匀。碾压时，先压边缘，后压中间；先轻压，后重压。填土层在压实前应先整平，并应作 2%～4% 的横坡。当路堤铺筑到结构物附近的地方，或铺筑到无法采用压路机压实的地方，使用人工夯锤予以夯实。

3. 水泥稳定砾石施工

（1）材料要求。

① 碎石。骨料最大粒径不应超过 30mm，骨料的压碎值不应大于 20%，硅酸盐含量不宜超过 0.25%。

② 水泥。采用普通硅酸盐水泥矿渣，硅酸盐水泥强度等级为 32.5。

（2）配合比设计。

1）一般规定。根据水泥稳定砾石的标准，确定必需的水泥剂量和混合料的最佳含水量，在需要改善土的颗粒组成时，还包括掺加料的比例。

2）原材料试验。

① 施工前，进行下列试验：颗粒分析、液限和塑性指数、相对密度、重型击实试验、碎石的压碎值试验。

② 检测水泥的强度等级及初凝、终凝时间。

（3）工艺流程。施工放样→准备下承层→拌和→运输→摊铺→初压→标高复测→补整→终压→养生。

① 施工放样。按 20m 一个断面恢复道路中心桩、边桩，并在桩上标出基层的松铺高程

和设计高程。

② 准备下承层。下基层施工前，对路基进行清扫，然后用振动压路机碾压 3～4 遍，如发现土过干、表面松散，适当洒水；如土过湿，发生弹簧现象，采取开窗换填砂砾的办法处理。上基层施工前，对下基层进行清扫，并洒水湿润。

③ 拌和。稳定料的拌和场设在砂石场，料场内的砂、石分区堆放，并设有地磅，在每天开始拌和前，按配合比要求对水泥、骨料的用量准确调试，告别特别是根据天气变化情况，测定骨料的自然含水量，以调整拌和用水量。拌和时确保足够的拌和时间，使稳定料拌和均匀。

④ 运输。施工时配备足够的运输车辆，并保持道路畅通，使稳定料尽快运至摊铺现场。

⑤ 摊铺。机动车道基层、非机动车道基层采用人工摊铺。摊铺时严格控制好松铺系数，人工实时对缺料区域进行补整合修边。

⑥ 压实。摊铺一小段后（时间不超过 3h），用 15t 的振动压路机静压两遍、振压一遍后暂时停止碾压，测量人员立即进行高程测量复核，将标高比设计标高超过 1cm，或低 0.5cm 的部位立即进行找补，完毕后用压路机进行振动碾压。碾压时由边至中、由低至高、由弱至强、重叠 1/3 轮宽的原则碾压，在规定的时间内（不超过 4h）碾压到设计压实度，并无明显轮迹时为止。碾压时，严禁压路机在基层上调头或起步时速度过大，碾压时轮胎朝正在摊铺的方向。

⑦ 养生。稳定料碾压后 4h 内，用经水浸泡透的麻袋严密覆盖进行养护，8h 后再用自来水浇灌养护 7 天以上，并始终保持麻袋湿润。稳定料终凝之前，严禁用水直接冲刷基层表面，避免表面浮砂损坏。

⑧ 试验。混合料送至现场 0.5h 内，在监理的监督下，抽取一部分送到业主指定或认可的试验室，进行无侧限抗压强度和水泥剂量试验。压实度试验一般采用灌砂法，在碾压后 12h 内进行。

4. 块石、碎石垫层施工

(1) 准备与施工测量。

施工前对下基层按质量验收标准进行验收之后，恢复控制线，直线段每 20m 设一桩，平曲线段每 10m 设一桩，并在造型两侧边缘 0.3～0.5m 处设标志桩，在标志桩上用红漆标出底基层边缘设计标高及松铺厚度的位置。

(2) 摊铺

① 碎石内不应含有有机杂质。粒径不应大于 40mm，粒径在 5mm 和 5mm 以下的不得超过总体积的 40%；块石应选用强度均匀，级配适当和未风化的石料。

② 块石垫层采用人工摊铺，碎石垫层采用铲车摊铺人工整平。

③ 必须保证摊铺人员的数量，以保证施工的连续性并保证摊铺速度。

④ 人工摊铺填筑填块石大面向下，小面向上，摆平放稳，再用小石块找平，石屑塞填，最后人工压实。

⑤ 碎石垫层分层铺完后用平板振动器振实，采用一夯压半夯、全面夯实的方法，做到层层夯实。

5. 沥青面层施工

(1) 施工顺序。沥青路面施工顺序，如图 3-47 所示。

(2) 下封层施工

认真按验收规范对基层严格验收，如有不合要求地段要求进行处理，认真对基层进行清扫，并用森林灭火器吹干净。

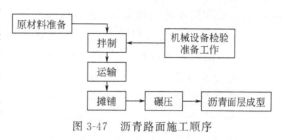

图 3-47 沥青路面施工顺序

在摊铺前对全体施工技术人员进行技术交底，明确职责，责任到人，使每个施工人员都对自己的工作心中有数。

采用汽车式洒布机进行下封层施工。

（3）沥青混合料的拌和。沥青混合料由间隙式拌和机拌制，骨料加热温度控制在 175～190℃之间，后经热料提升斗运至振动筛，经 33.5mm、19mm、13.2mm、5mm 四种不同规格筛网筛分后储存到五个热矿仓中去。沥青采用导热油加热至 160～170℃，五种热料及矿粉和沥青用料经生产配合比设计确定，最后吹入矿粉进行拌和，直到沥青混合料均匀一致，所有矿料颗粒全部裹覆沥青，结合料无花料，无结团或块或严重粗料细料离析现象为止。沥青混凝土的拌和时间由试拌确定，出厂的沥青混合料温度严格控制在 155～170℃之间。

（4）热拌沥青混合料运输

运输时应注意以下几点。

① 汽车从拌和楼向运料车上放料时，每卸一斗混合料挪动一下汽车的位置，以减少粗细骨料的离析现象。

② 混合料运输车的运量较拌和或摊铺速度有所富余，施工过程中应在摊铺机前方 30cm 处停车，不能撞击摊铺机。卸料过程中应挂空挡，靠摊铺机的推进前进。

③ 沥青混合料的运输必须快捷、安全，使沥青混合料到达摊铺现场的温度在 145～165℃之间，并对沥青混合料的拌和质量进行检查，当来料温度不符合要求或料仓结团、遭雨淋湿时不得铺筑在道路上。

（5）沥青混合料的摊铺

1）用摊铺机进行二幅摊铺，上下两层错缝 0.5m，摊铺速度控制在 2～4m/min。沥青下面层摊铺采用拉钢丝绳控制标高及平整度，上面层摊铺采用平衡梁装置，以保证摊铺厚度及平整度。摊铺速度按设置速度均衡行驶，并不得随意变换速度及停机，松铺系数根据试验段确定。正常摊铺温度应在 140～160℃之间。另在上面层摊铺时纵横向接缝口订立 4cm 厚木条，保证接缝口顺直。

2）摊铺过程中对于道路上的窨井，在底层料进行摊铺前用钢板进行覆盖，以避免在摊铺过程中遇到窨井而抬升摊铺机，保证平整度。在摊铺细料前，把窨井抬至实际摊铺高程。窨井的抬法应根据底层料摊铺情况及细料摊铺厚度结合摊铺机摊铺时的路情况来调升，以保证窨井与路面的平整度，不致出现跳车情况。对于细料摊铺过后积聚在窨井上的粉料应用小铲子铲除，清扫干净。

3）对于路头的摊铺尽量避免人工作业，而采用 LT6E 小型摊铺机摊铺，以保证平整度及混合料的均匀程度。

4）摊铺时对于平石边应略离于平石 3mm，至少保平，对于搭接在平石上的混合料用铲子铲除，推把推齐，保持一条直线。

5）摊铺过程中注意事项如下。

① 汽车司机应与摊铺机手密切配合，避免车辆撞击摊铺机，使之偏位，或把料卸出机

外，最好是卸料车的后轮距摊铺机30cm左右，当摊铺机行进接触时，汽车起升倒料。

② 连续供料。当待料时不应将机内混合料摊完，保证料斗中有足够的存料，防止送料板外露。因故障，斗内料已结块，重铺时应铲除。

③ 操作手应正确控制摊铺边线和准确调整熨平板。

④ 检测员要经常检查松铺厚度，每5m查一断面，每断面不少于3点，并做好记录，及时反馈信息给操作手；每50m检查横坡一次，经常检查平整度。

⑤ 摊铺中路面工应密切注意摊铺动向，对横断面不符合要求、构造物接头部位缺料、摊铺带边缘局部缺料、表面明显不平整、局部混合料明显离析、摊铺后有明显的拖痕等，均应人工局部找补或更换混合料。且必须在技术人员指导下进行，人工修补时，工人不应站在热的沥青层面上操作。

⑥ 每天结束收工时，禁止在已摊铺好的路面上用柴油清洗机械。

⑦ 在施工中应加强前后台的联系，避免信息传递不及时造成生产损失。

⑧ 为保证道路中央绿化带侧石在摊铺时不被沥青混凝土的施工所影响，将在侧石边缘留采用小型压路机碾压。

⑨ 摊铺机在开始收料前应在料斗内涂刷少量防止粘料用的柴油，并在摊铺机下铺垫塑料布防止污染路面。

（6）沥青混合料的碾压

1）压实后的沥青混合料符合压实度及平整度的要求。

2）选择合理的压路机组合方式及碾压步骤，以达到最佳结果。沥青混合料压实采用钢筒式静态压路机及轮胎压路机或振动压路机组合的方式。压路机的数量根据生产现场决定。

3）沥青混合料的压实按初压、复压、终压（包括成型）三个阶段进行。压路机以慢而均匀的速度碾压。

4）沥青混合料的初压符合下列要求。

① 初压在混合料摊铺后较高温度下进行，并不得产生推移、发裂，压实温度根据沥青稠度、压路机类型、气温铺筑层厚度、混合料类型经试铺试压确定。

② 压路机从外侧向中心碾压。相邻碾压带应重叠1/3～1/2轮宽，最后碾压路中心部分，压完全幅为一遍。当边缘有挡板、路缘石、路肩等支档时，应紧靠支档碾压。当边缘无支档时，可用耙子将边缘的混合料稍稍耙高，然后将压路机的外侧轮伸出边缘10cm以上碾压。

③ 碾压时将驱动轮面向摊铺机。碾压路线及碾压方向不能突然改变而导致混合料产生推移。压路机启动、停止必须减速缓慢进行。

5）复压紧接在初压后进行，并符合下列要求：复压采用轮胎式压路机。碾压遍数应经试压确定，不少于4～6遍，以达到要求的压实度，并无显著轮迹。

6）终压紧接在复压后进行。终压选用双轮钢筒式压路机碾压，不宜少于两遍，并无轮迹。采用钢筒式压路机时，相邻碾压带应重叠后轮1/2宽度。

7）压路机碾压注意事项：

① 压路机的碾压段长度以与摊铺速度平衡为原则选定，并保持大体稳定。压路机每次由两端折回的位置阶梯形地随摊铺机向前推进，使折回处不在同一横断面上。在摊铺机连续摊铺的过程中，压路机不随意停顿。

② 压路机碾压过程中有沥青混合料粘轮现象时，可向碾压轮洒少量水或加洗衣粉水，

严禁洒柴油。

③ 压路机不在未碾压成型并冷却的路段转向、调头或停车等候。振动压路机在已成型的路面行驶时关闭振动。

④ 对压路机无法压实的桥梁、挡墙等构造物接头、拐弯死角、加宽部分及某些路边缘等局部地区，采用振动夯板压实。

⑤ 在当天碾压成型的沥青混合料层面上，不停放任何机械设备或车辆，严禁散落矿料、油料等杂物。

（7）接缝、修边。纵向接缝部位的施工符合下列要求。

① 摊铺时采用梯队作业的纵缝采用热接缝。施工时将已铺混合料部分留下 10～20cm 宽暂不碾压，作为后摊铺部分的高程基准面，在最后作跨缝碾压以消除缝迹。

② 半幅施工不能采用热接缝时，设挡板或采用切刀切齐。铺另半幅前必须将缝边缘清扫干净，并涂洒少量粘层沥青。摊铺时应重叠在已铺层上 5～10cm，摊铺后用人工将摊铺在前半幅上面的混合料铲走。碾压时先在已压实路面上行走，碾压新铺层 10～15cm，然后压实新铺部分，再伸过已压实路面 10～15cm，充分将接缝压实紧密。上下层的纵缝错开 0.5m，表层的纵缝应顺直，且留在车道的画线位置上。

③ 相邻两幅及上下层的横向接缝均错位 5m 以上。上下层的横向接缝可采用斜接缝，上面层应采用垂直的平接缝。铺筑接缝时，可在已压实部分上面铺设些热混合料使之预热软化，以加强新旧混合料的黏结。但在开始碾压前应将预热用的混合料铲除。

④ 平接缝做到紧密黏结，充分压实，连接平顺。施工可采用下列方法：在施工结束时，摊铺机在接近端部前约 1m 处将熨平板稍稍抬起驶离现场，用人工将端部混合料铲齐后再予碾压。然后用 3m 直尺检查平整度，趁尚未冷透时垂直刨除端部平整度或层厚不符合要求的部分，使下次施工时成直角连接。

⑤ 从接缝处继续摊铺混合料前应用 3m 立尺检查端部平整度，当不符合要求时，予以清除。摊铺时应控制好预留高度，接缝处摊铺层施工结束后再用 3m 直尺检查平整度，当有不符合要求者，应趁混合料尚未冷却时立即处理。

⑥ 横向接缝的碾压应先用双轮钢筒式压路机进行横向碾压。碾压带的外侧放置供压路机行驶的垫木，碾压时压路机位于已压实的混合料层上，伸入新铺层的宽度为 15cm，然后每压一遍向混合料移动 15～20cm，直至全部在新铺层上为止，再改为纵向碾压。当相邻摊铺层已经成型，同时又有纵缝时，可先用钢筒式压路机纵缝碾压一遍，其碾压宽度为 15～20cm，然后再沿横缝作横向碾压，最后进行正常的纵向碾压。

⑦ 做完的摊铺层外露边缘应准确到要求的线位。修边切下的材料及任何其他的废弃沥青混合料从路上清除。

（8）取样和试验。

① 沥青混合料按《公路工程沥青及沥青混合料试验规程》（JTG E20—2011）的方法取样，以测定矿料级配、沥青含量。混合料的试样，每台拌和机在每天 1～2 次取样，并按 JTG E20—2011 规定标准方法进行检验。

② 压实的沥青路面应按《公路路基路面现场测试规程》（JTG E60—2008）要求的方法钻孔取样，或用核子密度仪测定其压实度。

③ 所有试验结果均应报监理工程师审批。

6. 混凝土面层施工

(1) 施工流程图。混凝土路面施工流程，如图 3-48 所示。

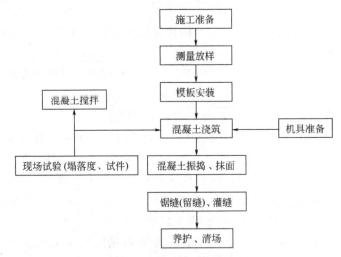

图 3-48　混凝土路面施工流程

(2) 模板安装。混凝土施工使用钢模板，模板长 3m、高 100m。钢模板应保证无缺损，有足够的刚度，内侧和顶、底面均应光洁、平整、顺直，局部变形不得大于 3mm。振捣时模板横向最大挠曲应小于 4mm，高度与混凝土路面板厚度一致，误差不超过 ±2mm。立模的平面位置和高程符合设计要求，支立稳固准确，接头紧密而无离缝、前后错位和高低不平等现象。模板接头处及模板与基层相接处均不能漏浆。模板内侧清洁并涂涮隔离剂，支模时用 φ18 螺纹钢筋打入基层进行固定，外侧螺纹钢筋与模板要靠紧，如个别处有空隙加木块，并固定在模板上，如图 3-49 所示。

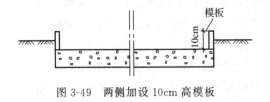

图 3-49　两侧加设 10cm 高模板

(3) 原材料、配合比、搅拌要求。混凝土浇筑前，将到场原材料送检测单位检验并进行配合比设计，所设计的配合比应满足设计抗压、抗折强度，耐磨、耐久以及混凝土拌合物和易性能等要求。混凝土采用现场强制式机械搅拌，并有备用搅拌机，按照设计配合比拟定每机的拌合量。拌和过程应做到以下几点要求。

① 砂、碎石必须过磅并满足施工配合比要求。

② 检查水泥质量，不能使用结块、硬化、变质的水泥。

③ 用水量需严格控制，安排专门的技术人员负责。

④ 原材料按重量计，允许误差不应超过：水泥 ±1%，砂、碎石 ±3%，水 ±1%（外加剂 ±2%）。

⑤ 混凝土的坍落度控制在 14~16cm，混凝土每槽搅拌时间控制在 90~120s。

(4) 混凝土运输及振捣。

1) 施工前检查模板位置、高程、支设是否稳固和基层是否平整润湿，模板是否涂遍脱模剂等，合格后方可混凝土施工。混凝土采用泵送为主，人工运输为辅。

2) 混凝土的运输摊铺、振捣、整平、做面应连续进行，不得中断。如因故中断，应设置施工缝，并设在设计规定的接缝位置。摊铺混凝土后，应随即用插入式和平板式振动器均匀振实。混凝土灌注高度应与模板相同。振捣时先用插入式振动器振混凝土板壁边缘，边角处初振或全面顺序初振一次。同一位置振动时不宜少于 20s。插入式振动器移动的间距不宜大于其作用半径的 1.5 倍，甚至模板的距离应不大于作用半径的 0.5 倍，并应避免碰撞模板。然后再用平板振动器全面振捣，同一位置的振捣时间，以不再冒出气泡并流出水泥砂浆为准。

3）混凝土全面振捣后，再用平板振动器进一步拖拉振实并初步整平。振动器往返拖拉 2～3 遍，移动速度要缓慢均匀，不许中途停顿，前进速度以每分钟 1.2～1.5m 为宜。凡有不平之处，应及时辅以人工挖填补平。最后用无缝钢管滚筒进一步滚推表面，使表面进一步提浆均匀调平，振捣完成后进行抹面，抹面一般分两次进行。第一次在整平后，随即进行。驱除泌水并压下石子。第二次抹面须在混凝土泌水基本结束，处于初凝状态但表面尚湿润时进行。用 3m 直尺检查混凝土表面。抹平后沿横方向拉毛或用压纹器刻纹，使路面混凝土有粗糙的纹理表面。施工缝处理严格按设计施工。

4）锯缝应及时，在混凝土硬结后尽早进行，宜在混凝土强度达到 5～10MPa 时进行，也可以由现场试锯确定，特别是在天气温度骤变时不可拖延，但也不能过早，过早会导致粗骨料从砂浆中脱落。

5）混凝土板面完毕后应及时养护，养护采用湿草包覆盖养生，养护期为不少于 7 天。混凝土拆模要注意掌握好时间（24h），一般以既不损坏混凝土，又能兼顾模板周转使用为准，可视现场气温和混凝土强度增长情况而定，必要时可做试拆试验确定。拆模时操作要细致，不能损坏混凝土板的边、角。

6）填缝采用灌入式填缝的施工，应符合下列规定。

① 灌注填缝料必须在缝槽干燥状态下进行，填缝料应与混凝土缝壁黏附紧密不渗水。

② 填缝料的灌注深度宜为 3～4cm。当缝槽大于 3～4cm 时，可填入多孔柔性衬底材料。填缝料的灌注高度，夏天宜与板面平；冬天宜稍低于板面。

③ 热灌填缝料加热时，应不断搅拌均匀，直至规定温度。当气温较低时，应用喷灯加热缝壁。施工完毕，应仔细检查填缝料与缝壁黏结情况，在有脱开处，应用喷灯小火烘烤，使其黏结紧密。

7. 面层铺砌施工

（1）块料类面层铺砌。用石块、砖、预制水泥板等做路面的，统称为块料路面。此类路面花纹变化较多，铺设方便，因此在园林中应用较广。

块料路面是我国园林传统做法的继承和延伸。块料路面的铺砌要注意几点。

1）广场内同一空间，园路同一走向，用一种式样的铺装较好。这样几个不同地方不同的铺砌，组成全园，达到统一中求变化的目的。实际上，这是以园路的铺装来表达园路的不同性质、用途和区域。

2）一种类型铺装内，可用不同大小、材质和拼装方式的块料来组成，关键是用什么铺装在什么地方。例如，主要干道、交通性强的地方，要牢固、平坦、防滑、耐磨，线条简洁大方，便于施工和管理。如用同一种石料，变化大小或拼砌方法。小径、小空间、休闲林荫道，可丰富多彩一些，如我国古典园林。要深入研究园路所在其他园林要素的特征，以创造富于特色、脍炙人口的铺装来。

3）块料的大小、形状，除了要与环境、空间相协调，还要适于自由曲折的线型铺砌，这是施工简易的关键；表面粗细适度，粗要可行儿童车，走高跟鞋，细不致雨天滑倒跌伤；

块料尺寸模数，要与路面宽度相协调；使用不同材质块料拼砌，色彩、质感、形状等，对比要强烈。

4）块料路面的边缘，要加固。园路是否放侧石一般应依实而议定，可考虑下列要素。

① 使用清扫机械是否需要有靠边；

② 所使用砌块拼砌后，边缘是否整齐；

③ 侧石是否可起到加固园路边缘的目的；

④ 园路两侧绿地是否高出路面，在绿化尚未成型时，须以侧石防止水土冲刷。

5）建议多采用自然材质块料。接近自然，朴实无华，价廉物美，经久耐用。甚至于旧料、废料略经加工也可利用为宝。日本有的路面是散铺粗砂而成的，我国过去也有煤屑路面；碎大理石花岗岩板也广为使用，石屑更是常用填料。

施工总的要求是要有良好的路基，并加砂垫层，块料接缝处要加填充物。

① 砖铺路面。目前我国机制标准砖的大小为 240mm×115mm×53mm，有青砖和红砖之分。园林铺地多用青砖，风格朴素淡雅，施工简便，可以拼凑成各种图案，以席纹和同心圆弧放射式排列为多。砖铺地适于庭院和古建筑物附近。因其耐磨性差，容易吸水，适用于冰冻不严重和排水良好之处；坡度较大和阴湿地段不宜采用，因易生青苔而行走不便。目前已有采用彩色水泥仿砖铺地，效果较好。日本、欧美等国尤喜用红砖或仿缸砖铺地，色彩明快艳丽。

② 冰纹路面。冰纹路面是用边缘挺括的石板模仿冰裂纹样铺砌的地面，石板间接缝呈不规则折线，用水泥砂浆勾缝。多为平缝和凹缝，以凹缝为佳。也可不勾缝，便于草皮长出成冰裂纹嵌草路面。还可做成水泥仿冰纹路，即在现浇混凝土路面初凝时，模印冰裂纹图案，表面拉毛，效果也较好。冰纹路适用于池畔、山谷、草地、林中的游步道。

③ 混凝土预制块铺路。用预先模制成的混凝土方砖铺砌的路面，形状多变，图案丰富（如各种几何图形、花卉、木纹、仿生图案等）。也可添加无机矿物颜料制成彩色混凝土砖，色彩艳丽。路面平整、坚固、耐久。适用于园林中的广场和规则式路段上。也可做成半铺装留缝嵌草路面。

（2）散料类面层铺砌

① 土路。完全用当地的土加入适量砂和消石灰铺筑。常用于游人少的地方，或作为临时性道路。

② 草路。一般用在排水良好、游人不多的地段，要求路面不积水，并选择耐践踏的草种，如绊根草、结缕草等。

③ 碎料路。是指用碎石、卵石、瓦片、碎瓷等碎料拼成的路面。图案精美丰富，色彩素艳和谐，风格或圆润细腻或朴素粗犷，做工精细，具有很好的装饰作用和较高的观赏性，有助于强化园林意境，具有浓厚的民族特色和情调，多见于古典园林中。

施工方法：先铺设基层，一般用砂作基层，当砂不足时，可以用煤渣代替。基层厚约20～25cm，铺后用轻型压路机压 2～3 次。面层（碎石层）一般为 14～20cm 厚，填后平整压实。当面层厚度超过 20cm 时，要分层铺压，下层 12～16cm，上层 10cm。面层铺设的高度应比实际高度大些。

（3）胶结料类的面层施工。底层铺碎砖瓦 6～8cm 厚，也可用煤渣代替。压平后铺一层极薄的水泥砂浆（粗砂）抹平、浇水、保养 2～3 天即可，此法常用于小路。也可在水泥路上划成方格或各种形状的花纹，既增加艺术性，也增强实用性。

（4）嵌草路面的铺砌。无论用预制混凝土铺路板、实心砌块、空心砌块，还是用顶面平整的乱石、整形石块或石板，都可以铺装成砌块嵌草路面。

施工时，先在整平压实的路基上铺垫一层栽培壤土作垫层。壤土要求比较肥沃，不含粗颗粒物，铺垫厚度为100～150mm。然后在垫层上铺砌混凝土空心砌块或实心砌块，砌块缝中半填壤土，并播种草籽。

实心砌块的尺寸较大，草皮嵌种在砌块之间预留的缝中。草缝设计宽度可在20～50mm之间，缝中填土达砌块的2/3高。砌块下面如上所述用壤土作垫层并起找平作用，砌块要铺装得尽量平整。实心砌块嵌草路面上，草皮形成的纹理是线网状的。

空心砌块的尺寸较小，草皮嵌种在砌块中心预留的孔中。砌块与砌块之间不留草缝，常用水泥砂浆黏结。砌块中心孔填土亦为砌块的2/3高；砌块下面仍用壤土作垫层找平，使嵌草路面保持平整。空心砌块嵌草路面上，草皮呈点状而有规律地排列。要注意的是，空心砌块的设计制作，一定要保证砌块的结实坚固和不易损坏，因此其预留孔径不能太大，孔径最好不超过砌块直径的1/3长。

采用砌块嵌草铺装的路面，砌块和嵌草层是道路的结构面层，其下面只能有一个壤土垫层，在结构上没有基层，只有这样的路面结构才能有利于草皮的存活与生长。

8. 道牙边沟施工

（1）边沟施工

1）边沟。所谓的边沟，是一种设置在地面上用于排放雨水的排水沟。其形式多种多样，有铺设在道路上的L形边沟，步车道分界道牙砖铺筑的街渠，铺设在停车场内园路上的碟形边沟，以及铺设在用地分界点、入口等场所的L形边沟（U字沟）。此外，还有窄缝样的缝形边沟和与路面融为一体的加装饰的边沟。

边沟所使用的材料一般为混凝土，有时也采用嵌砌小砾石。U形边沟沟箅的种类比较多，如混凝土制箅、镀锌格栅箅、铸铁格栅箅、不锈钢格子箅等。

2）边沟的设置要点

① 应按照建设项目的排水总体规划指导，参考排放容量和排水坡度等因素，再决定边沟的种类和规模尺寸。

② 从总体而言，所谓的雨水排除是针对建筑区内部的雨水排放处理的，因此，应在建筑区的出入口处设置边沟（主要是加格栅箅的U字沟）。

③ 使用L形边沟，如是路宽6m以下的道路，应采用C20型钢筋混凝土L形边沟。对6m以上宽的道路，应在双侧使用C30或C35钢筋混凝土L形边沟。

④ U形沟，则常选用240型或300成品预制件。

⑤ 用于车道路面上的U形边沟，其沟箅应采用能够承受通行车辆荷载的结构。而且最好选择可用螺栓固定不产生噪声的沟箅。

⑥ 步行道、广场上的U形沟沟箅，应选择细格栅类，以免行人的高跟鞋陷入其中。

⑦ 在建筑的入口处，一般不采用"L"形边沟排水，而是以缝形边沟、集水坑等设施排水，以免破坏入口处的景观。

⑧ 道旁U形沟，上覆细格栅，既利于排水，又不妨碍行走。

⑨ 路面中部拱起，两边没有边沟，利于排水。

⑩ 车行道排水多用带铁箅子的L形边沟和U形边沟；广场地面多用蝶形和缝形边沟；铺地砖的地面多用加装饰的边沟，要注重色彩的搭配；平面形边沟水箅格栅宽度要参考排水

量和排水坡度确定，一般采用 250~300mm；缝形边沟一般缝隙不小于 20mm。

（2）路缘石

1）路缘石的作用。路缘石是一种为确保行人及路面安全，进行交通诱导、保留水土、保护植栽以及区分路面铺装等而设置在车道与人行道分界处、路面与绿地分界处、不同铺装路面分界处等位置的构筑物。路缘石的种类很多，有标明道路边缘类的预制混凝土路缘石、砖路缘石、石头路缘石，此外，还有对路缘进行模糊处理的合成树脂路缘石。

2）路缘石设置施工要点

① 在公共车道与步行道分界处设置路缘，一般利用混凝土制"步行道车道分界道牙砖"，设置高 15cm 左右的街渠或 L 形边沟。如在建筑区内，街渠或边沟的高度则为 10cm 左右。

② 区分路面的路缘，要求铺筑高度统一、整齐，路缘石一般采用"地界道牙砖"。设在建筑物入口处的路缘，可采用与路面材料搭配协调的花砖或石料铺筑。

③ 在混凝土路面、花砖路面、石路面等与绿色的交界处可不设路缘。但对沥青路面，为保施工质量，则应当设置路缘。

④ 园路路缘石以天然石材为主，缘石高度应低于 20cm 以下，或不使用缘石以保持人与景观之间亲切的尺度。

二、园桥工程

园桥是指园林中的桥，可以联系风景点的水陆交通，组织游览线路，变换观赏视线，点缀水景，增加水面层次，兼有交通和艺术欣赏的双重作用。园桥在造园艺术上的价值，往往超过交通功能。

园桥一般结构简单，但对园景影响较大，现以较为复杂的拱桥为例来说明。拱桥的施工，从方法上大体可分为有支架施工和无支架施工两大类。有支架施工常用于石拱桥和混凝土预制块拱桥，而无支架施工多用于肋拱桥、双曲拱桥、厢形拱桥和桁架拱桥等，当然也有采用两者结合的施工方法。

1. 拱桥施工

（1）施工准备。承包商承接小桥涵施工任务后，必须对设计文件、图纸、资料进行现场研究和核对；查明文件、图纸、资料是否齐全，如发现图纸、资料欠缺、错误、矛盾必须向业主提出补全和更正。如发现设计与现场有出入处，必要时应进行补充调查。小桥涵开工前应依据设计文件和任务要求编制施工方案，其中包括：编制依据、工期要求、材料和机具数量、施工方法、施工力量、进度计划、质量管理等。同时应编制实施施工组织设计，使施工方案具体化，一般小桥涵的施工组织设计可配合路基施工方案编制。

（2）石拱桥砌体材料的要求。拱桥材料的选择应满足设计和施工有关规范的要求。对于石拱桥，石料的准备（包括开采、加工和运输等）是决定施工进度的一个重要环节，也在很大程度上影响石拱桥的造价和质量。特别是料石拱圈，拱石规格繁多，所费劳动力就很多。为了加快石拱桥建设速度、降低造价、减少劳动力消耗，可以采用细石混凝土砌筑片石拱，以及用大河卵石砌拱等方法修建拱桥。对石拱桥砌体材料（石料、砂浆、细石混凝土）的质量要求如下。

1）砂浆的技术要求

① 砌筑用砂浆的类别和强度等级应符合设计规定。砂浆强度等级以 M×× 表示，为

70.7mm×70.7mm×70.7mm 试件标准养护 28 天的抗压强度（单位为 MPa）。标准养护条件如下。

a. 水泥石灰等混合砂浆养护温度（20±3）℃，相对湿度 60%～80%。

b. 水泥砂浆和微沫水泥砂浆养护温度（20±3）℃，相对湿度为 90% 以上。

c. 常用的砂浆强度等级分别为 M15、M10、M7.5、M5、M2.5 五个等级。

② 砂浆中所用水泥、砂、水等材料的质量标准宜符合混凝土工程相应材料的质量标准。砂浆中所用砂，宜采用中砂或粗砂，当缺乏中砂及粗砂时，在适当增加水泥用量的基础上，也可采用细砂。砂的最大粒径，当用于砌筑片石时，不宜超过 5mm；当用于砌筑块石、粗料石时，不宜超过 2.5mm。如砂的含泥量达不到混凝土用砂的标准，当砂浆强度等级大于或等于 M5 时，可不超过 5%，小于 M5 时可不超过 7%。

③ 石灰水泥砂浆所用生石灰应成分纯正，煅烧均匀、透彻。一般宜熟化成消石灰粉或石灰膏使用，也可磨细成生石灰粉使用。消石灰粉和石灰膏应通过网筛过滤，并且石灰膏应在沉淀池内储存 14 天以上。磨细生石灰粉应经 4900 孔/cm² 筛子过筛。

④ 砂浆的配合比可通过试验确定，可采用质量比或体积比，并应满足相关的技术条件的要求。当变更砂浆的组成材料时，其配合比应重新试验确定。

⑤ 砂浆必须具有良好的和易性，其稠度以标准圆锥体沉入度表示，用于石砌体时宜为 50～70mm，气温较高时可适当增大。零星工程用砂浆的稠度，也可用直观法进行检查，以用手能将砂浆捏成小团，松手后既不松散、又不由灰铲上流下为度。

⑥ 为改善水泥砂浆的和易性，可掺入无机塑化剂或以皂化松香为主要成分的微沫剂等有机塑化剂，其掺量可参照生产厂家的规定并通过试验确定，一般为水泥用量的 0.5/10000～1.0/10000（微沫剂按 100% 纯度计）。采用时应符合下列规定。

a. 微沫剂宜用不低于 70℃ 的水稀释至 5%～10% 的浓度，稀释后存放不宜超过 7 天。

b. 宜用机械拌和，拌和时间宜为 3～5min。

砂浆配制应采用质量比，砂浆应随拌随用，保持适宜的稠度，一般宜在 3～4h 内使用完毕；气温超过 30℃，宜在 2～3h 内使用完毕。在运输过程中或在储存器中发生离析、泌水的砂浆，砌筑前应重新拌和；已凝结的砂浆不得使用。

2）石料的要求

① 石料应符合设计规定的类别和强度，石质应均匀、不易风化、无裂纹。石料强度、试件规格及换算应符合设计要求。

② 一月份平均气温低于 -10℃ 的地区，除干旱地区不受冰冻部位或根据以往实践经验证明材料确有足够抗冻性者外，所用石料及混凝土材料须通过冻融试验证明符合表 3-29 的抗冻性指标时，方可使用。

表 3-29　石料及混凝土材料抗冻性指标

结构物类别	大、中桥	小桥及涵洞
镶面或表层	50	25

注：抗冻性指标系指材料在含水饱和状态下经 -15℃ 的冻结与融化的循环次数。试验后的材料应无明显损伤（裂缝、脱层），其强度不低于试验前的 0.75 倍。

③ 片石。一般指用爆破或楔劈法开采的石块，厚度不应小于 150mm（卵形和薄片者不得采用）。用做镶面的片石，应选择表面较平整、尺寸较大者，并应稍加修整。

④ 块石。形状应大致方正，上下面大致平整，厚度200～300mm，宽度为厚度的1.0～1.5倍，长度为厚度的1.5～3.0倍（如有锋棱锐角，应敲除）。块石用作镶面时，应由外露面四周向内稍加修凿，后部可不修凿，但应略小于修凿部分。

⑤ 粗料石。由岩层或大块石料开劈并经粗略修凿而成，外形应方正，成六面体，厚度200～300mm，宽度为厚度的1～1.5倍，长度为厚度的2.5～4倍，表面凹陷深度不大于20mm。加工镶面粗料石时，丁石长度应比相邻顺石宽度至少大150mm，修凿面每100mm长须有錾路约4～5条，侧面修凿面应与外露面垂直，正面凹陷深度不应超过15.0mm，镶面粗料石的外露面如带细凿边缘时，细凿边缘的宽度应为30～50mm。

⑥ 拱石。可根据设计采用粗料石、块石或片石；拱石应立纹破料，岩层面应与拱轴垂直，各排拱石沿拱圈内弧的厚度应一致。用粗料石砌筑曲线半径较小的拱圈，辐射缝上下宽度相差超过30%时，宜将粗料石加工成楔形，其具体尺寸可根据设计及施工条件确定，但应符合下列规定。

a. 厚度t_1不应小于20mm，t_2按设计或施工放样确定。

b. 高度h应为最小厚度t_1的1.2～2.0倍。

c. 长度l应为最小厚度t_1的2.5～4.0倍。

⑦ 桥涵附属工程采用卵石代替片石时，其石质及规格须符合片石规定。

3）细石混凝土的技术要求。

① 细石混凝土的配合比设计、材料规格和质量检验标准，应符合施工技术规范的有关规定。

② 细石混凝土的粗骨料可采用细卵石或碎石，最大粒径不宜大于20mm。

③ 细石混凝土拌和物应具有良好的和易性，坍落度宜为50～70mm（片石砌体）或70～100mm（块石砌体）。为改善小石子混凝土拌和物的和易性，节约水泥，可通过试验，在拌和物中掺入一定数量的减水剂等外加剂或粉煤灰等混合材料。

2. 施工测量

（1）对业主所交付的小桥涵中线位置桩、三角网基点桩、水准点桩及其测量资料进行检查、核对，若发现桩距不足，有移动现象或测量精度不足，应按规定要求精度进行补测或重新核对并对各种控制进行必要的移设或加固。

（2）补充施工需要的桥涵中线桩、墩台位置桩、水准基点桩及必要的护桩。

（3）当地下有电缆、管道或构造物靠近开挖的桥涵基础位置时，应对这些构造物设置标桩。监理工程师应当检查承包商确定的桥涵位置是否符合设计位置，如发现有可疑之处应要求承包商提供测量资料，检查测量的精度，必要时可要求承包商复测。

3. 栏杆及护栏施工

（1）栏杆及护栏安装要求。

① 栏杆安装必须牢固，线齐直顺，整齐美观。

② 栏杆与扶手的接缝处的填缝料，必须饱满且平整，伸缩缝必须伸缩有效。

③ 栏杆扶手不得有断裂或弯曲。

④ 栏杆块件必须在人行道板铺设完备后方可进行安装。安装栏杆时，必须全桥对直、校平（弯桥、坡桥要求平顺）。

⑤ 预制栏杆须用M10砂浆固定在人行道或安全带预留的凹槽内。

⑥ 安装好的栏杆必须符合设计的线型和标高，或符合监理工程师的指示。

（2）栏杆及护栏施工要点

① 除非监理工程师另有批准，混凝土栏杆及护栏（防撞墙）应在该跨拱架及脚手架放松后才能浇筑。特别要注意使模板光顺并紧密装配，以保持其线条及外形，且在拆模时不致损伤混凝土。应按施工详图制作所有模板以及斜角条。在完成的工程中，所有角隅应准确、线条分明、加工光洁，且无裂缝、破裂或其他缺陷。

② 预制栏杆构件应在不漏浆的模板上浇筑。当混凝土硬化足够时，即从模板中取出预制构件，并养生10天。

③ 可以采用加湿、加温或快硬水泥或减水剂，以缩短养生期，其方法应经过监理工程师批准。

④ 存放及装卸预制构件时，应保证边缘及角隅完整合平整，在安放前或安放时任何碎裂、损坏、开裂的构件都应废弃，并从工程中移去。

⑤ 与预制栏杆柱相连接的现场浇筑栏杆帽及护栏帽，在浇筑并整修混凝土时，应防止栏杆及护栏被污染或变形。

4. 安全带和人行道施工

（1）悬臂式安全带和悬臂式人行道构件，必须与主梁横向连结或在拱上建筑完成后才可安装。

（2）安全带梁及人行道梁，必须安放在未凝固的M15稠水泥砂浆上，并以此来形成人行道顶面设计的横向排水坡。

（3）人行道板必须在人行道梁锚固后才可铺设，对设计无锚固的人行道梁、人行道板的铺设应按照由里向外的次序。

（4）在安装有锚固的人行道梁时，应对焊缝认真检查，并注意施工安全。

5. 园桥的质量验收

当桥梁某项目或全部完工后，要进行完工后的验收，以评价桥梁完工部分的整体质量。在本阶段，监理工作的主要内容有以下几个方面。

（1）工程需要验收时，承包人应按合同规定的要求组织竣工自检，写出自检报告。

（2）各项自检证明质量符合合同规定技术标准后，承包人填写竣工验收申请报告，连同自检报告一起提交给监理工程师。

（3）监理工程师接到上述报告后，应立即组织对已完工的项目进行初验，并对承包人的自检报告的各项检查结果进行复核抽查。重点审查以下几个方面。

① 审查隐蔽工程项目记录、签字是否齐全，是否合格。

② 审查工程的各分项工程每道工序的质量验收单是否齐全。

③ 审查各分项工程的混凝土质量试验报告是否合格。

④ 审查主要材料的质量检验单（或报告）是否合格。

⑤ 审查整体工程和各项工程的荷载试验报告是否合格。

（4）监理工程师初验完毕，填写初验意见书，并送达承包人，初验意见书应包括以下内容。

① 工程存在的质量问题和漏项工程。

② 缺少的或错误的验收资料。

③ 对上述问题的处理意见和时间限制。

④ 复验或正式竣工的日期。

经初验或复验合格，监理工程师签发中间交工证书及签认正式竣工日期，并向业主提出竣工报告。

（5）如果桥梁工程是单项的合同工程，则监理工程师除进行以上项目审查外，还应提请业主组织验收评估小组进行验收检验，然后根据评估小组的验收报告，决定是否签发该工程的竣工交接证书。

（6）工程需要分阶段或分部位正式验收时，应当在前一阶段或部位正式验收合格后，才可进行下一阶段施工。单位工程正式竣工验收合格后，方可办理移交手续。

（7）督促承包人及时整理图纸、资料，并妥善保管；同时做好监理自己的图纸、资料的整理和归档工作。为了永久保存和快速查阅，最好将图纸、资料制作成光盘存放。

三、广场工程

1. 施工准备

（1）材料准备。准备施工机具、基层和面层的铺装材料，以及施工中需要的其他材料；清理施工现场。

（2）场地放线。按照广场设计图所绘施工坐标方格网，将所有坐标点测设在场地上并打桩定点。然后以坐标桩点为准，根据广场设计图，在场地地面上放出场地的边线、主要地面设施的范围线和挖方区、填方区之间的零点线。

（3）地形复核。对照广场竖向设计图，复核场地地形。各坐标点、控制点的自然地坪标高数据，有缺漏的要在现场测量补上。

（4）广场场地平整。需要按设计要求对场地进行回填压实及平整，为保证广场基层稳定，对场地平整做以下处理：

① 清除并运走的场地杂草、转走现场的木方及竹笆等建筑材料。

② 用挖掘机将场地其他多余土方转运到西边场地，用推土机分层摊铺开来，每层厚度控制在30cm左右。然后采用2台15t压路机对摊铺的大面积场地进行碾压，局部采用人工打夯机夯实。压至场地土方无明显下沉或压路机无明显轮迹为止。按设计要求至少须三次分层摊铺和碾压。对经压路机碾压后低于设计标高及低洼的部位采用人工回填夯实。

③ 人工夯实填土时，夯前应初步平整，夯实时要按照一定方向进行，一夯压半夯，夯夯相接，行行相连，每遍纵横交叉，分层夯打。人工夯实部分采用蛙式夯机，夯打遍数不少于3遍，对周边等压路机碾压不到的部位应加夯几次。

④ 广场场地平整及碾压完成后，安排测量人员放出广场道路位置，根据设计图纸标高，使道路路基标高略高于设计要求，用15t振动压路机对道路再进行一次碾压。采用振动压路机碾压，碾压时横向接头的轮迹，重叠宽度为40～50cm，前后相邻两区段纵向重叠1～1.5m，碾压时做到无漏压、无死角并确保碾压均匀。碾压时，先压边缘，后压中间；先轻压，后重压。填土层在压实前应先整平，并应作2%～4%的横坡。当路堤铺筑到结构物附近的地方，或铺筑到无法采用压路机压实的地方，使用夯锤予以夯实。

⑤ 使道路路基达到设计要求的压实系数。并按设计要求做好压实试验。

⑥ 场地平整完成后，及时合理安排地下管网及碎石、块石垫层的施工，保证施工有序及各工种交叉作业。

2. 面层铺装

（1）卵石面层铺装。在基础层上浇筑后3～4天方可铺设面层。首先打好各控制桩。其次挑选好 3~5cm 的卵石要求质地好，色泽均匀，颗粒大小均匀。然后在基础层上铺设 1：2 水泥砂浆，厚度为 5cm，接着用卵石在水泥砂浆层嵌入，要求排列美观，面层均匀高低一致（可以一块 1m×1m 的平板盖在卵石上轻轻敲打，以便面层平整）。面层铺好一块（手臂距离长度）用抹布轻轻擦除多余部分的水泥砂浆。待面层干燥后，应注意浇水保养。

（2）草砖铺装。根据设计图纸要求，停车场的草坪铺装基础素土夯实和碎石垫层后，按园路铺装处理外，在铺好草坪保护垫（绿保）10mm 厚细砂后一定要用压路机碾压 3~4 次，并处理好弹簧土，在确保地基压实度的情况下才允许浇水铺草坪。

（3）花岗石铺装

① 垫层施工。将原有水泥方格砖地面拆除后，平整场地，用蛙式打夯机夯实，浇筑 150mm 厚素混凝土垫层。

② 基层处理。检查基层的平整度和标高是否符合设计要求，偏差较大的事先凿平，并将基层清扫干净。

③ 找水平、弹线。用 1：2.5 水泥砂浆找平，作水平灰饼，弹线、找中、找方。施工前一天洒水湿润基层。

④ 试拼、试排、编号。花岗石在铺设前对板材进行试拼、对色、编号整理。

⑤ 铺设。弹线后先铺几条石材作为基准，起标筋作用。铺设的花岗石事先洒水湿润，阴干后使用。在水泥焦碴垫层上均匀的刷一道素水泥浆，用 1：2.5 干硬性水泥砂浆做黏结层，厚度根据试铺高度决定黏结厚度。用铝合金尺找平，铺设板块时四周同时下落，用橡皮锤敲击平实，并注意找平、找直，如有锤击空声，需揭板重新增添砂浆，直至平实为止，最后揭板浇一层水灰比为 0.5 的素水泥浆，再放下板块，用锤轻轻敲击铺平。

⑥ 擦缝。待铺设的板材干硬后，用与板材同颜色的水泥浆填缝，表面用棉丝擦拭干净。

⑦ 养护、成品保护。擦拭完成后，面层铺盖一层塑料薄膜，减少砂浆在硬化过程中的水分蒸发，增强石板与砂浆的黏结牢度，保证地面的铺设质量。养护期为 3~5 天，养护期禁止上人上车，并在塑料薄膜上再覆盖硬纸垫，以保护成品。

3．广场铺设检验

广场铺装工程多采用碎拼大理石、混凝土板、水磨石板、水泥花砖、定形石块、嵌草地坪等。面层所用板块的品种、质量必须符合设计要求；面层和基础层的结合（黏结）必须牢固、无空鼓（脱胶）、单块板块料边角有局部空鼓，在抽查点总数不超过 5% 者，可不计。广场铺装工程的允许偏差和检验方法应符合表 3-30 规定。

表 3-30　广场铺装工程的允许偏差和检验方法

序号	项目	允许偏差										检验方法
		基层			碎拼大理石	水泥花砖	定形大理石	混凝土板块	卵石	嵌草地坪	定形石块	
		土	砂、碎石、石子	混凝土								
1	表面平整度	15	15	5	3	3	1	4	3	3		用 2m 靠尺和楔形塞尺检查
2	标高	+0 -50	±20	±10	—	—	—	—	—	—		用水准仪检查
3	缝格平直	—	—	—	—	3	2	3	—	3	3	拉 5m 线和尺量检查
4	按缝高低差	—	—	—	0.5	0.5	0.5	1.5	2	1.5	2	尺量和楔形塞尺检查
5	板块间隙	—	—	—	—	2	1	6	≥3	3	≥3	尺量和楔形塞尺检查

4. 广场铺设质量标准

园路与广场各层的质量要求及检查方法如下。

① 各层的坡度、厚度、标高和平整度等应符合设计规定。

② 各层的强度和密实度应符合设计要求，上下层结合应牢固。

③ 变形缝的宽度和位置、块材间缝隙的大小以及填缝的质量等应符合要求。

④ 不同类型面层的结合以及图案应正确。

⑤ 各层表面对水平面或对设计坡度的允许偏差，不应大于30mm。供排除液体用的带有坡度的面层应做泼水试验，以能排除液体为合格。

⑥ 块料面层相邻两块料间的高差，不应大于表3-31的规定。

表3-31　各种块料面层相邻两块料的高低允许偏差

序号	块料面层名称	
1	条石面层	2
2	普通黏土砖、缸砖和混凝土板面层	1.5
3	水磨石板、陶瓷地砖、陶瓷锦砖、水泥花砖和硬质纤维板面层	1
4	大理石、花岗石、拼花木板和塑料地板面层	0.5

⑦ 水泥混凝土、水泥砂浆、水磨石等整体面层和铺在水泥砂浆上的板块面层以及铺贴在沥青胶结材料或胶黏剂的拼花木板、塑料板、硬质纤维板面层与基层的结合应良好，应用敲击方法检查，不得空鼓。

⑧ 面层不应有裂纹、脱皮、麻面和起砂等现象。

⑨ 面层中块料行列（接缝）在5m长度内直线度的允许偏差不应大于表3-32的规定。

表3-32　各类面层块料行列（接缝）直线度的允许偏差

序号	面层名称	允许偏差/mm
1	缸砖、陶瓷锦砖、水磨石板、水泥花砖、塑料板和硬质纤维板	3
2	活动地板面层	2.5
3	大理石、花岗石面层	2
4	其他块料面层	8

⑩ 各层厚度对设计厚度的偏差，在个别地方偏差不得大于该层厚度的10%，在铺设时检查。

⑪ 各层的表面平整度，应用2m长的直尺检查，如为斜面，则应用水平尺和样尺检查。各层表面平面度的偏差，不应大于表3-33的规定。

表3-33　各层表面平整度的允许偏差

序号	层次	材料名称		允许偏差/mm
1	基土	土		15
2	垫层	砂、砂石、碎（卵）石、碎砖		15
		灰土、三合土、炉渣、水泥混凝土		10
		毛地板	拼花木板面层	3
			其他种类面层	5
		木搁栅		3
3	结合层	用沥青玛脂做结合层铺设拼花木板、板块和硬质纤维板面层		3
		用水泥砂浆做结合层铺设板块面层以及铺设隔离层、填充层		5
		用胶黏剂做结合层铺设拼花木板、塑料板和硬质纤维板面层		2

续表

序号	层次	材料名称	允许偏差/mm
4	面层	条石、块石	10
		水泥混凝土、水泥砂浆、沥青砂浆、沥青混凝土、水泥钢（铁）屑不发火（防爆的）、防油渗等面层	4
		缸砖、混凝土块面层	4
		整体的及预制的普通水磨石、碎拼大理石、水泥花砖和木板面层	3
		整体的及预制的高级水磨石面层	2
		陶瓷锦砖、陶瓷地砖、拼花木板、活动地板、塑料板、硬质纤维板等面层以及面层涂饰	1

第四章

园林工程施工现场资源管理

第一节　基础知识

一、园林工程施工现场资源构成

（1）人力资源。人力资源主要包括劳动力总量，各专业、各种级别的劳动力，操作工人、修理工以及不同层次和职能的管理人员。

国家和园林业用工制度处在不断改革之中，各施工企业也随之有了多种形式的用工，包括固定工、合同工、临时工和城建制的外地队伍，而且已经形成了弹性结构。在施工任务增大时，可以多用施工队；任务减少时，可以少用施工队，以避免窝工。既解决了劳动力招工难和不稳定的问题，又促进了劳动生产率的提高。

（2）资金。资金也是一种资源，资金的合理使用是施工顺序、有序进行的重要保证，这也是常说的"资金是项目的生命线"的原因。

（3）技术。技术的含义很广，指操作技能、劳动手段、劳动者素质、生产工艺、试验检验、管理程序和方法等。任何物质生产活动都是建立在一定的技术基础上的，也是在一定技术要求和技术标准的控制下进行的。随着生产的发展，技术水平也在不断提高，技术在生产中的地位和作用也就越来越重要。

（4）材料。材料主要包括原材料和设备、周转材料。在园林绿化中，各种材料占工程成本的50％以上，如果算上机械维修、燃料、工具及暂设工程用料等，材料费用的比例会更大，可见材料费在工程成本中所占的位置很重要。

（5）机械设备。工程项目的机械设备主要是指项目施工所需的施工设备、临时设施和必需的后勤供应。施工设备，如塔吊、混凝土拌和设备、运输设备。临时设施，如施工用仓库、宿舍、办公室、工棚、厕所、现场施工用供排系统（水电管网、道路等）。

二、 园林工程施工现场资源管理意义

1. 园林工程施工现场资源管理的目的

园林工程施工资源管理的目的，就是在保证园林工程施工质量和工期的前提下，节约活劳动和物化劳动，从而节约资源，达到降低园林工程成本的目的。园林工程施工资源管理应注意以下几个方面。

① 园林工程施工资源管理就是对资源进行优化配置，即适时、适量地按照一定比例配置资源，投入到施工生产中，以满足需要。使投入施工的各种资源在施工项目中搭配适当、协调，能够充分发挥作用，更有效地形成生产力。

② 在园林工程施工运行中，合理地、节约地使用资源，也是实现节约资源（资金、材料、设备、劳动力）的一种重要手段。

③ 在整个园林工程运行过程中，对资源进行动态管理。由于工程的实施过程是一个不断变化的过程，对资源的需求也会不断发生变化，因此资源的配置与组合也需要不断地调整以适应工程的需要，这就是一种动态的管理。它是优化组合与配置的手段与保证。基本内容应该是按照项目的内在规律，有效地计划、组织协调、控制各种生产资源，合理地流动，在动态中求得平衡。

2. 园林工程施工现场资源管理的现状

园林工程施工的全过程，大致可以分为五个阶段：第一阶段为投标、签约阶段；第二阶段为施工准备阶段；第三阶段为施工阶段；第四阶段为验收、交工与竣工结算阶段；第五阶段为用户服务阶段。也可以将其简要地划分为前期签约策划、中期施工全过程、后期竣工保养维修三个阶段。每一阶段的精心策划与运作对于整个施工工程都有着不同的意义。一个优质、高效的产品（也即建筑产品）的诞生离不开施工项目全过程的综合控制。

园林工程施工资源管理主要体现在第三阶段，即工程施工阶段，但其他阶段也有不同程度的涉及，比如投标阶段，在进行方案策划、编制施工组织设计时，就要考虑如何在该项工程中配置恰当的劳动力、设备，材料的初步选择、供应渠道、资金的筹措与投入回收计划等都离不开资源。但在目前，与工期、成本的计划和控制相比较，园林工程施工资源管理并没获得应有的重视。

3. 园林工程施工现场资源管理的重要性

资源作为工程实施的必不可少的前提条件，它们的费用一般占工程总费用的80％以上，如果资源不能保证，任何考虑得再周密的工期计划也不能实行。

在园林工程施工过程中，由于资源的配置组合不当往往会给工程造成很大的损失，例如由于供应不及时造成工程活动不能正常进行，整个工程停工或不能及时开工，不仅浪费时间，还会造成窝工，增加施工成本。此外，还由于不能经济地使用资源或不能获取更为廉价的资源，也将造成成本的增加。由于未能采购符合规定的材料，使材料或工程报废，或采购超量、采购过早造成浪费、造成仓库费用增加等。因此，加强工程资源管理在现代园林工程施工管理中具有非常重要的意义。

三、 园林工程施工现场资源管理基本原则

为使园林工程项目资源管理更有效地进行，综合信息、人力资源、物资和设备等管理的要求，必须遵守如下一些基本原则。

1. 统一性原则

如建立园林工程项目管理信息系统应以统一规范、统一口径、统一计量标准、统一时间要求来管理各种信息，这样在处理信息时，才能实现工程项目管理信息系统的一体化，从而便于共同进行对原始数据的采集，便于系统内部各部门之间的联系和信息交流。

2. 合理性原则

对于复杂的园林工程项目建设活动，各种管理活动在保证达到既定目标的前提下，要求建立的管理系统结构简单，处理过程尽可能缩短，费用上使用合理，达到园林工程质量、进度和成本相互协调的管理要求。

3. 效率性原则

要求建立的园林工程项目资源管理能满足工程施工正常的运转机能，能随着工程项目的进展，对内外部的各种制约因素和变动状态作出最灵活的信息反馈。具有较强的适用功能，不会发生停工或出现瘫痪现象，高效管理的能力是管理现代园林工程最迫切需要的。

四、 园林工程施工现场资源管理内容

园林工程施工资源管理的内容包括人力资源管理、资金管理、技术管理、材料管理、机械设备管理。

1. 人力资源管理

人力资源管理在整个园林工程项目资源管理中占有很重要的地位，从经济的角度看，人是生产力要素中的决定因素。在社会生产过程中，处于主导地位，因此我们在这里所指的人力资源应当是广义的人力资源，它包括管理层和操作层。只有加强了这两方面的管理，把它们的积极性充分调动起来，才能很好地去掌握手中的材料、设备、资金，把园林工程做得尽善尽美。

人力资源管理的内容主要包括以下几方面。

① 人力资源的招收、培训、录用和调配（对于劳务单位）；劳务单位和专业单位的选择和招标（对于总承包单位）。

② 科学合理地组织劳动力，节约使用劳动力。

③ 制订、实施、完善、稳定劳动定额和定员。

④ 改善劳动条件，保证职工在生产中的安全与健康。

⑤ 加强劳动纪律，开展劳动竞赛，提高劳动生产效率。

⑥ 对劳动者进行考核，以便对其进行奖惩。

2. 资金管理

和其他任何行业一样，园林施工企业在运作过程中也离不开资金。人们常常把资金比作为企业的血液，这是十分恰当的。抓好资金管理，把有限的资金运用到关键的地方，加快资金的流动，促进施工，降低成本，因此资金管理具有十分重要的意义。

由于资金运动存在着客观的资金运动规律，且不以人们的意志为转移，因此只有掌握和认识资金运动规律，合理组织资金运动，才能加速物质运动，提高经济效益，达到更好的管理效果。

3. 技术管理

技术管理是项目经理对所承包工程的各项技术活动和施工技术的各项内容进行计划、组织、指挥、协调和控制的总称，总而言之就是对园林工程项目进行科学管理。

园林工程施工是一种复杂的多工种操作的综合过程，其技术管理所包括的内容也较多，

主要内容如下。

（1）技术准备阶段。"三结合"设计，图纸的熟悉审查及会审，设计交底，编制施工组织设计及技术交底。

（2）技术开发活动。科学研究、技术改造、技术革新、新技术试验以及技术培训等。此外、还有技术装备、技术情报、技术文件、技术资料、技术档案、技术标准和技术责任制等，这些也属于园林工程施工技术管理的范畴。

4. 材料管理

材料管理就是对园林施工生产过程中所需要的各种材料的计划、订购、运输、储备、发放和使用所进行的一系列组织与管理工作。做好这些物资管理工作，有利于企业合理使用和节约材料，加速资金周转，降低工程成本，增加企业的盈利，保证并提高园林工程产品质量。对园林工程项目材料的管理，主要是指在材料计划的基础上，对材料的采购、供应、保管和使用进行组织和管理，其具体内容包括材料定额的制订管理、材料计划的编制、材料的库存管理、材料的订货采购、材料的组织运输、材料的仓库管理、材料的现场管理、材料的成本管理等方面。

5. 机械设备管理

机械设备管理的内容，主要包括机械设备的合理装备、选择、使用、维护和修理等。对机械设备的合理装备应以"技术上先进、经济上合理、生产上适用"为原则，既要保证施工的需要，又要使每台机械设备能发挥最大效率，以获得更高的经济效益。选择机械设备时，应进行技术和经济条件的对比和分析，以确保选择的合理性。

园林项目施工过程中，应当正确、合理地使用机械设备，保持其良好的工作性能，减轻机械磨损，延长机械使用寿命，如机械设备出现磨损或损坏，应及时修理。此外，还应注意机械设备的保养和更新。

五、 园林工程施工现场资源管理计划

施工资源管理计划是对园林工程施工资源管理的规划或安排，一般涉及决定选用什么样的资源，将多少资源用于项目的每一项工作的执行过程中（即资源的分配）以及将项目实施所需资源按正确的时间、正确的数量供应到正确的地点，并尽可能地降低资源成本的消耗，如采购费用、仓库保管费用等。

1. 园林工程施工资源管理计划编制的依据

（1）项目目标分析。通过对园林工程项目目标的分析，把项目的总体目标分解为各个具体的子目标，以便于了解项目所需资源的总体情况。

（2）工作分解结构。工作分解结构确定了完成园林项目目标所必须进行的各项具体活动，根据工作分解结构的结果可以估算出完成各项活动所需资源的数量、质量和具体要求等信息。

（3）项目进度计划。项目进度计划提供了园林项目的各项活动何时需要相应的资源以及占用这些资源的时间，据此，可以合理地配置项目所需的资源。

（4）制约因素。在进行资源计划时，应充分考虑各类制约因素，如园林项目的组织结构、资源供应条件等。

（5）历史资料。资源计划可以借鉴类似项目的成功经验，以便于园林工程项目资源计划的顺利完成，既可节约时间又可降低风险。

2. 园林工程施工资源管理计划的基本要求

（1）资源管理计划应包括建立资源管理制度，编制资源使用计划、供应计划和处置计划，规定控制程序和责任体系。

（2）资源管理计划应依据资源供应条件、现场条件和园林工程项目管理实施规划编制。

（3）资源管理计划必须纳入到进度管理中，由于资源作为网络的限制条件，在安排逻辑关系和各工程活动时就要考虑到资源的限制和资源的供应过程对工期的影响。通常在工期计划前，人们已假设可用资源的投入量。因此，如果网络编制时不顾及资源供应条件的限制，则网络计划是不可执行的。

（4）资源管理计划必须纳入到园林工程项目成本管理中，以作为降低成本的重要措施。

（5）在制订实施方案以及技术管理和质量控制中必须包括资源管理的内容。

3. 园林工程施工资源管理计划编制的过程

资源管理计划作为园林施工组织设计的一项重要内容，应纳入园林工程项目的整体计划和组织系统中。通常，园林工程项目资源计划的编制应包括如下过程。

（1）确定资源的种类、质量和用量。根据园林工程技术设计和施工方案，初步确定资源的种类、质量和需用量，然后再逐步汇总，最终得到整个项目各种资源的总用量表。

（2）调查市场上资源的供应情况。在确定资源的种类、质量和用量后，即可着手调查市场上这些资源的供应情况。其调查内容主要包括各种资源的单价，据此进而确定各种资源所需的费用；调查如何得到这些资源，从何处得到这些资源，这些资源供应商的供应能力怎样、供应的质量如何、供应的稳定性及其可能的变化；对各种资源供应状况进行对比分析等。

（3）资源的使用情况。主要是确定各种资源使用的约束条件，包括总量限制、单位时间用量限制、供应条件和过程的限制等。对于某些外国进口的材料或设备，在使用时还应考虑资源的安全性、可用性、对周围环境的影响、国家的法规和政策以及国际关系等因素。在安排网络时，不仅要在网络分析和优化时加以考虑，在具体安排时更需注意，这些约束性条件多是由园林工程项目的环境条件，或企业的资源总量和资源的分配政策决定的。

（4）确定资源使用计划。通常是在进度计划的基础上确定资源的使用计划的，即确定资源投入量-时间关系直方图，确定各资源的使用时间和地点。在做此计划时，可假设它在活动时间上平均分配，从而得到单位时间的投入量（强度）。进度计划的制订和资源计划的制订，往往需要结合在一起共同考虑。

（5）确定具体资源供应方案。在编制资源计划中，应明确各种资源的供应方案、供应环节及具体时间安排等，如人力资源的招雇、培训、调遣、解聘计划，材料的采购、运输、仓储、生产、加工计划等。如把这些供应活动组成供应网络，应与工期网络计划相互对应，协调一致。

（6）确定后勤保障体系。在资源计划管理中，应根据资源使用计划确定项目的后勤保障体系，如确定园林施工现场的水电管网的位置及其布置情况，确定材料仓储位置、项目办公室、职工宿舍、工棚、运输汽车的数量及平面布置等。这些虽不能直接作用于生产，但对园林项目的施工具有不可忽视的作用，在资源计划中必须予以考虑。

4. 园林工程施工资源管理计划的内容

（1）资源管理制度。包括人力资源管理制度、材料管理制度、机械设备管理制度、技术管理制度、资金管理制度。

（2）资源使用计划。包括人力资源使用计划、材料使用计划、机械设备使用计划、技术计划、资金使用计划。

（3）资源供应计划。包括人力资源供应计划、材料供应计划、机械设备供应计划、资金供应计划。

（4）资源处置计划。包括人力资源处置计划、材料处置计划、机械设备处置计划、技术处置计划、资金处置计划。

六、 园林工程施工现场资源管理考核

资源管理考核应通过对资源投入、使用、调整以及计划与实际的对比分析，找出管理中存在的问题，并对其进行评价的管理活动。通过考核能及时反馈信息，提高资金使用价值，持续改进。

1. 资源管理考核分类

资源管理考核可分为人力资源管理考核、资金管理考核、项目技术管理考核、材料管理考核、机械设备管理考核 5 类。

（1）人力资源管理考核是以劳务分包合同等为依据，对人力资源管理方法、组织规划、制度建设、团队建设、使用效率和成本管理等进行的分析和评价。

（2）资金管理考核是对资金分析工作，计划收支与实际收支对比，找出差异，分析原因，改进资金管理的。在园林工程项目竣工后，应结合成本核算与分析工作进行资金收支情况和经济效益分析，并上报企业财务主管部门备案。组织应根据资金管理效果对有关部门或项目经理部进行奖惩。

（3）项目技术管理考核是对技术管理工作计划的执行、施工方案的实施、技术措施的实施、技术问题的处置，技术资料收集、整理和归档以及技术开发、新技术和新工艺应用等情况进行的分析和评价。

（4）材料管理考核工作是对材料计划、使用、回收以及相关制度进行的效果评价。材料管理考核应坚持计划管理、跟踪检查、总量控制、节超奖罚的原则。

（5）机械设备管理考核是对项目机械设备的配置、使用、维护以及技术安全措施、设备使用效率和使用成本等进行分析和评价。

2. 资源管理考核办法

为加强对项目资源的标准化管理，落实各项工作责任制，充分调动员工的积极性，确保劳动力、材料、机械设备、项目技术和资金管理工作的顺利进行，应参照国家相关法规、标准、规范等，结合项目的具体情况，制订相应的考核办法。

① 根据每个人的工作责任和完成工作责任的标准制订考核办法，设置相应的分值，并绘制"考核评分表"。

② 各分项考核评分表中，满分为 100 分。表中各考核项目得分应为按规定考核内容所得分数之和；每张表总得分应为各自表内各考核项目实得分数之和。

③ 考核评分不得采用负值。各考核项目所扣分数总和不得超过该项得分数。

④ 在考核评分中，有一项不得分或不足 75 分时，此检查评分表不应得分。

⑤ 汇总表满分为 100 分。汇总表总得分应为表中各分项项目实得分数之和。

⑥ 考核评分，应以汇总表的总得分及各分项分达标与否，作为对一个员工工作情况的评价依据。各分项分达标分为优、良、合格三个等级，分别为 75 分，90 分，100 分。考核

项得分为 75 分或 100 分时都必须在备注中说明。

　　⑦ 考核由值班经理主持，每周考核一次，月末由项目经理考核。

　　3. 资源管理考核内容

　　资源管理主要是对人力资源、项目资金、项目技术、材料和机械设备的管理，其考核的内容也应针对这些资源进行。由于人是生产力中最活跃的因素，人在掌握一定的生产技术后，可以运用劳动手段（机械、设备、工具和仪器）直接作用于劳动对象（材料），从而形成生产力，因此人在生产中具有非常重要的作用，因此，人力资源的考核是园林工程项目资源管理考核的核心内容。

　　4. 资源管理考核中应注意的问题

　　① 考核必须以书面资料、数据为准，考核人与被考核人面对面对数据、资料进行考核。对考核中存在的问题，考核人必须当面提出，并提出改进措施，不得在被考核人背后扣分或不写扣分原因，也不得在被考核人背后写改进意见。

　　② 扣分的原因只能是工作责任未完成或完成的责任不标准。

　　③ 考核内容是每个人的工作责任和完成工作责任的标准。实践中，经常以每个人的工作责任合同为准，如技术经理工作责任合同就是对其进行考核的内容。

　　④ 考核内容必须逐条核实，考核后的资料装订在考核表背面作为年底总结材料，有的资料不便装订，但必须注明资料名称、编号以便于查证。

　　⑤ 每个人的考核表逐月累计保存，考核表应保存在项目经理办公室档案柜中，以备上级查证考核，不得丢失。

第二节　园林工程施工现场人力资源管理

一、影响人力资源管理水平提高的因素

　　现场管理水平的高低不能通过施工工具、材料等劳动条件来反映，只有通过园林产品的工期、质量及施工企业的经济效益来反映，而这些因素都取决于劳动者的工作状况、素质的高低、劳动力组织的合理性，即劳动力管理水平。因此可以说，人力资源管理水平是反映现场管理水平的重要标志。人力资源管理水平的提高受到下面几项因素的影响。

　　1. 计划的科学性

　　科学的劳动力管理计划，是提高劳动力管理水平的重要保证。在确定现场施工人员数量时，应根据园林业和工程项目自身的客观规律，按照企业的施工定额，有计划地安排和组织，要求达到数量适宜、结构合理、素质匹配。

　　2. 组织的严密性

　　施工前，应确定施工现场的各种管理组织（单位），目标应明确，机构应简洁，各部门的任务应饱满，职权、职责分工要明确；职工与管理人员要相互合作，按制度办事，使施工顺利进行；全体职工都明确自己的工作内容，方法和程序，并能奋发进取，努力完成。各组织的领导不仅要精明干练，能制订良好的工作计划，还要有很强的执行能力。

　　3. 劳动者培训的计划性和针对性

　　施工现场劳动力水平的高低，归根到底取决于劳动者素质的高低。而提高劳动者的素质最有效的途径就是进行专业技能培训。我国施工人员教育水平比较落后，要想尽快提高施工

水平，必须在保证施工正常进行的前提下，根据现场实际需要，对劳动者进行有目的、有计划的培训，争取做到需什么，学什么，缺什么，补什么，不能重复培训、交叉培训和学非所用。

此外，对管理人员也应进行必要的、有针对性的培训，以便其管理水平得到提高，促进施工的顺利进行。

4. 指挥与控制的有效性

施工现场就像一个大舞台，有的唱主角，有的唱配角；有的先出场，有的后出场。这就需要统一进行调度与指挥，并及时控制，以保证整个施工现场协调一致，顺利地完成施工任务。

5. 劳动者的满足程度

在工程项目施工中，劳动者不仅需要付出劳动，还需要强调自身的满足，包括物质满足和精神满足。劳动者的满足程度，对调动劳动者的积极性和提高劳动力管理水平具有重要意义。现场劳动力管理只有认真考虑劳动者的需要，并尽量加以满足，才能使劳动者始终保持良好工作状态。

二、 园林工程施工现场人力资源管理实施

现场人力资源管理是现场有关劳动力和劳动活动的计划与决策、组织与指挥、控制与协调、教育与激励等项工作的总和。

1. 人力资源管理的现状

我国施工现场人力资源管理由于起步较晚，影响因素较多，发展较为缓慢。从总体上看是属于经验型的，受传统管理方式支配，且技术等级管理较为薄弱，近年来更有下降的趋势。目前，园林存在的问题主要有以下几方面。

① 园林工人大多是由农民直接转换而来的，没有受过专业的职业和技术教育，职工技术素质和文化程度普遍较低；管理人员也大多没有经过专门的教育和科学管理知识的培训。

② 劳动力组成的稳定性较差，相互配合脱节严重，劳动效益低，浪费大。

③ 劳动型园林企业的职工培训工作薄弱，针对性不强，不能适应大中型企业总承包的需要。

2. 施工现场劳动过程管理

（1）建立各项劳动力管理制度。目前，园林工程项目施工是在劳动者集体协作下进行的，一方面是各种工种的联合施工，在时间上具有继起性，在空间上为立体交叉，需要统一的意志和行动来保证；另一方面每种工种都有特定的操作规程和质量标准，这就要求每一工人的操作必须规范化、程序化，因此没有一定的劳动纪律和规章制度作保证，施工是无法进行的。为保证园林工程施工的顺利进行，必须加强劳动纪律，健全和完善各项规章制度，此外，还应建立考勤及工作质量完成情况的奖罚制度。

（2）制订并考核施工任务单。施工任务单是现场向施工班组或工人下达的劳动量消耗任务书，是现场劳动力管理的重要依据，也是贯彻按劳分配，调动职工劳动积极性的重要手段，所以掌握并运用施工任务单具有重要意义。

① 施工任务单的制订。通常，施工任务单是由专人负责的施工任务单制订小组制订的。在制订前，应展开深入的调查研究，广泛收集资料，充分发扬民主，使任务单的制订既反映

国家定额标准，又反映企业劳动的实际水平。

施工任务单的形式，一般以分项工程或专业承包队为对象，也可以以职工个人为对象。其工期以半个月至一个月为宜，太长了容易与进度计划脱节，太短了又增加了工作量。

② 施工任务单的下达与回收。任务单的下达、回收都要及时，以便抓紧进行核算、分析、总结，准确反映劳动消耗的实际情况，适时加以调整，使现场劳动量的运动处于有效的控制之中。下达任务单时，要与施工组织设计的进度计划协调一致，以便于劳动生产率的提高。

③ 施工任务单的保存。施工任务单是现场劳动核算的文件，按劳分配的重要依据，也是非常重要的原始记录资料，其园林工程项目应尽量齐全，数据应当准确，以便估工、考核、统计取量和结算之用。

（3）对园林工程施工质量的控制。人是直接参与施工的组织者、指挥者和操作者，作为控制的对象，就是要避免产生失误；作为控制的动力，就是要充分调动人的积极性、发挥人的主导作用。

① 加强对劳动者政治思想教育、劳动纪律教育、职业道德教育和专业技术培训，健全岗位责任制，改善劳动条件，公平合理地激励劳动热情。

② 根据园林工程特点，从确保质量出发，从人的技术水平、人的生理缺陷、人的心理行为、人的错误行为等方面来控制人的使用。

③ 对技术复杂、难度大、精度高的工序或操作，应由技术熟练、经验丰富的工人来完成；反应迟钝、应变能力差的人，不能操作快速运行、动作复杂的机械设备。

④ 对某些要求万无一失的工序和操作，一定要分析人的心理行为，控制人的思想活动，稳定人的情绪。

⑤ 对具有危险源的现场作业，应控制人的错误行为，严禁吸烟、打赌、嬉戏、误判断、误动作等。

⑥ 严格禁止无技术资质的人员上岗操作；对不懂装懂、图省事、碰运气、有意违章的行为，必须及时制止。总之，在使用人的问题上，应从政治素质、思想素质、业务素质和身体素质等方面综合考虑，全面控制。

（4）开展劳动竞赛。劳动竞赛是提前完成或超额完成施工任务的有效措施，在园林工程现场施工中必须认真组织实施。

在组织开展劳动竞赛前，应明确公布竞赛的内容、范围、目的、考核条件和标准，使职工人人心中有数。制订的竞赛指标要如实反映现场劳动者的实际情况及工人的素质，使大家能够承受。此外，还须做好竞赛的各级组织的落实工作，防止形式主义，走过场，从而挫伤职工的劳动积极性。

（5）做好劳动保护和安全卫生工作。由于园林工程自身的特点，施工现场劳动保护及卫生工作较其他行业复杂，且不安全、不卫生的因素比较多，因此为保证劳动者在生产过程中的安全和健康，应做到以下几方面。

① 建立劳动保护和安全卫生责任制，使劳动保护和安全卫生有人抓、有人管、有责任、有奖罚。

② 采取各种技术措施和组织措施，不断改善职工的作业条件和生活条件，清除生产中的不安全因素，预防工伤事故的发生，保证劳动者安全生产。

③ 对进入现场人员进行教育，宣传劳动保护及安全卫生工作的重要性，增强职工自我

防范意识。

④ 实行劳逸结合，科学合理地安排工作时间和休息时间，减轻劳动强度，实行文明施工。

⑤ 加强劳动卫生管理，防止和控制职业中毒或职业病，保障劳动者的身体健康，并努力落实劳动保护及安全卫生的具体措施及专项奖金。

⑥ 定期进行全面的专项检查，并认真总结和交流。

三、　园林工程人力资源配置计划

1. 人力资源配置计划编制的内容

① 研究制订合理的工作制度与运营班次，根据类型和生产过程特点，提出工作时间、工作制度和工作班次方案。

② 研究员工配置数量，根据精简、高效的原则和劳动定额，提出配备各岗位所需人员的数量，技术改造项目，优化人员配置。

③ 研究确定各类人员应具备的劳动技能和文化素质。

④ 研究测算职工工资和福利费用。

⑤ 研究测算劳动生产率。

⑥ 研究提出员工选聘方案，特别是高层次管理人员和技术人员的来源和选聘方案。

2. 人力资源配置计划编制的依据

（1）人力资源配备计划。人力资源配备计划阐述人力资源在何时、以何种方式加入和离开项目小组。人员计划可能是正式的，也可能是非正式的，可能是十分详细的，也可能是框架概括型的。

（2）资源库说明。可供项目使用的人力资源情况。

（3）制约因素。外部获取时的招聘惯例、招聘原则和程序。

3. 劳动生产率

劳动生产率是指劳动者在生产中的产出与创造这一产出的投入时间之比。一般用单位时间内生产某种合格产品的数量或产值来表示，亦可用生产单位合格产品所消耗的劳动时间表示。

（1）影响劳动生产率的因素。影响劳动生产率的因素有两种，即内部因素和外部因素。一般来说，外部因素是一个企业所无法控制的，如立法、税收、各种相关政策等，这些外部因素对不同的建筑施工企业来说，其影响程度基本相同，不在我们的研究范围之内。

在制订劳动生产率计划时，对那些可以控制的内部因素，应加以充分考虑。影响劳动生产率的内部因素主要如下。

① 劳动者水平，包括经营者的管理水平，操作者的技术水平，劳动者的觉悟水平即劳动态度等。

② 企业的技术装备程度，如机械化施工水平，设备效率和利用程度等。

③ 劳动组织科学化、标准化、规范化程度。

④ 劳动的自然条件。

⑤ 企业的生产经营状况。

（2）提高劳动生产率的途径。劳动生产率的提高，就是要劳动者更合理更有效率地工作，尽可能少地消耗资源，尽可能多地提供产品和服务。

提高劳动生产率最根本的是使劳动者具有高智慧、高技术、高技能。真正的劳动生产率提高，不是靠拼体力，增加劳动强度，这是由于人类自身条件的限制，这样做只能导致生产率的有限增长。而提高劳动生产率，主要途径有以下几条。

① 提高全体员工的业务技术水平和文化知识水平，充分开发职工的能力。

② 加强思想政治工作，提高职工的道德水准，搞好企业文化建设，增加企业凝聚力。

③ 提高生产技术和装备水平，采用先进施工工艺和操作方法，提高施工机械化水平。

④ 不断改进生产劳动组织，实行先进合理的定员和劳动定额。

⑤ 改善劳动条件，加强劳动纪律。

⑥ 有效地使用激励机制。

四、 项目经理

1. 项目经理的作用

项目经理在园林施工企业中的中心地位，决定了他对企业的盛衰具有关键作用。园林工程项目经理在企业中的作用主要表面在以下几个方面。

（1）确定企业发展方向与目标，并组织实施。

（2）建立精干高效的经营管理机构，并适应形势与环境的变化及时作出调整。

（3）制订科学的企业管理制度并严格执行。

（4）合理配置资源，将企业资金同其他生产要素有效地结合起来，使各种资源都充分发挥作用，创造更多利润。

（5）协调各方面的利害关系，包括投资者、劳动者和社会各方面的利益关系，使各得其所，调动各方面的积极性，实现企业总体目标。

（6）造就人才，培训职工，公平合理地选拔人才、使用人才，使各尽所能，心情舒畅地为企业做贡献。

（7）不断创新，采取多种措施鼓励和支持不断更新企业的机构、技术、管理和产品（服务），使企业永葆青春。

2. 项目经理的职责

（1）贯彻执行国家和园林工程所在地政府的有关法律、法规和政策，执行企业的各项管理制度。

（2）严格财经制度，加强财经管理，正确处理国家、企业与个人的利益关系。

（3）执行园林工程项目承包合同中由项目经理负责履行的各项条款。

（4）对园林工程项目施工进行有效控制，执行有关技术规范和标准，积极推广应用新技术，确保工程质量和工期，实现安全、文明生产，努力提高经济效益。

各施工承包企业都应制定本企业的项目经理管理办法，规定项目经理的职责，对上述四大职责制定实施细则。

3. 项目经理的权限

（1）用人决策权。决定园林工程项目管理机构班子的设置，选择、聘任有关人员，对班子内成员的任职情况进行考核监督，决定奖惩、辞退。当然，项目经理的用人权应以不违背企业的人事制度为前提。

（2）财务决策权。在财务制度允许的范围内，根据园林工程需要和计划的安排，作出投资动用、流动资金周转、固定资产购置、使用、大修和计提折旧的决策，对园林工程项目管理班子内的计酬方式、分配方法、分配方案等作出决策。

（3）进度计划控制权。根据园林工程项目进度总目标和阶段性目标的要求，对园林工程项目建设的进度进行检查、调整，并在资源上进行调配，从而对进度计划进行有效的控制。

（4）技术质量决策权。批准重大技术方案和重大技术措施，必要时召开技术方案论证会，把好技术决策关和质量关，防止技术上的决策失误，主持处理重大质量事故。

（5）设备、物资采购决策权。对采购方案、目标、到货要求乃至对供货单位的选择、项目库存策略等进行决策，对由此而引起的重大支付问题作出决策。

4. 项目经理的基本素质

（1）政治素质。项目经理是园林工程施工企业的重要管理者，应具备较高的政治素质。必须具有思想觉悟高、政策观念强的道德品质，在园林施工项目管理中能认真执行党和国家的方针、政策，遵守国家的法律和地方法规，执行上级主管部门的有关决定，自觉维护国家的利益，保护国家财产，正确处理国家、企业和职工三者的利益关系。

（2）领导素质。项目经理是一名领导者，应具有较高的组织领导工作能力，应满足下列要求。

① 博学多识，通情达理。即具有现代管理、科学技术、心理学等基础知识，见多识广，眼界开阔，通人情，达事理。

② 多谋善断，灵活机变。即具有独立解决问题和与外界洽谈业务的能力，点子多，办法多，善于选择最佳的主意和办法，能当机立断地去实行。当情况发生变化时，能够随机应变地追踪决策，见机处理。

③ 知人善任，善与人同。即要知人所长，知人所短，用其所长，避其所短，尊贤爱才，大公无私，不任人唯亲，不任人唯资，不任人为顺，不任人唯全。宽容大度，有容人之量。善于与人求同存异，与大家同心同德。与下属共享荣誉与利益，劳苦在先，享受在后，关心别人胜过关心自己。

④ 公道正直，以身作则。即要求下属的，自己首先做到，定下的制度、纪律，自己首先遵守。

⑤ 铁面无私，赏罚严明。即对被领导者赏功罚过，不讲情面，以此建立管理权威，提高管理效率。赏要从严，罚要谨慎。

⑥ 在哲学素养方面，项目经理必须有讲求效率的"时间观"，有取得人际关系主动权的"思维观"，有处理问题注意目标和方向、构成因素、相互关系的"系统观"。

（3）知识素质。施工项目经理应具有大、中专以上相应学历和文凭，懂得园林工程施工技术知识、经营管理知识和法律知识，了解园林项目管理的基本知识，懂得园林工程项目管理的规律。具有较强的决策能力、组织能力、指挥能力、应变能力。能够带领经理班子成员，团结广大群众一道工作。项目经理不能是一个只知个人苦干，成天忙忙碌碌，只干不管的具体办事人员，而应该是个善运筹的"帅才"。同时，还应在建设部认定的项目经理培训单位进行过专门的学习，并取得培训合格证书。

（4）实践经验。每个项目经理，必须具有一定的园林工程施工实践经历和按规定经过一段实际锻炼。只有具备了实践经验，项目经理才会知道如何处理各种可能遇到的实际问题。

（5）身体素质。由于施工项目经理不但要担当繁重的工作，而且工作条件和生活条件都因现场性强而相当艰苦，因此，项目经理必须年富力强，具有健康的身体，以便保持充沛的精力和旺盛的斗志。

五、 劳动定额

劳动定额是指在正常生产条件下，在充分发挥工人生产积极性的基础上，为完成一定产品或一定产值所规定的必要劳动消耗量的标准。

1. 确定劳动定额水平的基本原则

确定劳动定额水平的基本原则就是贯彻先进、合理的原则。只有先进、合理的劳动定额水平，才能反映科学技术进步及吸收、推广先进经验和生产组织措施的改善，以发挥其鼓励先进、激发中间、督促后进的作用。

所谓"先进"，就是确定劳动定额水平必须反映采用先进的生产技术、施工工艺和操作方法、先进的设备及具备先进的管理水平等；所谓"合理"，就是从企业当前的实际出发，考虑现有的各种客观因素的影响，使劳动定额建立在现实可行和可靠的基础之上。

2. 劳动定额的工时消耗分析

劳动定额是在一定时间和一定物质条件下，管理水平、生产技术和职工觉悟程度的综合反映。要制订正确的劳动定额，首先应正确地分析工人的工时消耗构成，掌握工人劳动时间消耗的客观规律。

工时消耗分析是按照一定的原则对工人劳动时间的必要消耗和非必要消耗进行科学的区别和归类，其目的是在总结先进经验的基础上，消除工时浪费，引导工人尽可能将工时用在有效劳动上。这种分析方法为制订先进的劳动定额提供了依据，其时间消耗的组成如图 4-1 所示。

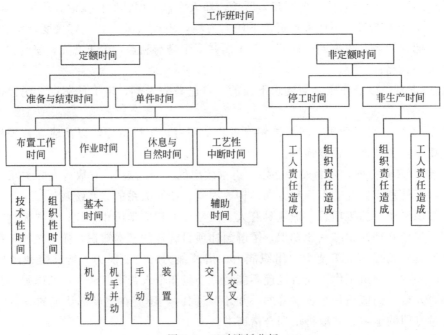

图 4-1　工时消耗分析

从劳动定额角度来观察，一个工作日的全部工时消耗包括定额时间与非定额时间。非定额时间是非必要的时间消耗，不能计入劳动定额内；而定额时间则是工人完成规定生产任务的必要时间消耗，其中包括单件时间和准备与结束时间。

① 单件时间为工人完成单位产品的必要时间消耗，包括作业时间、布置工作时间、休

息及自然需要时间及工艺性中断时间等。

②准备与结束时间。指为完成一批产品或任务，事先进行准备和事后结束工作所消耗的时间，如工作开始前及结束后更换工作服、领还工具、步入及离开工作面等所需的时间。

3. 劳动定额的制订

制订劳动定额，首先要建立制订定额的专门组织机构，然后确定工作内容，可从日常大量的施工操作中进行合理的分类，明确每一定额项目的工作范围、施工方法、技术和操作工艺，并确定工作条件；接着可从收集来的本单位及行业定额水平的资料，结合生产工艺，操作方法及技术条件，初步制订企业现场劳动定额。

为确保劳动定额的先进合理，可进行大量的、广泛的试验，并进行分析综合，最终确定现场使用的劳动定额。

劳动定额的制订方法，一般有以下 4 种。

（1）经验估工法。由老工人、技术人员和定额员，根据自己的经验，结合分析图纸、工艺规程和产品实物，以及考虑所使用的设备工具、原材料及其他生产条件，估算制订劳动定额的方法。这种方法简便迅速，通常适用于一次性或临时性施工任务或小批量生产，其缺点是容易受估工人员的水平和经验局限的影响，定额的准确性较差。

（2）统计分析法。根据过去生产同类产品或类似产品的工时消耗统计历史资料，经整理分析，并结合当前的生产技术组织条件的状况来制订定额的方法。它适用于大批量、重复性生产的产量定额的制订，其优点是简单易行，工作量不大，在生产稳定统计资料正确、全面的情况下，其精度较高。

（3）技术测定法。通过实地观察、计算来制订劳动定额的办法。此方法由于有充分的测量和统计资料作依据，且是在总结先进经验、挖掘生产潜力的基础上，来确定合理的生产条件和工艺操作方法的，所以该方法能反映先进的操作技术，消除薄弱环节和浪费现象，比较科学，准确性较高，易于掌握，但是工作量大、较费时间、周期也长。

（4）类推比较法。以同类型工序、同类型产品的定额水平或技术测定的实耗工时为标准，经过分析比较，类推出同一组定额中相似项目的定额的方法。其做法，通常是按照一定的标准，在同类型的施工分项工程和工序中，选出有代表性的分项工程或工序，制订出典型定额，以此类推其他分项工程或工序的劳动定额。这种方法的优点是工作量小、制订迅速、使用方便。但对类推比较的条件的选择要适当，分析要细致，要提高原始记录的质量。

4. 劳动定额完成分析

劳动定额完成分析就是对各种定额统计资料进行分析，进而揭示出完成定额过程中的矛盾和问题，从而为改进定额管理和修订定额提供决策依据。

定额完成分析的主要任务是：考察定额完成水平；分析超额完成定额的经验和方法，分析没有完成定额的原因；验证定额水平的准确程度和均衡程度；发现和查找管理薄弱环节；分析工人的工作态度和技能水平。

定额完成分析的基本指标有定额完成率、达额面等指标。

（1）定额完成率。定额完成率即定额时间与实际使用时间的比率，或在同一时间内实际完成的产量与定额产量的比率。其计算公式是：

$$定额完成率 = \frac{完成某一工程定额时间}{完成同一工程量实际使用时间} \times 100\% = \frac{一定时间实际完成工程量}{同一时间定额规定工程量} \times 100\%$$

（2）达额面。达额面是指在全部实行定额的人员中，达到和超过定额要求的人员所占的比例。其计算公式是：

$$达额面 = \frac{达到和超过定额要求的人数}{全部实行定额人数}$$

第三节　园林工程施工现场材料和设备管理

一、园林工程施工现场材料管理

1. 材料管理的流程

材料管理贯穿于企业管理的始终，是园林企业管理的重要组成部分。由于项目材料成本占项目整个成本的 60%～70%，故而项目材料管理的好坏、材料成本控制的效果不仅直接影响着项目的工程成本，也直接反映了园林企业在一定时期的管理水平。

项目物资管理流程见图 4-2。

2. 材料信息的收集

（1）材料信息的收集途径。由于信息所特有的时效性、区域性和重要性，所以信息管理要求动态管理，收集整理的信息应当全面、广泛、及时、准确。

材料信息收集的主要途径有订阅各种专业报刊、杂志；专业的学术、技术交流资料；互联网查询；政府部门和行业管理部门发布的有关信息；各级采购人员的实际采购资料；各类广告资料；各类展销会、订货会提供的资料。

（2）材料信息资源库的建立。项目应将收集来的各类信息进行分类整理，然后利用计算机等先进工具建立企业材料资源库，并使之能够在企业的相关部门工作中共享。材料信息资源库应包括价格信息库、供方资料库、有关物资的政策信息库、新产品、新材料库和工程物资消耗库。

随着我国市场经济的不断完善和园林市场投标报价方式的转变，信息在企业的经营决策中起到了重要作用，也已成为施工企业进行物资采购、存储，投标报价的依据和基础资料。

3. 材料管理的控制

（1）现场管理。现场管理是企业内部材料管理的关键环节，是材料管理的最基层，也是材料投入园林产品的最后管理程序，占工程造价 60%～70% 的原材料、构配件要通过施工现场消耗。现场管理好坏是检验园林企业管理水平的重要标志。应着重抓好以下工作：

① 做好四个程序的管理工作，即现场材料的验收、发放、保管和使用的管理。

② 抓好三个阶段的管理工作，即施工前的准备工作，施工中的组织与管理工作，收尾和转场工作。

③ 强化材料的定额管理，注重材料节约，搞好单位工程材料核算。

④ 严格执行各项规章制度的落实，加强岗位责任制的考核及材料监督工作。

（2）定额管理。

① 健全定额管理体系。总公司对分公司实行限额供料；分公司对基层施工工地实行定额发料；施工工地对班组执行限额领料，形成层层把关，全过程控制的管理体系。

② 实行单位工程主要材料包干使用办法。搞好单位工程材料核算工作，也可随时做好

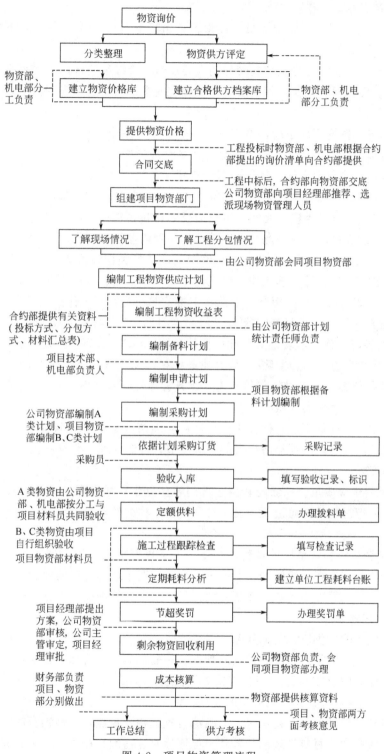

图 4-2　项目物资管理流程

分部工程材料核算最后汇总的方法。

③ 明确工作程序及做法。健全手续，完善限额领料单的签发、下达、应用、检查、验收、结算的工作程序与做法，建立完善的定额考核制度，各种台账及报表要及时准确地记载

和汇总；搞好竣工结算工作。

④ 项目经理部要设置专职定额员，经常保持市场材料价位建立岗位责任制及检查、考核评比制度。

（3）仓库管理。仓储管理是料具管理的重要环节，各级物资部门应加强仓库建设，努力做好物资的收、发和保管工作，保证及时、准确、安全地将物资供应到施工现场，提高管理水平及服务质量。

① 健全库房、料场管理制度，搞好库存物资的保管保养工作。

② 完善各项工作的手续、账务、核算等业务管理工作。

③ 落实各项经济技术指标，实行定期考核制度。

（4）内部业务管理和核算。内部业务管理处于材料管理工作的基础中心地位，它通过登记、计算、统计、核算等手段，真实、科学地反映材料物资在企业内部流通过程中的各种形态，为现代化管理提供软件，因此要特别重视和完善内业管理工作。

① 严谨各类业务手续制度。抓好各类单据凭证、各类统计报表、三级明细账及台账的编制、登记、装订、存档等管理工作，使之逐步实现统一化、标准化和规范化。

② 健全和完善各类计划的编制、汇总、上报、归档等管理工作。

③ 各级材料部门应设置材料核算员（材料会计），负责材料采购和供应过程中的采购（供应）成本的核算工作，本着谁采购谁核算的原则，各核算单位要设置料差科目，采购业务设记账员（库发、直发两种料账），搞好业务核算，按月进行会计稽核工作。

④ 建立业务档案。各级材料部门要建立业务管理档案室（柜），由物管统计员兼任档案员。有条件的单位应尽快实现微机管理。

（5）供应质量与计量管理。供应质量与计量管理两者是企业经营管理的技术基础工作，也是提高企业经济效益，减少经济损失的关键环节，应制订和完善材料供应质量与计量管理的各项规章制度。

① 强化材料供应质量。三级配套供应部门要建立供应质量保证体系，控制组织供应工作的全过程，严把材料供应质量关，强化对原材料、构配件及设备等产品的质量证明等技术资料的管理工作。

② 建立健全材料物资系统计量管理制度。为了更好地贯彻执行国家计量法令、法规及有关规定，使园林企业管理达标准、上等级，真实反映企业的能源消耗和物资消耗，要建立和完善物资系统计量管理体系，以逐步实现材料物资供应管理的科学化、标准化及现代化。

4. 材料管理的任务

施工材料从采购、供应、运输到施工现场验收、保管、发放、使用，主要涉及材料的流通和消耗两个过程。其中，在流通过程的管理，一般称为供应管理，包括物资从项目采购供应前的策划，供方的评审与评定，合格供方的选择、采购、运输、仓储、供应到施工现场（或加工地点）的全过程；在使用过程的管理，一般称为消耗管理。它包括物资从进场验收、保管出库、拨料、限额领料，耗用过程的跟踪检查，物资盘点，剩余物资的回收利用等全过程。在这两个过程中，材料管理的任务就是保证适时、适地、按质、按量、成套齐备地供应所需的材料，同时，加速材料周转，监督和促进材料合理使用，以降低材料费用。

（1）所谓适时是指按规定的时间供应材料，供应时间不宜过早或过晚，过早则多占用仓库和施工场地，甚至造成材质损耗，增加费用；晚了则会造成停工待料，影响工程进度和工期。

（2）所谓适地是指按规定的地点供应材料，卸货地点不适当，就可能造成二次搬运，从而增加费用，有时还会干扰施工生产。

（3）所谓按质是指按规定的质量标准供应材料，若材质低于标准要求，势必降低工程质量；若高于质量标准要求则会增加成本。

（4）所谓按量是指按规定的数量供应，多了造成超储积压，多占流动资金，少了停工待料，影响进度，延误工期。

（5）所谓成套齐备地供应是指供应材料品种规格要齐全配套，要符合工程需要。

总之，项目材料管理的任务是，一方面保证物资供应，及时保质保量地满足项目施工生产的需要；另一方面加快周转，降低消耗，节约费用，提高经济效益。物资管理的目的，就是用最少的资金发挥最大供应效力。

5. 材料管理的特点

（1）园林工程需要材料的品种和数量较多，规格型号也复杂，而且当前材料产品更新换代速度加快，如果材料管理不善，将会给园林工程带来很大的损失。

（2）园林工程生产周期长，多数是跨年度工程，且为多工种配合施工，互相制约又互为基础。如果材料供应有问题就会影响整个园林工程的实施进程。特别是运输量非常大的材料，要求在制订材料储备和运输方案时，要注意计划周密，管理工作要科学。

（3）园林工程受客观条件的限制，很难组织均衡施工。因此材料供应就要特别加强平衡和调度工作，同有关单位建立良好的协作关系。

6. 材料管理的意义

（1）搞好材料管理，是保证园林施工生产正常进行的物质前提。项目的生产施工过程同时也是物资的消费过程，任何一种材料，如不能在适当的时间，以适当的质量、数量、价格保证供应，都会给正常的施工生产带来影响，严重的可以导致施工生产中断、停工待料，直接影响施工计划的完成，所以说，做好材料采购、储存、保管供应等一系列组织管理工作，是施工生产顺利进行的保证。

（2）搞好材料管理，有利于保证园林工程质量和提高劳动生产率。材质不合格、运输保管不善，将会使材质降低，从而影响园林工程质量。由于管理不善造成二次搬运以及材料不符引起改制代用都会浪费物力和人力，降低劳动生产率。所以加强材料管理，通过正确组织订货、验收、保管等途径，来保证材料质量和规格具有重要意义。

（3）搞好材料管理，可以降低材料费用和园林工程成本。因为园林产品成本中材料所占比重相当大，一般为 $60\%\sim70\%$，因此要从材料的采购、运输、储存、保管、供应、使用等各个环节加强管理，降低材料的费用，降低工程成本。

（4）搞好材料管理，可以加速流动资金的周转，减少流动资金的占用。由于园林产品生产周期长，物资储备大，储备资金约占流动资金的 $50\%\sim60\%$。加速这部分资金的周转，就可以用同样数量的流动资金完成更多的施工任务，或者较少流动资金完成同样多的生产任务，从而充分发挥流动资金的经济效果。为此，物资供应部门要在保证生产正常进行的前提下，尽量减少材料储备，加速材料的周转。

二、　园林工程施工现场机械设备管理

1. 园林机械设备管理制度

园林机械设备管理部门是园林施工企业技术管理重要部门之一，技术专业性强，必须配

备一定比例的专业技术管理人员，并相对保持稳定，以满足机械设备管理工作，其具有较强连续性要求，并根据实际情况建立一整套以岗位责任制为核心的管理制度，见表4-1。

表4-1　机械设备管理制度

名称	说明
园林机械管理制度	这是机械设备管理的一个根本制度。是主管部门对机械设备的管、用、养、修各方面工作所做的统一规定和管理办法
岗位责任制	(1)专机、专人负责制。适用于单人操作、一般作业的机械设备； (2)机长负责制。适用于多班作业、一机多人操作的机械设备； (3)机械班组负责制。适于固定由班组管理的机械设备
试运转的规定	凡新购进、新制、经过改造或重新安装的机械，必须经过检查、保养、试运转，鉴定合格后才能正式投入使用。其主要工作内容为： (1)准备工作。学习研究、全面了解和掌握机械设备各方面的情况； (2)按说明书要求进行检查和保养； (3)无负荷试运转； (4)有负荷试运转； (5)根据检查、试运转结果作出书面的技术鉴定，发现问题及时解决
机械走合期的规定	凡新购、大修和经过改造的机械设备，在正式使用初期，必须按规定进行走合，以使机械零件磨合良好增强零件的耐用性、可靠性，延长大修理和使用寿命，具体规定如下： (1)限载减速使用； (2)驾驶操作要平稳，防止对设备的急剧冲击和振动； (3)安排任务时，要留有余地； (4)加强检查、保养，注意运转情况、仪表指示，机械各部的温度变化，连接件，并及时进行润滑、紧固和调整
技术操作规程	这是正确操作机械、保证机械安全运转的技术规定
保养维修制度	是保证机械适时保养、及时修理，经常保持机械完好状态，延长机械使用寿命的制度。包括各种机械保修技术经济定额、进厂保修办法、保修计划的编制、执行与检查和保修质量管理办法等
保养修理技术规程	是关于机械保养维修作业内容、技术要求和质量标准的规定
交接班制度	机械双班或多班作业时，为避免情况不明、责任不清、影响生产和损坏机械，要建立交接班制度。交接班人员应该根据检查交接、办理交接手续、明确责任
机械事故处理制度	是对机械发生事故后的处理要求和管理办法
机械定额管理制度	是关于机械的技术经济定额的制订、修正和考核的有关规定。主要包括：机械产量定额，燃料、动力、零配件消耗定额，维修费用定额，大修间隔期定额以及保修工时、工期定额等
机械统计工作制度	是对机械设备管、用、修工作统一规定的统计办法和要求。包括原始记录、统计台账、统计报表等方面
备品配件供应管理制度	对备品配件的计划、采购、验收、储存、保管、领发、记账等所规定的要求和办法
施工机械折旧和大修理基金的规定	是合理提取机械折旧费用和大修理费用的统一规定，是保证施工机械更新改造和大修理资金来源和合理使用资金的办法

2. 园林机械设备管理要点

（1）建立健全的设备管理制度。为了管理好，使用好机械设备，建立健全合理的规章制度是十分必要的，主要建立健全"人机固定"制度、"操作证"制度、岗位责任制度、技术保养制度、安全使用制度、机械设备检查制度等。

（2）严格执行技术规定

① 技术实验的制度。对新购置或经过大修改装的机械设备在使用前，必须进行技术实验，以测定其技术性能，工作性能和安全性能，确认合格后才能验收，投入生产使用，这是正确使用机械设备的必要措施。技术实验包括：实验前检查和保养、无负荷实验、负荷实验、实验后技术鉴定。

② 走合期的规定。对新购置或经过大修的机械设备，在初期使用时，都要进行一段时间的试用，工作负荷或行驶速度要逐渐由小到大，使机械设备各部配合达到完善磨合状态。如不经这段走合期的磨合，一下就进行满负荷作业，就会使机械设备过度磨损。因此为了提高机械设备的使用寿命，就必须遵守机械设备走合期的规定，其内容应按机械设备使用说明书中的规定和有关规定执行。

③ 寒冷地区使用机械设备的规定。施工机械设备多数都是露天作业，因寒冷低温，风大雪多，给机械设备使用带来很多麻烦，如果防冻措施不当，不仅不能保证正常运转反而会影响了施工生产任务，而且还会冻坏机械，影响使用寿命。因此必须按有关冬季机械设备使用规定使用。

④ 严格执行机械设备保养规程和安全操作规程。

（3）充分调动人的积极因素。机械设备需要靠人去掌握和使用，如果操作者能合理使用机械设备，就能充分发挥机械设备的效率，保证项目施工顺利进行，从而显示出机械化施工的优越性。反之，会使机械设备生产率降低，早期磨损，使用寿命短，事故增多，以至影响机械化的发挥。

为了提高人的积极性，要在做好思想政治工作的基础上，坚持物质利益和精神鼓励相结合，并对广大职工进行技术业务培训，提高其素质。

3. 园林机械设备使用管理

机械设备的使用是机械设备管理的基本环节，只有正确、合理地使用机械，才能减轻机械磨损，保持机械的良好工作性能，充分发挥机械的效率，延长机械使用寿命，提高机械使用的经济效益。

（1）机械设备验收。

① 企业的设备验收。园林企业要建立健全设备购置验收制度，对于企业新购置的设备，尤其是大型施工机械设备和进口的机械设备，相关部门和人员要认真进行检查验收，及时安装、调试、移交使用，以便在索赔期内发现问题，及时办理索赔手续。同时要按照国家档案管理要求，及时建立设备技术档案。

② 工程项目的设备验收。园林工程项目要严格设备进场验收工作，一般中小型机械设备由施工员（工长）会同专业技术管理人员和使用人员共同验收；大型设备、成套设备需在项目经理部自检自查基础上报请公司有关部门组织技术负责人及有关部门及人员验收；对于重点设备要组织第三方具有人证或相关验收资质单位进行验收。

（2）对进入施工现场机械设备的要求。在施工现场使用的机械设备，主要有施工单位自有或其租赁的设备等。对进入施工现场的机械设备应当检查其相关的技术文件，如设备安装、调试、使用、拆除及试验图标程序和详细文字说明书，各种安全保险装置及行程限位器装置调试和使用说明书，维护保养及运输说明书，安全操作规程，产品鉴定证书、合格证书，配件及配套工具目录，其他重要的注意事项等。

（3）项目经理部机械设备部门业务管理。

① 坚持实行操作制度，无证不准上岗。设备操作和维护人员，都必须经过相关专业技术培训，考试合格取得相应的操作证后，持证上岗。专机的专门操作人员必须经过培训和统一考试，确认合格，发给驾驶证。这是保证机械设备得到合理使用的必要条件。

② 遵守合理使用规定，这样，可以防止机件早期磨损，延长机械使用寿命和修理周期。操作人员必须坚持搞好机械设备的例行保养。

③ 建立设备档案制度，这样就能了解设备的情况，便于使用与维修。园林施工项目要在设备验收的基础上，建立健全设备技术原始资料、使用、运行、维修台账，其验收资料要分专业归档。

④ 要努力组织好机械设备的流水施工。当园林施工的推进主要靠机械而不是人力的时候，划分施工段的大小必须考虑机械的服务能力，把机械作为分段的决定因素。要使机械连续作业、不停歇，必要时"歇人不歇马"，使机械三班作业。一个园林施工项目有多个单位工程时，应使机械在单位工程之间流水，减少进出场时间和装卸费用。

⑤ 机械设备安全作业。项目经理部在机械作业前应向操作人员进行安全操作交底，使操作人员对施工要求、场地环境、气候等安全生产要素有清楚的了解。项目经理部按机械设备的安全操作要求安排工作和进行指挥，不得要求操作人员违章作业，也不得强令机械带病操作，更不得指挥和允许操作人员野蛮施工。

⑥ 为机械设备的施工创造良好条件。园林施工现场环境、施工平面布置图应适合机械作业要求，交通道路畅通无障碍，夜间施工安排好照明。协助机械部门落实现场机械标准化。

（4）施工现场设备管理机构。施工现场机械设备的使用管理，包括园林施工现场、生产加工车间和一切有机械设备作业场所的设备管理，重点是施工现场的设备管理。由于园林施工项目总承包企业对进入施工现场的机械设备安装、调试、验收、使用、管理、拆除退场等负有全面管理的责任，所以对无论是施工项目总承包企业自身的设备单位或租用、外借的设备单位、还是分承包单位自带的设备单位，都要负责对其执行国家有关设备管理标准、管理规定情况进行监督检查。

① 对于大型园林施工现场，项目经理部应设置相应的设备管理机构和配备专职的设备管理人员，设备出租单位也应派驻设备管理人员和设备维修人员。

② 对于中小型园林施工现场，项目经理部也应配备兼职的设备管理人员，设备出租单位要定期检查和不定期巡回检修。

③ 对于分承包单位自带的设备单位，也应配备相应的设备管理人员，配合施工项目总承包企业加强对施工现场机械设备的管理，确保机械设备的正常运行。

（5）机械设备使用中的"三定"制度。"三定"制度是指定机、定人、定岗位责任。实行"三定"制度，有利于操作人员熟悉机械设备特性，熟练掌握操作技术，合理和正确地使用、维护机械设备，提高机械效率；有利于大型设备的单机经济核算和考评操作人员使用机械设备的经济效果；也有利于定员管理，工资管理。具体做法如下。

① 多班作业或多人操作的机械设备，实行机长负责制，从操作人员中任命一名骨干能手为机长。

② 一人管理一台或多台机械设备，该人即为机长或机械设备的保管人员。

③ 中小型机械设备，在没有绝对固定操作者情况下，可任命机组长。

4. 园林机械设备租赁管理

机械设备租赁是企业利用广阔社会机械设备资源装备自己，迅速提高自身形象，增强施工能力，减小投资包袱，尽快武装的有力手段。其租赁形式有内部租赁和社会租赁两种。

（1）内部租赁。指由施工企业所属的机械经营单位与施工单位之间的机械租赁。作为出租方的机械经营单位，承担着提供机械、保证施工生产需要的职责，并按企业规定的租赁办法签订租赁合同，收取租赁费用。

（2）社会租赁。指社会化的租赁企业对施工企业的机械租赁。社会租赁有以下两种形式。

① 融资性租赁。指租赁公司为解决施工企业在发展生产中需要增添机械设备而又资金不足的困难，而融通资金、购置企业所选定的机械设备并租赁给施工企业，施工企业按租赁合同的规定分期交纳租金，合同期满后，施工企业留购并办理产权移交手续。

② 服务性租赁。指施工企业为解决企业在生产过程中对某些大、中型机械设备的短期需要而向租赁公司租赁机械设备。在租赁期间，施工企业不负责机械设备的维修、操作，施工企业只是使用机械设备，并按台班、小时或施工实物量支付租赁费，机械设备用完后退还给租赁公司，不存在产权移交的问题。

· 第五章 ·

园林工程施工现场合同管理

第一节 基础知识

一、 园林工程施工合同概念

园林工程施工合同是指发包人与承包人之间为完成商定的园林工程施工项目，确定双方权利和义务的协议。依据工程施工合同的规定，承包方完成一定的种植，建筑和安装工程任务，发包人应提供必要的施工条件并支付工程价款。

园林施工合同管理是指对合同的签订、履行、变更和解除进行监督检查，对合同履行过程中发生的争议或纠纷进行处理，以确保合同依法订立和全面履行。园林工程合同管理贯穿于合同签订、履行、终结直至归档的全过程。

二、 园林工程施工合同作用

1. 明确建设单位和施工企业在施工中的权利和义务

施工合同一经签订，即具有法律效力，是合同双方在履行合同中的行为准则，双方都应以施工合同作为行为的依据。

2. 有利于对园林工程施工的管理

合同当事人对园林工程施工的管理应以合同为依据。有关的国家机关、金融机构对施工的监督和管理，也是以施工合同为其重要依据的。

3. 有利于工程监理制的推行

在监理制度中，行政干预的作用被淡化了，建设单位（业主）、施工企业（承包商）、监理单位三者的关系是通过工程建设监理合同和施工合同来确立的。国内外实践经验表明，工程建设监理的主要依据是合同。监理工程师在工程监理过程中要做到坚持按合同办事，坚持按规范办事，坚持按程序办事。监理工程师必须根据合同秉公办事，监督业主和承包商都履行各自的合同义务，因此承发包双方签订一个内容合法，条款公平、完备，适应建设监理要求的施工合同是监理工程师实施公正监理的根本前提条件，也是推行建设监理制的内在要求。

4. 有利于园林市场的培育和发展

随着社会主义市场经济新体制的建立，建设单位和施工单位将逐渐成为园林市场的合格主体，建设项目实行真正的业主负责制，施工企业参与市场公平竞争。在园林商品交换过程中，双方都要利用合同这一法律形式，明确规定各自的权利和义务，以最大限度地实现自己的经济目的和经济效益。施工合同作为园林商品交换的基本法律形式，贯穿于园林交易的全过程。无数园林工程合同的依法签订和全面履行，是建立一个完善的园林市场的最基本条件。

三、 园林工程施工合同管理目的

1. 健全法规体系

园林工程施工合同，是项目法人单位与园林工程施工企业进行承包、发包的主要法律形式，是进行工程施工、监理和验收的主要法律依据，是园林工程施工企业走向市场经济的桥梁和纽带。加强对园林工程建设合同的法规调整和管理，首先要加强园林工程市场的法制建设，健全市场法规体系，才能保障园林工程市场的繁荣和园林绿化事业的发达。

牢固树立合同法制观念，加强工程建设合同管理，必须从项目法人、项目经理、项目工程师作起，坚决执行合同法和建设工程合同行政法规以及"合同示范文本"制度，从而保证园林工程建设项目的顺利建成。

2. 完善现代园林工程施工企业制度

订立和履行园林工程施工合同，直接关系到业主和园林工程施工承包商的根本利益。因此，加强园林工程施工合同的管理，已成为在园林工程施工企业中推行现代企业制度的重要内容。现代企业制度的建立，对企业提出了新的要求，企业应当依据公司法的规定，遵循"自主经营、自负盈亏、自我发展、自我约束"的原则，这就促使园林工程施工企业必须认真地、更多地考虑市场需求变化，调整企业发展方向和工程承包方式，依据招标投标法的规定，通过工程招标投标签订园林工程施工合同，以求实现与其他企业、经济组织在园林工程建设活动中的协作与竞争。

3. 规范市场交易

加强园林工程施工合同的管理，有利于规范园林工程施工的市场主体。市场主体进入市场进行交易，其目的就是开展和实现工程承包发包活动，亦即建立工程建设合同法律关系，欲达到此目的，有关各方主体必须具备和符合法定主体资格，亦即具有订立园林工程合同的权利能力和行为能力，方可订立园林工程承包合同。

园林工程市场价格，是一种市场经济中的特殊商品价格。在我国，正在逐步建立"政府宏观指导，企业自主报价，竞争形成价格，加强动态管理"的园林市场价格机制。规范园林工程市场价格，有利于订立合同和交易，而园林产品的交易通过工程建设招标投标的市场竞争活动，最后采用订立园林工程施工合同的法定形式，以形成有效的园林工程施工合同的法律关系，最终使园林工程施工的市场规范化。

4. 开拓国际市场

发展我国园林工程业，努力提高其在国际工程市场中的份额，有利于发挥我国园林工程的技术优势和人力资源优势，推动国民经济的迅速发展。改革开放以来我国在开拓和开放国际工程承、发包过程中，贯彻"平等互利，形式多样，讲求实效，共同发展"的经济合作方针和"守约、保质、薄利、重义"的经营原则，在世界许多国家营建了中国园林，树立了很好的形象，也建立了信誉，在交流过程中了解了外国先进的工程管理方法，加快了我国园林工程施工合同管理与国际园林工程施工惯例接轨的步伐。

园林工程市场是我国社会主义市场经济的一部分，培育园林工程市场，认真做好园林工程施工合同管理工作，有利于进一步解放和发展生产力，增强经济实力，参与国际市场经济活动。

四、 园林工程施工合同内容

由于园林工程本身的特殊性和施工生产的复杂性，决定了施工合同必须有很多条款。根据《建设工程施工合同管理办法》，施工合同主要应具备以下主要内容。

① 工程名称、地点、范围、内容，工程价款及开竣工日期。

② 双方的权利、义务和一般责任。

③ 施工组织设计的编制要求和工期调整的处置办法。

④ 工程质量要求、检验与验收方法。

⑤ 合同价款调整与支付方式。

⑥ 材料、设备的供应方式与质量标准。

⑦ 设计变更。

⑧ 竣工条件与结算方式。

⑨ 违约责任与处置办法。

⑩ 争议解决方式。

⑪ 安全生产防护措施。

此外关于索赔、专利技术使用、发现地下障碍和文物、工程分包、不可抗力、工程保险、工程停建或缓建、合同生效与终止等也是施工合同的重要内容。

五、 园林工程施工合同特点

由于园林工程施工的特点，决定了其合同具有一些独有的性质。

1. 合同标的的特殊性

施工合同的标的是各类园林产品，园林产品是不动产，建造过程中往往受到各种因素的影响，这就决定了每个施工合同的标的物不同于工厂批量生产的产品，具有单件性的特点。所谓"单件性"指不同地点建造的相同类型和级别的园林景观，施工过程中所遇到的情况不尽相同，在甲工程施工中遇到的困难在乙工程不一定发生，而在乙工程施工中可能出现甲工程没有发生过的问题。这就决定了每个施工合同的标的都是特殊的，相互间具有不可替代性。

2. 合同履行期限的长期性

由于园林产品体积庞大、结构复杂、施工周期都较长，施工工期少则几个月，一般都是几年甚至十几年，在合同实施过程中不确定影响因素多，受外界自然条件影响大，合同双方承担的风险高，当主观和客观情况变化时，就有可能造成施工合同的变化，因此施工合同的变更较频繁，施工合同争议和纠纷也比较多。

3. 合同内容的多样性和复杂性

与大多数合同相比较，施工合同的履行期限长、标的额大，涉及的法律关系则包括了劳动关系、保险关系、运输关系、购销关系等，具有多样性和复杂性。这就要求施工合同的条款应当尽量详尽。

4. 合同管理的严格性

合同管理的严格性主要体现在以下几个方面：对合同签订管理的严格性；对合同履行管理的严格性；对合同主体管理的严格性。

施工合同的这些特点，使得施工合同无论在合同文本结构，还是合同内容上，都要反映相适应其特点，符合工程项目建设客观规律的内在要求，以保护施工合同当事人的合法权益，促使当事人严格履行自己的义务和职责，提高工程项目的综合社会、经济、效益。

六、 园林工程施工合同管理方法

1. 完善的园林工程合同管理评估制度

园林工程合同管理评估制度应符合以下几点要求。

① 合法性。指工程合同管理制度符合国家有关法律、法规的规定。

② 规范性。指工程合同管理制度具有规范合同行为的作用，对合同管理行为进行评价、指导、预测，对合同行为进行保护奖励，对违约行为进行预测、警示和制裁等。

③ 实用性。指园林工程合同管理制度能适应园林建设工程合同管理的要求，以便于操作和实施。

④ 系统性。指各类工程合同的管理制度是一个有机结合体，互相制约、互相协调，在园林工程合同管理中，能够发挥整体效应的作用。

⑤ 科学性。指园林工程合同管理制度能够正确反映合同管理的客观经济规律，保证人们运用客观规律进行有效的合同管理，才能实现与国际惯例接轨。

完善的园林工程合同管理评估制度是保证有形的园林工程市场的重要条件，是提高我国园林工程管理质量的基础，也是发达国家经验的总结。我国在这一方面，还存在一定的差距，需要进一步完善。

2. 推行园林工程合同管理目标制

园林工程合同管理目标制，就是要使园林工程各项合同管理活动达到预期结果和最终目的。其过程是一个动态过程，具体讲就是指园林工程项目管理机构和管理人员为实现预期的管理目标和最终目的，运用管理职能和管理方法对园林工程合同的订立和履行施行管理活动的过程。其过程主要包括：合同订立前的目标制管理、合同订立中的目标制管理、合同履行中的目标制管理和减少合同纠纷的目标制管理等部分。

3. 健全园林工程合同管理

在园林工程建设管理活动中，要使所有工程建设项目从可行性研究开始，到工程项目报建、工程项目招标投标、工程建设承发包，直至工程建设项目施工和竣工验收等一系列活动全部纳入法制轨道。就必须增强业主和承包商的法制观念，保证园林工程建设的全部活动依据法律和合同办事。

4. 园林工程合同管理机关必须严肃执法

园林工程现阶段还没有完整的法规体系，采用的是建筑工程合同法律、行政法规，并作为规范园林工程市场主体的行为准则。在培育和发展我国园林工程市场初级阶段，园林工程市场参与者，要学法、懂法、守法，依据法律、法规进入园林工程市场，签订和履行工程建设合同，维护自身的合法权益。而合同管理机关，对违反合同法律、行政法规的应从严查处。特别是园林工程市场因其周期长、流动广、艺术性强、资源配置复杂以及生物性等特点，依法治理园林市场的任务十分艰巨。在工程合同管理活动中，合同管理机关应严肃执法的同时，又要运用动态管理的科学手段，实行必要的"跟踪"监督，可以大大提高工程管理水平。

第二节　园林工程施工现场合同的签订

一、园林工程施工合同签订原则

合同签订的过程，是当事人双方互相协商并最后就各方的权利、义务达成一致意见的过程。签约是双方意志统一的表现。

签订园林工程施工合同的时间很长，实际上它是从准备招标文件开始，继而招标、投标、评标、中标，直至合同谈判结束为止的一整段时间。

施工合同签订的原则是指贯穿于订立施工合同的整个过程，对承发包双方签订合同起指导和规范作用、双方均应遵守的准则。主要有：依法签订原则、严密完备原则、平等互利协商一致原则、等价有偿原则和履行法律程序原则等。

1. 依法签订的原则

（1）必须依据《中华人民共和国经济合同法》《建筑安装工程承包合同条例》《建设工程合同管理办法》等有关法律、法规。

（2）合同的内容、形式、签订的程序均不得违法。

（3）当事人应当遵守法律、行政法规和社会公德，不得扰乱社会经济秩序，不得损害社会公共利益。

（4）根据招标文件的要求，结合合同实施中可能发生的各种情况进行周密、充分的准备，按照"缔约过失责任原则"保护企业的合法权益。

2. 严密完备的原则

（1）充分考虑施工期内各个阶段，施工合同主体间可能发生的各种情况和一切容易引起争端的焦点问题，并预先约定解决问题的原则和方法。

（2）条款内容力求完备，避免疏漏，措辞力求严谨、准确、规范。

（3）对合同变更、纠纷协调、索赔处理等方面应有严格的合同条款作保证，以减少双方矛盾。

3. 平等互利协商一致的原则

（1）合同的主要内容，须经双方经过协商、达成一致，不允许一方将自己的意志强加于对方、一方以行政手段干预对方、压服对方等现象发生。

（2）发包方、承包方作为合同的当事人，双方均平等地享有经济权利平等地承担经济义务，其经济法律地位是平等的，没有主从关系。

4. 等价有偿的原则

（1）签约双方的经济关系要合理，当事人的权利义务是对等的。

（2）合同条款中亦应充分体现等价有偿原则。

① 一方给付，另一方必须按价值相等原则作相应给付。

② 不允许发生无偿占有、使用另一方财产现象。

③ 对工期提前、质量全优要予以奖励。

④ 延误工期、质量低劣应罚款。

⑤ 提前竣工的收益由双方分享。

5. 履行法律程序的原则

（1）签约双方都必须具备签约资格，手续健全齐备。

（2）签约的程序符合法律规定。

（3）代理人超越代理人权限签订的工程合同无效。

（4）签订的合同必须经过合同管理的授权机关鉴证、公证和登记等手续，对合同的真实性、可靠性、合法性进行审查，并给予确认，方能生效。

二、园林工程施工合同签订形式

《中华人民共和国合同法》第 10 条规定："当事人订立合同，有书面合同、口头形式和其他形式。法律、行政法规规定采用书面形式的，应当采用书面形式。当事人约定采用书面形式的应当采用书面形式。"书面形式是指合同书、信件和数据电文（包括电报、电传、传真、电子数据交换和电子邮件）等可以有形地表现所载内容的形式。《中华人民共和国合同法》第 270 条规定："工程施工合同应当采用书面形式"。主要是由于施工合同由于涉及面广、内容复杂、建设周期长、标的的金额大。

三、园林工程施工合同签订的程序

作为承包商的园林施工企业在签订施工合同工作中，主要的工作程序见表 5-1。

表 5-1　签订施工合同的程序

程序	内容
市场调查建立联系	（1）施工企业对园林市场进行调查研究。 （2）追踪获取拟建项目的情况和信息，以及业主情况。 （3）当对某项工程有承包意向时，可进一步详细调查，并与业主取得联系
表明合作意愿 投标报价	（1）接到招标单位邀请或公开招标通告后，企业领导作出投标决策。 （2）向招标单位提出投标申书，表明投标意向。 （3）研究招标文件，着手具体投标报价工作
协商谈判	（1）接受中标通知书后，组成包括项目经理的谈判小组，依据招标文件和中标书草拟合同专用条款。 （2）与发包人就工程项目具体问题进行实质性谈判。 （3）通过协商、达成一致，确立双方具体权利与义务，形成合同条款。 （4）参照施工合同示范文本和发包人拟定的合同条件与发包人订立施工合同
签署书面合同	（1）施工合同应采用书面形式的合同文本。 （2）合同使用的文字要经双方确定，用两种以上语言的合同文本，须注明几种文本是否具有同等法律效力。 （3）合同内容要详尽具体，责任义务要明确，条款应严密完整，文字表达应准确规范。 （4）确认甲方，即业主或委托代理人的法人资格或代理权限。 （5）施工企业经理或委托代理人代表承包方与甲方共同签署施工合同
原则	说明
签证与公证	（1）合同签署后，必须在合同规定的时限内完成履约保函、预付款保函、有关保险等保证手续。 （2）送交工商行政管理部门对合同进行鉴证并缴纳印花税。 （3）送交公证处对合同进行公证。 （4）经过鉴证、公证，确认了合同真实性、可靠性、合法性后，合同发生法律效力，并受法律保护

第三节 园林工程施工准备阶段合同管理

一、园林工程合同审查

1. 园林工程需要合同审查的原因

在园林工程实施过程中，常会出现如下合同问题。

（1）合同签订后才发现，合同中缺少某些重要的、必不可少的条款，但双方已签字盖章，难以或不可能再作修改或补充。

（2）在合同实施中发现，合同规定含混，难以分清双方的责任和权益；合同条款之间，不同的合同文件之间规定和要求不一致，甚至互相矛盾。

（3）合同双方对同一合同条款的理解大相径庭，在合同实施过程中出现激烈的争执。双方在签约前未就合同条款的理解进行沟通。

（4）合同一方在合同实施中才发现，合同的某些条款对自己极为不利，隐藏着极大的风险，甚至中了对方有意设下的圈套。

（5）合同条款本身缺陷和漏洞太多，对许多可能发生的情况未作估计和具体规定。有些合同条款都是原则性规定，可操作性不强。

（6）有些施工合同合法性不足。例如合同签订不符合法定程序，合同中的有些条款与国家或地方的法律、法规相抵触，结果导致整个施工合同或合同中的部分条款无效。

为了有效地避免上述情况的发生，合同双方当事人在合同签订前要进行合同审查。所谓合同审查，是指在合同签订以前，将合同文本"解剖"开来，检查合同结构和内容的完整性以及条款之间的一致性，分析评价每一合同条款执行的法律后果及其中的隐含风险，为合同的谈判和签订提供决策依据。

通过合同审查，可以发现合同中存在的内容含糊、概念不清之处或自己未能完全理解的条款，并加以仔细研究，认真分析，采取相应的措施，以减少合同中的风险，减少合同谈判和签订中的失误，有利于合同双方合作愉快，促进工程项目施工的顺利进行。

对于一些重大的园林工程项目或合同关系和内容很复杂园林的工程，合同审查的结果应经律师或合同法律专家核对评价，或在他们的直接指导下进行审查后，才能正式签订双方间的施工合同。

2. 园林工程合同内容审查与分析

合同条款的内容直接关系到合同双方的权利、义务，在园林工程施工合同签订之前，应当严格审查各项合同内容，其中尤其应注意如下内容。

（1）确定合理的工期。工期过长，发包方则不利于及时收回投资；工期过短，承包方则不利于工程质量以及施工过程中园林建筑半成品的养护。因此，对承包方而言，应当合理计算自己能否在发包方要求的工期内完成承包任务，否则应当按照合同约定承担逾期竣工的违约责任。

（2）明确双方代表的权限。在施工承包合同中通常都明确甲方代表和乙方代表的姓名和职务，但对其作为代表的权限则往往规定不明。由于代表的行为代表了合同双方的行为，因此，有必要对其权利范围以及权利限制作一定约定。

（3）明确工程造价或工程造价的计算方法。工程造价条款是工程施工合同的必备和关键条款，但通常会发生约定不明的情况，往往为日后争议与纠纷的发生埋下隐患。而处理这类纠纷，法院或仲裁机构一般委托有权审价单位鉴定造价，势必使当事人陷入旷日持久的诉讼，更何况经审价得出的造价也因缺少可靠的计算依据而缺乏准确性，对维护当事人的合法权益极为不利。

"设定分阶段决算程序，强化过程控制"是有效的方法之一。具体而言，就是在设定承发包合同时增加工程造价过程控制的内容，按工程形象进度分段进行预决算并确定相应的操作程序，使承发包合同签约时不确定的工程造价，在合同履行过程中按约定的程序得到确定，从而避免可能出现的造价纠纷。

（4）明确材料和设备的供应。由于材料、设备的采购和供应引发的纠纷非常多，故必须在合同中明确约定相关条款，包括发包方或承包商所供应或采购的材料、设备的名称、型号、规格、数量、单价、质量要求、运送到达工地的时间、验收标准、运输费用的承担、保管责任、违约责任等。

（5）明确违约责任。违约责任条款的订立目的在于促使合同双方严格履行合同义务，防止违约行为的发生。发包方拖欠工程款、承包方不能保证施工质量或不按期竣工，均会给对方以及第三方带来不可估量的损失。审查违约责任条款时，要注意两点：第一，对违约责任的约定不应笼统化，而应区分情况作相应约定。有的合同不论违约的具体情况，笼统地约定一笔违约金，这没有与因违约造成的真正损失额挂钩，从而会导致违约金过高或过低的情形，是不妥当的。应当针对不同的情形作不同的约定，如质量不符合合同约定标准应当承担的责任、因工程返修造成工期延长的责任、逾期支付工程款所应承担的责任等，衡量标准均不同；第二，对双方的违约责任的约定是否全面。在工程施工合同中，双方的义务繁多，有的合同仅对主要的违约情况作了违约责任的约定，而忽视了违反其他非主要义务所应承担的违约责任。但实际上，违反这些义务极可能影响到整个合同的履行。

（6）明确工程竣工交付使用。应当明确约定工程竣工交付的标准。如发包方需要提前竣工，而承包商表示同意的，则应约定由发包方另行支付赶工费用或奖励。因为赶工意味着承包商将投入更多的人力、物力、财力，劳动强度增大，损耗亦增加。

3. 园林工程合同效力审查与分析

合同效力是指合同依法成立所具有的约束力。对园林工程施工合同效力的审查，基本上从合同主体、客体、内容三方面加以考虑。结合实践情况，现今在工程建设市场上有以下合同无效的情况：

（1）缺少相应资质而签订的合同。建设工程是"百年大计"的不动产产品，而不是一般的产品，因此工程施工合同的主体除了具备可以支配的财产、固定的经营场所和组织机构外，还必须具备与建设工程项目相适应的资质条件，而且也只能在资质证书核定的范围内承接相应的建设工程任务，不得擅自越级或超越规定的范围。

（2）没有经营资格而签订的合同。园林工程施工合同的签订双方是否有专门从事建筑业务的资格，是合同有效、无效的重要条件之一。

① 作为发包方的房地产开发公司应有相应的开发资格。

② 作为承包方的勘察、设计、施工单位均应有其经营资格。

（3）违反法定程序而订立的合同。如前所述，订立合同由要约与承诺两个阶段构成。在工程施工合同尤其是总承包合同和施工总承包合同的订立中，通常通过招标投标的程序，招标为要约邀请，投标为要约，中标通知书的发出意味着承诺。对通过这一程序缔结的合同，《中华人民共和国招标投标法》有着严格的规定。首先，《中华人民共和国招标投标法》对必须进行招投标的项目作了限定，具体内容前面章节所述。其次，招投标遵循公平、公正的原则，违反这一原则，也可能导致合同无效。

（4）违反关于分包和转包的规定所签订的合同。我国《中华人民共和国建筑法》允许建设工程总承包单位将承包工程中的部分发包给具有相应资质条件的分包单位，但是，除总承包合同中约定的分包外，其他分包必须经建设单位认可。而且属于施工总承包的，园林工程的施工必须由总承包单位自行完成。也就是说，未经建设单位认可的分包和施工总承包单位将工程主体结构分包出去所订立的分包合同，都是无效的。此外，将建设工程分包给不具备相应资质条件的单位或分包后将工程再分包的，均是法律禁止的。

《中华人民共和国建筑法》及其他法律、法规对转包行为均作了严格禁止。转包，包括承包单位将其承包的全部园林工程转包、承包单位将其承包的全部园林工程肢解以后以分包的名义分别转包给他人。属于转包性质的合同，也因其违法而无效。

（5）其他违反法律和行政法规所订立的合同。如合同内容违反法律和行政法规，也可能导致整个合同的无效或合同的部分无效。例如发包方指定承包单位购入的用于工程的园林材料、构配件，或者指定生产厂、供应商等，此类条款均为无效。合同中某一条款的无效，并不必然影响整个合同的有效性。

以上介绍了几种合同无效的情况。实践中，构成合同无效的情况众多，需要有一定法律知识方能判别。所以，建议承发包双方将合同审查落实到合同管理机构和专门人员，每一项目的合同文本均须经过经办人员、部门负责人、法律顾问、总经理几道审查，批注具体意见，必要时还应听取财务人员的意见，以期尽量完善合同，确保在谈判时确定己方利益能够得到最大保护。

二、 园林工程施工合同实施计划

1. 园林工程施工合同分包策划

（1）"设计-施工-供应"总承包。这种承包方式又称全包、统包、"设计-建造-交钥匙"工程等，即由一个承包商承包园林工程的全部工作，包括设计、供应、各专业工程的施工以及管理工作，甚至包括项目前期筹划、方案选择、可行性研究。承包商向业主承担全部工程责任。这种分包方式的特点如下。

① 可以减少业主面对的承包商的数量，这给业主带来很大的方便。在园林工程中业主责任较小，主要提出园林工程的总体要求（如工程的功能要求、设计标准、材料标准的说明），作宏观控制，验收结果，一般不干涉承包商的工程实施过程和项目管理工作。

② 无论是设计与施工，与供应之间的互相干扰，还是不同专业之间的干扰，都由总承包商负责，业主不承担任何责任，所以争执较少，索赔较少。

③ 这使得承包商能将整个管理形成一个统一的系统，方便协调和控制，减少大量的重复的管理工作与花费，有利于施工现场的管理，减少中间检查、交接环节和手续，避免由此引起的工程拖延，从而使工期（招标投标和建设期）大大缩短。

④ 要求业主必须加强对承包商的宏观控制，选择资信好、实力强、适应全方位工作的承包商。

（2）分阶段分专业工程平行承包。这种分包方式是指业主将设计、设备供应、土建、电器安装、机械安装、装饰等工程施工分别委托给不同的承包商。各承包商分别与业主签订合同，向业主负责。这种方式的特点如下。

① 业主有大量的管理工作，有许多次招标，作比较精细的计划及控制，因此前期需要比较充裕的时间。

② 在园林工程中，业主必须负责各承包商之间的协调，对各承包商之间互相干扰造成的问题承担责任。所以在这类工程中组织争执较多，索赔较多，工期比较长。

③ 对这样的业主管理和控制比较细，需要对出现的各种工程问题作中间决策，必须具备较强的管理能力。

④ 在大型工程中，业主将面对很多承包商（包括设计单位、供应单位、施工单位），直接管理承包商的数量太多，管理跨度太大，容易造成协调的困难，造成工程中的混乱和项目失控现象。

⑤ 业主可以分阶段进行招标，可以通过协调和管理加强对工程的干预。同时承包商之间存在着一定的制衡，如各专业设计、设备供应、专业工程施工之间存在制约关系。

⑥ 使用这种方式，计划和设计必须周全、准确、细致，否则极容易造成实施中的混乱状态。如果业主不是管理专家，或没有聘请得力的咨询（监理）工程师进行全过程的管理，则不能将工程分标太多。

2. 园林工程施工合同实施总体策划

（1）工程承包方式和费用的划分。在施工合同实施总体策划过程中，需要根据园林工程的分包策划确定工程的承包方式和每个合同的工程范围，我们将在后面对这部分的具体内容进行详细讨论。

（2）工程招标方式的确定。工程招标方式，通常有公开招标、议标、选择性竞争招标三种，每种方式都有其特点及适用范围。

1）公开招标。在这个过程中，业主选择范围大，承包商之间充分地平等竞争，有利于降低报价、提高工程质量、缩短工期。但招标期较长，业主有大量的管理工作，如准备许多资格预审文件和招标文件，资格预审、评标、澄清会议工作量大。

但是，不限对象的公开招标会导致许多无效投标，导致社会资源的浪费。许多承包商竞争一个标，除中标的一家外，其他各家的花费都是徒劳的。这会导致承包商经营费用的提高，最终导致整个市场上园林工程成本的提高。

2）议标。在这种招标方式中，业主直接与一个承包商进行合同谈判，由于没有竞争，承包商报价较高，工程合同价格自然很高。议标一般适合在一些特殊情况下采用。

① 业主对承包商十分信任，可能是老主顾、承包商资信很好。

② 由于园林工程的特殊性，仅由一家承包商控制的专利技术工程等。

③ 有些采用成本加酬金合同的情况。

④ 在一些国际工程中，承包商帮助业主进行工程前期策划，做可行性研究甚至工程的初步设计。

3）选择性竞争招标（邀请招标）。业主根据园林工程的特点，有目标、有条件地选择几个承包商，邀请他们参加工程的投标竞争，这是国内外经常采用的招标方式。采用这种招标方式，业主的事务性管理工作较少，招标所用的时间较短、费用低，同时业主可以获得一个比较合理的价格。

（3）合同种类的选择。不同种类的合同，有不同的应用条件、不同的权力和责任的分配、不同的付款方式，对合同双方有不同的风险。所以，应按具体情况选择合同类型。

① 单价合同。单价合同是最常见的合同种类，适用范围广，如 FIDIC 工程施工合同，我国的建设工程施工合同也主要是这一类合同。

② 固定总合同。这种合同以一次包死的总价格委托，除了设计有重大变更，一般不允许调整合同价格。所以在这类合同中承包商承担了全部的工作量和价格风险。

③ 成本加酬金合同。园林工程最终合同价格按承包商的实际成本加一定比率的酬金（间接费）计算。在合同签订时不能确定一个具体的合同价格，只能确定酬金的比率。由于合同价格按承包商的实际成本结算，承包商不承担任何风险，所以没有成本控制的积极性，相反期望提高成本以提高工程的经济效益。这样会损害园林工程的整体效益。

④ 目标合同。它是固定总价合同和成本加酬金合同的结合和改进形式。在国外，它广泛使用于工业项目、研究和开发项目、军事工程中。承包商在工程早期（可行性研究阶段）就介入工程，并以全包的形式承包工程。

（4）工程合同条件的选择。

① 最好选用双方都熟悉的标准的合同条件，这样能较好地执行。如果双方来自不同的国家，选用合同条件时应更多地考虑承包商的因素，使用承包商熟悉的合同条件。

② 从主观上都希望使用严密的、完备的合同条件，但合同条件应该与双方的管理水平相配套。如果双方的管理水平很低，而使用十分完备、周密，同时又规定十分严格的合同条件，则这种合同条件没有可执行性。

③ 合同条件的使用应注意到其他方面的制约。例如我国工程估价有一整套定额和取费标准，这是与我国所采用的施工合同文本相配套的。

（5）重要合同条款的确定。

① 付款方式。

② 适用于合同关系的法律，以及合同争执仲裁的地点、程序等。

③ 合同价格的调整条件、范围、方法。

④ 合同双方风险的分担。

⑤ 为了保证双方诚实信用，必须有相应的合同措施。如保函、保险等。

⑥ 对承包商的激励措施。

⑦ 设计合同条款，通过合同保证对工程的控制权力，并形成一个完整的控制体系。

三、 园林工程施工合同实施保证体系

1. 建立报告和行文制度

总承包商和业主、监理工程师、分包商之间的沟通都应该以书面形式进行，或以书面形式为最终依据。这既是合同的要求，也是经济法律的要求，更是工程管理的需要。这些内容包括以下几点。

（1）定期的工程实施情况报告，如日报、周报、旬报、月报等。应规定报告内容、格式、报告方式、时间以及负责人。

（2）园林工程施工过程中发生的特殊情况及其处理的书面文件（如特殊的气候条件、工程环境的变化等）应有书面记录，并由监理工程师签署。

（3）园林工程中所有涉及双方的工程活动，如材料、设备、各种工程的检查验收，场地、图纸的交接，各种文件（如会议纪要，索赔和反索赔报告，账单）的交接，都应有相应

的手续，应有签收证据。

对在园林工程中合同双方的任何协商、意见、请示、指示都应落实在纸上，这样双方的各种工程活动才有根有据。

2. 建立文档系统

（1）各种数据、资料的标准化，如各种文件、报表、单据等应有规定的格式和规定的数据结构要求。

（2）各种资料的提供时间。

（3）准确性要求。

（4）建立工程资料的文档系统等。

（5）将原始资料收集整理的责任落实到人，由其对资料负责。资料的收集工作必须落实到工程现场，必须对工程小组负责人和分包商提出具体要求。

3. 作合同交底，分解合同责任，实行目标管理

（1）对项目管理人员和各工程小组负责人进行"合同交底"，组织大家学习合同和合同总体分析结果，对合同的主要内容作出解释和说明，使大家熟悉合同中的主要内容、各种规定、管理程序，了解承包商的合同责任和工程范围，各种行为的法律后果等。

（2）将各种合同事件的责任分解落实到各工程小组或分包商，使他们对合同事件表（任务单、分包合同）、施工图纸、设备安装图纸、详细的施工说明等有十分详细的了解。并对园林工程实施的技术的和法律的问题进行解释和说明，如园林工程的质量、技术要求和实施中的注意点、工期要求、消耗标准、相关事件之间的搭接关系、各工程小组（分包商）责任界限的划分、完不成责任的影响和法律后果等。

（3）在合同实施前与其他相关的各方面（如业主、监理工程师、承包商）沟通，召开协调会议，落实各种安排。

（4）在合同实施过程中还必须进行经常性的检查、监督，对合同作解释。

（5）合同责任的完成必须通过其他经济手段来保证。

4. 建立合同管理的工作程序

（1）制订定期或不定期的协商会办制度。在园林工程施工过程中，业主、工程师和各承包商之间，承包商和分包商之间以及承包商的工程管理职能人员和各工程小组负责人之间都应有定期的协商会办。通过会办可以解决以下问题。

① 检查合同实施进度和各种计划落实情况。

② 讨论和解决目前已经发生的和以后可能发生的各种问题，并作出相应的决议。

③ 讨论合同变更问题，作出合同变更决议，落实变更措施，决定合同变更的工期和费用补偿数量等。

④ 协调各方面的工作，对后期工作作安排。

对园林工程中出现的特殊问题可不定期地召开特别会议讨论解决方法，保证合同实施一直得到很好的协调和控制。

（2）建立特殊工作程序。对于一些经常性工作应订立工作程序，使大家有章可循，合同管理人员也不必进行经常性的解释和指导，如图纸批准程序，工程变更程序，分包商的索赔程序，分包商的账单审查程序，材料、设备、隐蔽工程、已完工程的检查验收程序，工程进度付款账单的审查批准程序，工程问题的请示报告程序等。

第四节 园林工程施工过程合同管理

一、园林工程施工合同履行

1. 施工合同履行的准备工作

通常，承包合同签订1～2个月内，监理工程师即下达开工令（也有的工程合同协议内规定合同签订之日，即算开工之日）。无论如何，承包商都要竭尽全力做好开工前的准备工作并尽快开工，避免因开工准备不足而延误工期。

（1）人员和组织准备。项目经理部的组成是实施项目的关键，特别是要选好项目经理及其他主要人员，如总工程师、总会计师等。确定项目经理部主要人员后，由项目经理针对项目性质和工程大小，再选择其他经理部人员和施工队伍。同时与分包单位签订协议，明确与他们的责、权、利，使他们对项目有足够的重视，派出胜任承包任务的人员。

① 项目经理人选确定。项目经理是项目施工的直接组织者与领导者，其能力与素质直接关系到项目管理的成败，因而要求项目经理具有一定的基本素质。

② 选择项目经理部的其他人员。由项目经理负责，针对项目性质和工程大小，选择项目经理部的其他人选。项目经理部是项目管理的中枢，其人员组成的原则是：充分支持专业技术组合优势，力求精简，有利于提高工作效率。

③ 施工作业队伍选择与分包单位签订合同。选择信誉好，能确保工期、质量，并能较好地降低工程成本的施工作业队伍与分包单位，与之签订协议，明确他们的责、权、利。进行必要的工程技术交底及有关业务技能培训。

④ 聘请专业顾问。进行技术复杂的大型项目、本企业无施工经验的项目或国际工程项目的施工时，还需聘有关方面的专家，以提高项目管理能力与合同管理能力。

（2）施工准备。项目经理部组建后，就要着手施工准备工作，施工准备应着眼于以下几方面。

① 接收现场。由发包人和发包人一方聘请的监理工程师会同承包商一方有关人员到现场办理交接手续。发包人、监理工程师应向承包商交底，如园林施工场地范围、工程界线、基准线、基准标高等，承包商校核没有异议，则可在接收现场的文件上签字，现场即算接收完毕。

② 领取有关文件。承包商要向发包人或监理工程师领取图纸（按合同文件规定的套数）、技术规范（按合同文件规定的份数）及有报价的工程量表。如图纸份数不够使用时，承包商自费购买或复印。

③ 建立现场生活和生产营地。购买园林工程及生活用活动房屋，或者自己建造房屋或租用房屋，建造仓库、生产维修车间等，办理连接水、电手续，购买空调机及各种生产设备和生活用品等。

④ 编制园林工程施工进度计划，包括人员进场，各项目材料机械进场时间。根据合同要求排出横线条进度计划，或采用网络图控制进度计划。

⑤ 编制付款计划表。承包商应在合同条件规定的时间内根据合同要求向监理工程师及

发包人，报送其根据施工进度计划估算的各个季度其可能得到的现金流通量估算表。每月工程付款报表格式，须经监理工程师批准，承包商按月向监理工程师和发包人提交付款申请。

⑥ 提交现场管理机构及名单，承包商应按监理工程师的要求提交现场施工管理组织系统表。

⑦ 采购机械设备。

（3）办理保险、保函。承包商在接到发包人发出的中标函并最后签订工程合同之前，要根据合同文件有关条款要求，办理保函手续（包括履约保函、预付款保函等）和保险手续（包括工程保险、第三方责任险、工程一切险等），一般要求在签订工程合同前，提交履约保函、预付款保函。提交保险单的日期一般在合同条件中注明。

（4）资金的筹措。筹集施工所需的流动资金。根据园林企业的财务状况、借贷利率等，制订筹资计划与筹资方案，确保以最小的代价，保证园林工程施工的顺利进行。

（5）学习合同文件。即在执行合同前，要组织有关人员认真学习合同文件，掌握各合同条款的要点与内涵，以利执行"实际履行与全面履行"的合同履行的原则。

2. 园林工程施工合同履行中各方的职责

在园林工程项目施工合同中明确了合同当事人双方即发包人和承包商的权利、义务和职责，同时也对接受发包人委托的监理工程师的权力、职责的范围作了明确、具体的规定。当然，监理工程师的权利、义务在发包人与监理单位所签订的监理委托合同中，也有明确且具体的规定。

下面概括地介绍在园林施工合同的履行过程中，发包人、监理工程师和承包商的职责。

（1）发包人的职责。发包人及其所指定的发包人代表，负责协调监理工程师和承包商之间的关系，对重要问题作出决策，并处理必须由发包人完成的有关事宜，包括如下内容：

① 指定发包人代表，委托监理工程师，并以书面形式通知承包商，如系国际贷款项目则还应通知贷款方。

② 及时办理征地、拆迁等有关事宜，并按合同规定完成（或委托承包商）场地平整，水、电、道路接通等准备工作。

③ 批准承包商转让部分工程权益的申请，批准履约保证和承保人，批准承包商提交的保险单。

④ 在承包商有关手续齐备后，及时向承包商拨付有关款项。如园林工程预付款、设备和材料预付款，每月的月结算，最终结算表。

⑤ 负责为承包商开证明信，以便承包商为工程的进口材料、设备以及承包商的施工装备等办理海关、税收等有关手续问题。

⑥ 主持解决合同中的纠纷、合同条款必要的变动和修改（需经双方讨论同意）。

⑦ 及时签发工程变更命令（包括工程量变更和增加新项目等），并确定这些变更的单价与总价。

⑧ 批准监理工程师同意上报的工程延期报告。

⑨ 对承包商的信函及时给予答复。

⑩ 负责编制并向上级及外资贷款单位送报财务年度用款计划，财务结算及各种统计报表等。

⑪ 协助承包商（特别是外国承包商）解决生活物资供应、运输等问题。

⑫ 负责组成验收委员会进行整个园林工程或局部工程的初步验收和最终竣工验收，并

签发有关证书。

⑬ 如果承包商违约，发包人有权终止合同并授权其他人去完成合同。

（2）承包商的职责

① 按合同工作范围、技术规范、图纸要求及进场后呈交并经监理工程师批准的施工进度实施计划、负责组织现场施工，每月（或周）的施工进度计划亦须事先报监理工程师批准。

② 每周在监理工程师召开的会议上汇报工程进展情况及存在问题，提出解决问题的办法经监理工程师批准执行。

③ 负责施工放样及测量，所有测量原始数据、图纸均须经监理工程师检查并签字批准，但承包商应对测量数据和图纸的正确性负责。

④ 负责按工程进度及工艺要求进行各项有关现场及实验室实验，所有试验成果均须报监理工程师审核批准，但承包商应对试验成果的正确性负责。

⑤ 根据监理工程师的要求，每月报送进、出场机械设备的数量和型号，报送材料进场量和耗用量以及报送进、出场人员数。

⑥ 制订施工安全措施，经监理工程师批准后实施，但承包商应对工地的安全负责。

⑦ 制订各种有效措施保证园林工程质量，并且在需要时，根据监理工程师的指示，提出有关质量检查办法的建议，经监理工程师批准执行。

⑧ 负责施工机械的维护、保养和检修，以保证园林工程施工正常进行。

⑨ 按照合同要求负责设备的采购、运输、检查、安装、调试及试运行。

⑩ 按照监理工程师的指示，对园林施工的有关工序，填写详细的施工报表，并及时要求监理工程师审核确认。

⑪ 根据合同规定或监理工程师的要求，进行部分永久工程的设计或绘制施工详图，报监理工程师批准后实施，但承包商应对所设计的永久工程负责。

⑫ 在订购材料之前，需根据监理工程师的要求，或将材料样品送监理工程师审核，或将材料送监理工程师指定的试验室进行试验，试验成果报请监理工程师审核批准。对进场材料要随时抽样检验材料质量。

另外，需要注意的是关于承包商的强制性义务，通常包括以下几个方面。

① 执行监理工程师的指令。

② 接受工程变更要求。由于各种不可预见因素的存在，工程变更现象在所难免，因而要求承包商接受一定范围的工程变更要求。但根据合同变更的定义，变更是当事人双方协商一致的结果，所以因客观条件的制约工程不得不变更时，发包方必须与承包商协商，并达成一致意见。

③ 严格执行合同中有关期限的规定。首先是合同工期。承包商一旦接到监理工程师发出的开工令，就得立即开工，否则将导致违约而蒙受损失。其次是在履行合同过程中，承包商只存在合同规定的有效期限内提出的要求才被接受。若迟于合同规定的相应期限，不管其要求是否合理，发包人完全有权不予接受。

④ 承包商必须信守价格义务。工程承包合同是缔约双方行为的依据，价格则是合同的实质性因素。合同一经缔结便不得更改（只能签订附加条款予以补充、修改和完善），因此，价格自然也就不能更改了。对于承包商，价格不能更改的含义是其在正常条件下，包括园林施工过程中碰到正常困难的情况下不得要求补偿。例外的情况一般如下。

a. 增加工程，包括发包人要求的或不可预见的工程。

b. 因修改设计而导致工程变更或改变施工条件。

c. 由于发包人的行为或错误而导致工程变更。

d. 发生不可抗力事件。

e. 发生导致经济条件混乱的不可预见事件。

（3）监理工程师的职责。监理工程师不属于发包人与承包商之间所签订施工合同中的任一方，但也接受发包人的委托并根据发包人的授权范围，代表发包人对工程进行监督管理，主要负责工程的进度控制、质量控制、投资控制、合同管理、信息管理以及协调工作等。其具体职责如下。

① 协助发包人评审投标文件，提出决策建议，并协助发包人与中标者商签承包合同。

② 按照合同要求，全面负责对工程的监督、管理和检查，协调现场各承包商间的关系，负责对合同文件的解释和说明，处理矛盾，以确保合同的圆满执行。

③ 审查承包商入场后的施工组织设计，施工方案和施工进度实施计划以及工程各阶段或各分部工程的进度实施计划，并监督实施，督促承包商按期或提前完成工程，进行进度控制。按照合同条件主动处理工期延长问题或接受承包商的申请处理有关工期延长问题。审批承包商报送的各分部工程的施工方案，特殊技术措施和安全措施。必要时发出暂停施工命令和复工命令并处理由此而引起的问题。

④ 帮助承包商正确理解设计意图，负责有关工程图纸的解释、变更和说明，发出图纸变更命令，提供新的补充的图纸，在现场解决施工期间出现的设计问题。负责提供原始基准点、基准线和参考标高，审核检查并批准承包商的测量放样结果。

⑤ 监督承包商认真贯彻执行合同中的技术规范、施工要求和图纸上的规定，以确保园林工程质量能满足合同要求。制订各类对承包商进行施工质量检查的补充规定。或审查、修改和批准由承包商提交的质量检查要求和规定。及时检查工程质量，特别是基础工程和隐蔽工程。指定试验单位或批准承包商申报的试验单位，检查批准承包商的各项实验室及现场试验成果。及时签发现场或其他有关试验的验收合格证书。

⑥ 严格检查材料、设备质量、批准、检查承包商的订货（包括厂家、货物样品、规格等），指定或批准材料检验单位，抽查或检查进场材料和设备（包括配件、半成品的数量和质量等）。

⑦ 进行投资控制。负责审核承包商提交的每月完成的工程量及相应的月结算财务报表，处理价格调整中有关问题并签署当月支付款数额，及时报发包人审核支付。

⑧ 协助发包人处理好索赔问题。当承包商违约时代表发包人向承包商索赔，同时处理承包商提出的各类索赔。索赔问题均应与发包人和承包商协商后，决定处理意见。如果发包人或承包商中的任一方对监理工程师的决定不满意，可以提交仲裁。

⑨ 人员考核。承包商派去工地管理工程的项目经理，须经监理工程师批准。监理工程师有权考查承包商进场人员的素质、包括技术水平、工作能力、工作态度等，可以随时撤换不称职的项目经理和不听从管理的工人。

⑩ 审批承包商要求将有关设备、施工机械、材料等物品进、出海关的报告，并及时向发包人发出要求办理海关手续的公函，督促发包人及时向海关发出有关公函。

⑪ 监理工程师应自己记录施工日记及保存一份质量检查记录，以作为每月结算及日后查核时用。监理工程师并应根据积的工程资料，整理工程档案（如监理合同有该项要求

时）。

⑫ 在工程快结束时，核实最终工程量，以便进行工程的最终支付。参加竣工验收或受发包人委托负责组织并参加竣工验收。

⑬ 签发合同条款中规定的各类证书与报表。

⑭ 定期向发包人提供工程情况报告，并根据工地发生的实际情况及时向发包人呈报工程变更报告，以便发包人签发变更命令。

⑮ 协助调解发包人和承包商之间的各种矛盾。当承包商或发包人违约时，按合同条款的规定，处理各类有关问题。

⑯ 处理施工中的各种意外事件（如不可预见的自然灾害等）引起的问题。

3. 履行施工合同应遵守的规定

施工项目合同履行的主体是项目经理和项目经理部。项目经理部必须从园林施工项目的施工准备、施工、竣工至维修期结束的全过程中，认真履行施工合同，实行动态管理，跟踪收集、整理、分析合同履行中的信息，合理、及时地进行调整。还应对合同履行进行预测，及早提出和解决影响合同履行的问题，以避免或减少风险。

（1）项目经理部履行施工合同应遵守下列规定。

① 必须遵守《中华人民共和国合同法》《中华人民共和国建筑法》规定的各项合同履行原则和规则。

② 在行使权力、履行义务时应当遵循诚实信用原则和坚持全面履行的原则。全面履行包括实际履行（标的的履行）和适当履行（按照合同约定的品种、数量、质量、价款或报酬等的履行）。

③ 项目经理由企业授权负责组织施工合同的履行，并依据《中华人民共和国合同法》规定，与发包人或监理工程师打交道，进行合同的变更、索赔、转让和终止等工作。

④ 如果发生不可抗力致使合同不能履行或不能完全履行时，应及时向企业报告，并在委托权限内依法及时进行处置。

⑤ 遵守合同对约定不明条款、价格发生变化的履行规则，以及合同履行担保规则和抗辩权、代位权、撤销权的规则。

⑥ 承包人按专用条款的约定分包所承担的部分工程，并与分包单位签订分包合同。非经发包人同意，承包人不得将承包工程的任何部分分包。

⑦ 承包人不得将其承包的全部工程倒手转给他人承包，也不得将全部工程肢解后以分包的名义分别转包给他人，这是违法行为。工程转包是指：承包人不行使承包人的管理职能，不承担技术经济责任，将其承包的全部工程、或将其肢解以后以分包的名义分别转包给他人；或将工程的主要部分或群体工程的半数以上的单位工程倒手转给其他施工单位；以及分包人将承包的工程再次分包给其他施工单位，从中提取回扣的行为。

（2）项目经理部履行施工合同应做以下的工作。

① 应在施工合同履行前，针对园林工程的承包范围、质量标准和工期要求，承包人的义务和权力，工程款的结算、支付方式与条件，合同变更、不可抗力影响、物价上涨、工程中止、第三方损害等问题产生时的处理原则和责任承担，争议的解决方法等重要问题进行合同分析，对合同内容、风险、重点或关键性问题作出特别说明和提示，向各职能部门人员交底，落实根据施工合同确定的目标，依据施工合同指导工程实施和项目管理工作。

② 组织施工力量；签订分包合同；研究熟悉设计图纸及有关文件资料；多方筹集足够

的流动资金；编制施工组织设计、进度计划、工程结算付款计划等，做好施工准备，按时进入现场，按期开工。

③ 制订科学的周密的材料、设备采购计划，采购符合质量标准的价格低廉的材料、设备，按施工进度计划，及时进入现场，搞好供应和管理工作，保证顺利施工。

④ 按设计图纸、技术规范和规程组织施工；做好施工记录，按时报送各类报表；进行各种有关的现场或实验室抽检测试，保存好原始资料；制订各种有效措施，采取先进的管理方法，全面保证施工质量达到合同要求。

⑤ 按期竣工，试运行，通过质量检验，交付发包人，收回工程价款。

⑥ 按合同规定，做好责任期内的维修、保修和质量回访工作。对属于承包方责任的园林工程质量问题，应负责无偿修理。

⑦ 履行合同中关于接受监理工程师监督的规定，如有关计划、建议须经监理工程师审核批准后方可实施；有些工序须监理工程师监督执行，所做记录或报表要得到其签字确认；根据监理工程师要求报送各类报表、办理各类手续；执行监理工程师的指令，接受一定范围内的工程变更要求等。承包商在履行合同中还要自觉地接受公证机关、银行的监督。

⑧ 项目经理部在履行合同期间，应注意收集、记录对方当事人违约事实的证据，即对发包方或发包人履行合同进行监督，作为索赔的依据。

4. 分包合同签订

（1）关于工程转包与分包。

1）关于工程转包。工程转包是指不行使承包者管理职能，不承担技术经济责任，将所承包的工程倒手转给他人承包的行为。下列行为均属转包：

① 园林企业将承包的工程全部包给其他施工单位，从中提取回扣者。

② 总包单位将工程的主要部分或群体工程（指结构技术要求相同的）中半数以上的单位工程包给其他施工单位者。

③ 分包单位将承包的工程再次分包给其他施工单位者。

我国是禁止转包工程的。《中华人民共和国建筑法》明确规定："禁止承包单位将其承包的全部建筑工程转包给他人，禁止承包单位将其承包的全部工程肢解以后以分包的名义分别转包给他人。"

2）关于工程分包。工程分包是指经合同约定或发包单位认可，从工程总包单位承包的工程中承包部分工程的行为。承包单位将部分工程分包出去，这是允许的。《建筑安装工程承包合同条例》规定："承包单位可将承包的工程，部分分包给其他分包单位，签订分包合同"。

（2）分包合同的签订。总包单位必须自行完成园林建设项目（或单项、单位工程）的主要部分，其非主要部分或专业性较强的工程可分包给营业条件符合该工程技术要求的单位。结构和技术要求相同的群体工程，总包单位应自行完成半数以上的单位工程。

1）分包合同文件组成及优先顺序

① 分包合同协议书。

② 承包人发出的分包中标书。

③ 分包人的报价书。

④ 分包合同条件。

⑤ 标准规范、图纸、列有标价的工程量清单。

⑥ 报价单或施工图预算书。

2）总包单位的责任

① 编制施工组织总设计，全面负责工程进度、工程质量、施工技术、安全生产等管理工作。

② 按照合同或协议规定的时间，向分包单位提供园林材料、构配件、施工机具及运输条件。

③ 统一向发包单位领取工程技术文件和施工图纸，按时供给分包单位。属于安装工程和特殊专业工程的技术文件和施工图纸，经发包单位同意，也可委托分包单位直接向发包单位领取。

④ 按合同规定统筹安排分包单位的生产、生活临时设施。

⑤ 参加分包工程技师检查和竣工验收。

⑥ 统一组织分包单位编制工程预算、拨款及结算。属于安装工程和特殊专业工程的预决算，经总包单位委托，发包单位同意，分包单位也可直接对发包单位。

3）分包单位的责任

① 保证分包工程质量，确保分包工程按合同规定的工期完成。

② 按施工组织总设计编制分包工程的施工组织设计或施工方案，参加总包单位的综合平衡。

③ 编制分包工程的预（决）算，施工进度计划。

④ 及时向总包单位提供分包工程的计划、统计、技术、质量等有关资料。

5. 分包合同履行

分包合同的当事人，总包单位与分包单位，都应严格履行分包合同规定的义务。具体要求如下。

（1）工程分包不能解除承包人任何责任与义务，承包人应在分包现场派驻相应的监督管理人员，保证本合同的履行。履行分包合同时，承包人应就承包项目（其中包括分包项目），向发包人负责，分包人就分包项目向承包人负责。分包人与发包人之间不存在直接的合同关系。

（2）分包人应按照分包合同的规定，实施和完成分包工程，修补其中的缺陷，提供所需的全部工程监督、劳务、材料、工程设备和其他物品，提供履约担保、进度计划，不得将分包工程进行转让或再分包。

（3）承包人应提供总包合同（工程量清单或费率所列承包人的价格细节除外）供分包人查阅。

（4）分包人应当遵守分包合同规定的承包人的工作时间和规定的分包人的设备材料进出场的管理制度。承包人应为分包人提供施工现场及其通道；分包人应允许承包人和监理工程师等在工作时间内合理进入分包工程的现场，并提供方便，做好协助工作。

（5）分包人延长竣工时间应根据下列条件：承包人根据总包合同延长总包合同竣工时间；承包人指示延长；承包人违约。分包人必须在延长开始14天内将延长情况通知承包人，同时提交一份证明或报告，否则分包人无权获得延期。

（6）分包人仅从承包人处接受指示，并执行其指示。如果上述指示从总包合同来分析是监理工程师失误所致，则分包人有权要求承包人补偿由此而导致的费用。

（7）分包人应根据下列指示变更、增补或删减分包工程：监理工程师根据总包合同作出的指示，再由承包人作为指示通知分包人；承包人的指示。

（8）分包工程价款由承包人与分包人结算。发包人未经承包人同意不得以任何名义向分包单位支付各种工程款项。

（9）由于分包人的任何违约行为、安全事故或疏忽、过失导致工程损害或给发包人造成损失，承包人承担连带责任。

二、 园林工程施工合同变更

1. 合同变更

（1）合同变更的原因。合同变更是指依法对原来合同进行的修改和补充，即在履行合同项目的过程中，由于实施条件或相关因素的变化，而不得不对原合同的某些条款作出修改、订正、删除或补充。合同变更一经成立，原合同中的相应条款就应解除。

合同内容频繁地变更是工程合同的特点之一。园林工程，合同变更的次数、范围和影响的大小与该工程招标文件（特别是合同条件）的完备性、技术设计的正确性，以及实施方案和实施计划的科学性直接相关。合同变更一般主要有以下几方面的原因。

① 发包人有新的意图，发包人修改项目总计划，削减预算，发包人要求变化。

② 由于设计人员、工程师、承包商事先没能很好地理解发包人的意图，或因设计的错误，导致的图纸修改。

③ 工程环境的变化，预定的工程条件改变原设计、实施方案或实施计划，或由于发包人指令及发包人责任的原因造成承包商施工方案的变更。

④ 由于产生新的技术和知识，有必要改变原设计、实施方案或实施计划，或由于发包人指令、发包人的原因造成承包商施工方案的变更。

⑤ 政府部门对园林工程新的要求，如国家计划变化、环境保护要求、城市规划变动等。

⑥ 由于合同实施出现问题，必须调整合同目标，或修改合同条款。

⑦ 合同双方当事人由于倒闭或其他原因转让合同，造成合同当事人的变化。这通常是比较少的。

（2）合同变更范围。合同变更的范围很广，一般在合同签订后所有工程范围、进度、工程质量要求、合同条款内容、合同双方责权利关系的变化等都可以被看作为合同变更。最常见的变更有两种。

① 涉及合同条款的变更，合同条件和合同协议书所定义的双方责权利关系或一些重大问题的变更。这是狭义的合同变更，以前人们定义合同变更即为这一类。

② 工程变更，即工程的质量、数量、性质、功能、施工次序和实施方案的变化。

（3）合同变更的影响

① 导致设计图纸、成本计划和支付计划、工期计划、施工方案、技术说明和适用的规范等定义工程目标和工程实施情况的各种文件作相应的修改和变更。当然，相关的其他计划也应作相应调整，如材料采购计划、劳动力安排、机械使用计划等。它不仅引起与承包合同平行的其他合同的变化，而且会引起所属的各个分合同，如供应合同、租赁合同、分包合同的变更。有些重大的变更会打乱整个施工部署。

② 引起合同双方、承包商的工程小组之间、总承包商和分包商之间合同责任的变化。如工程量增加，则增加了承包商的工程责任，增加了费用开支和延长了工期。

③ 有些工程变更还会引起已完工程的返工、现场工程施工的停滞、施工秩序打乱、已

购材料的损失等。

（4）合同变更的原则

① 合同双方都必须遵守合同变更程序，依法进行，任何一方都不得单方面擅自更改合同条款。

② 合同变更要经过有关专家（监理工程师、设计工程师、现场工程师等）的科学论证和合同双方的协商。在合同变更具有合理性、可行性，而且由此而引起的进度和费用变化得到确认和落实的情况下方可实行。

③ 合同变更的次数应尽量减少，变更的时间亦应尽量提前，并在事件发生后的一定时限内提出，以避免或减少给工程项目建设带来的影响和损失。

④ 合同变更应以监理工程师、发包人和承包商共同签署的合同变更书面指令为准，并以此作为结算工程价款的凭据。紧急情况下，监理工程师的口头通知也可接受，但必须在4~8h内，追补合同变更书。承包人对合同变更若有不同意见可在7~10天内书面提出，但发包人决定继续执行的指令，承包商应继续执行。

⑤ 合同变更所造成的损失，除依法可以免除的责任外，如由于设计错误，设计所依据的条件与实际不符，图与说明不一致，施工图有遗漏或错误等，应由责任方负责赔偿。

（5）合同变更程序

1）合同变更的提出

① 承包商提出合同变更。承包商在提出合同变更时，一般情况是工程遇到不能预见的地质条件或地下障碍。另一种情况是承包商为了节约工程成本或加快工程施工进度，提出合同变更。

② 发包人提出变更。发包人一般可通过工程师提出合同变更。但如发包人方提出的合同变更内容超出合同限定的范围，则属于新增工程，只能另签合同处理，除非承包方同意作为变更。

③ 工程师提出合同变更。工程师往往根据工地现场的工程进展的具体情况，认为确有必要时，可提出合同变更。工程承包合同施工中，因设计考虑不周，或施工时环境发生变化，工程师本着节约工程成本和加快工程与保证工程质量的原则，提出合同变更。只要提出的合同变更在原合同规定的范围内，一般是切实可行的。若超出原合同，新增了很多工程内容和项目，则属于不合理的合同变更请求，工程师应和承包商协商后酌情处理。

2）合同变更的批准。由承包商提出的合同变更，应交与工程师审查并批准。由发包人提出的合同变更，为便于工程的统一管理，一般由工程师代为发出。而工程师发出合同变更通知的权力，一般由工程施工合同明确约定。当然该权力也可约定为发包人所有，然后，发包人通过书面授权的方式使工程师拥有该权力。如果合同对工程师提出合同变更的权力作了具体限制，而约定其余均应由发包人批准，则工程师就超出其权限范围的合同变更发出指令时，应附上发包人的书面批准文件，否则承包商可拒绝执行。但在紧急情况下，不应限制工程师向承包商发布他认为必要的变更指示。

合同变更审批的一般原则应为：第一要考虑合同变更对工程进展是否有利；第二要考虑合同变更可以节约工程成本；第三应考虑合同变更是兼顾发包人、承包商或工程项目之外其他第三方的利益，不能因合同变更而损害任何一方的正当权益；第四必须保证变更项目符合本工程的技术标准；最后一种情况为工程受阻，如遇到特殊风险、人为阻碍、合同一方当事人违约等不得不变更工程。

3）合同变更指令的发出及执行。为了避免耽误工作，工程师在和承包商就变更价格达成一致意见之前，有必要先行发布变更指示，即分两个阶段发布变更指示：第一阶段是在没有规定价格和费率的情况下直接指示承包商继续工作；第二阶段是在通过进一步的协商之后，发布确定变更工程费率和价格的指示。

合同变更指示的发出有两种形式：书面形式和口头形式。一般情况要求工程师签发书面变更通知令。当工程师书面通知承包商工程变更，承包商才执行变更的工程。当工程师发出口头指令要求合同变更时，要求工程师事后一定要补签一份书面的合同变更指示。如果工程师口头指示后忘了补书面指示，承包商（须 7 天内）以书面形式证实此项指示，交于工程师签字，工程师若在 14 天之内没有提出反对意见，应视为认可。

所有合同变更必须用书面或一定规格写明。对于要取消的任何一项分部工程，合同变更应在该部分工程还未施工之前进行，以免造成人力、物力、财力的浪费，避免造成发包人多支付工程款项。

根据通常的工程惯例，除非工程师明显超越合同赋予其的权限，承包商应该无条件地执行其合同变更的指示。如果工程师根据合同约定发布了进行合同变更的书面指令，则不论承包商对此是否有异议，不论合同变更的价款是否已经确定，也不论监理方或发包人答应给予付款的金额是否令承包商满意，承包商都必须无条件地执行此种指令。即使承包商有意见，也只能是一边进行变更工作，一边根据合同规定寻求索赔或仲裁解决。在争议处理期间，承包商有义务继续进行正常的工程施工和有争议的变更工程施工，否则可能会构成承包商违约。合同变更的程序示意图，如图 5-1 所示。

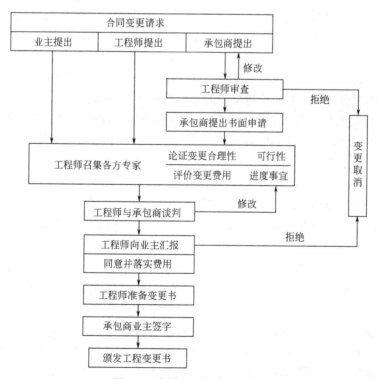

图 5-1 合同变更程序示意图

（6）工程变更。在合同变更中，量最大、最频繁的是工程变更。它在工程索赔中所占的份额也最大。工程变更的责任分析是工程变更起因与工程变更问题处理，即确定赔偿问题的桥梁。工程变更中有两大类变更。

1）设计变更。设计变更会引起工程量的增加、减少，新增或删除工程分项，工程质量和进度的变化，实施方案的变化。一般工程施工合同赋予发包人（工程师）这方面的变更权力，可以直接通过下达指令，重新发布图纸或规范实现变更。

2）施工方案变更。施工方案变更的责任分析有时比较复杂。

① 在投标文件中，承包商就在施工组织设计中提出比较完备的施工方案，但施工组织设计不作为合同文件的一部分。对此应注意以下问题。

a. 施工方案虽不是合同文件，但它也有约束力。发包人向承包商授标就表示对这个方案的认可。当然在授标前，在澄清会议上，发包人也可以要求承包商对施工方案作出说明，甚至可以要求修改方案，以符合发包人的目标、发包人的配合和供应能力（如图纸、场地、资金等）。此时一般承包商会积极迎合发包人的要求，以争取中标。

b. 施工合同规定，承包商应对所有现场作业和施工方法的完备、安全、稳定负全部责任。这一责任表示在通常情况下由于承包商自身原因（如失误或风险）修改施工方案所造成的损失由承包商负责。

c. 在它作为承包商责任的同时，又隐含着承包商对决定和修改施工方案具有相应的权利，即发包人不能随便干预承包商的施工方案；为了更好地完成合同目标（如缩短工期），或在不影响合同目标的前提下承包商有权采用更为科学和经济合理的施工方案，发包人也不得随便干预。当然承包商承担重新选择施工方案的风险和机会收益。

d. 在工程中承包商采用或修改实施方案都要经过工程师的批准或同意。

② 重大的设计变更常常会导致施工方案的变更。如果设计变更由发包人承担责任，则相应的施工方案的变更也由发包人负责；反之，则由承包商负责。

③ 对不利的异常的地质条件所引起的施工方案的变更，一般作为发包人的责任。一方面这是一个有经验的承包商无法预料现场气候条件除外的障碍或条件，另一方面发包人负责地质勘察和提供地质报告，则他应对报告的正确性和完备性承担责任。

④ 施工进度的变更。施工进度的变更是十分频繁的：在招标文件中，发包人给出工程的总工期目标；承包商在投标书中有一个总进度计划（一般以横道图形式表示）；中标后承包商还要提出详细的进度计划，由工程师批准（或同意）；在工程开工后，每月都可能有进度的调整。通常只要工程师（或发包人）批准（或同意）承包商的进度计划（或调整后的进度计划），则新进度计划就有了约束力。如果发包人不能按照新进度计划完成按合同应由发包人完成的责任，如及时提供图纸、施工场地、水电等，则属发包人的违约，应承担责任。

（7）工程变更的管理。

① 注意对工程变更条款的合同分析。工程变更不能超过合同规定的工程范围，如果超过这个范围，承包商有权不执行变更或坚持先商定价格后再进行变更。发包人和工程师的认可权必须限制。发包人常常通过工程师对材料的认可权提高材料的质量标准、对设计的认可权提高设计质量标准、对施工工艺的认可权提高施工质量标准。如果合同条文规定比较含糊或设计不详细，则容易产生争执。但是，如果这种认可权超过合同明确规定的范围和标准，承包商应争取发包人或工程师的书面确认，进而提出工期和费用索赔。

此外，与发包人、与总（分）包之间的任何书面信件、报告、指令等都应经合同管理人员进行技术和法律方面的审查，这样才能保证任何变更都在控制中，不会出现合同问题。

② 促成工程师提前作出工程变更。在实际工作中，变更决策时间过长和变更程序太慢

会造成很大的损失。常有两种现象：一种现象是施工停止，承包商等待变更指令或变更会谈决议；另一种现象是变更指令不能迅速作出，而现场继续施工，造成更大的返工损失。这就要求变更程序尽量快捷，故即使仅从自身出发，承包商也应尽早发现可能导致工程变更的种种迹象，尽可能促使工程师提前作出工程变更。

施工中发现图纸错误或其他问题，需进行变更，首先应通知工程师，经工程师同意或通过变更程序再进行变更。否则，承包商可能不仅得不到应有的补偿，而且会带来麻烦。

③ 对工程师发出的工程变更应进行识别。特别在国际工程中，工程变更不能免去承包商的合同责任。对已收到的变更指令，特别对重大的变更指令或在图纸上作出的修改意见，应予以核实。对超出工程师权限范围的变更，应要求工程师出具发包人的书面批准文件。对涉及双方责权利关系的重大变更，必须有发包人的书面指令、认可或双方签署的变更协议。

④ 迅速、全面落实变更指令。变更指令作出后，承包商应迅速、全面、系统地落实变更指令。承包商应全面修改相关的各种文件，例如有关图纸、规范、施工计划、采购计划等，使它们一直反映和包容最新的变更。承包商应在相关的各工程小组和分包商的工作中落实变更指令，并提出相应的措施，对新出现的问题作解释和对策，同时又要协调好各方面工作。

⑤ 分析工程变更的影响。工程变更是索赔机会，应在合同规定的索赔有效期内完成对它的索赔处理。在合同变更过程中就应记录、收集、整理所涉及的各种文件，如图纸、各种计划、技术说明、规范和发包人或工程师的变更指令，以作为进一步分析的依据和索赔的证据。在工程变更中，特别应注意因变更造成返工、停工、窝工、修改计划等引起的损失，注意这方面证据的收集。在变更谈判中应对此进行商谈，保留索赔权。在实际工程中，人们常常会忽视这些损失证据的收集，而最后提出索赔报告时往往因举证和验证困难而被对方否决。

2. 违背合同

违背合同又称违约，是指当事人在执行合同的过程中，没有履行合同所规定的义务的行为。项目经理在违约责任的管理方面，首先要管好己方的履约行为，避免承担违约责任。如果发包人违约，应当督促发包人按照约定履行合同，并与之协商违约责任的承担。特别应当注意收集和整理对方违约的证据，以在必要时以此作为依据、证据来维护自己的合法权益。

（1）违约行为和责任。在履行施工合同过程中，主要的违约行为和责任如下。

1）发包人违约

① 发包人不按合同约定支付各项价款，或工程师不能及时给出必要的指令、确认，致使合同无法履行，发包人承担违约责任，赔偿因其违约给承包人造成的直接损失，延误的工期相应顺延。

② 未按合同规定的时间和要求提供材料、场地、设备、资金、技术资料等，除竣工日期得以顺延外，还应赔偿承包方因此而发生的实际损失。

③ 工程中途停建、缓建或由于设计变更或设计错误造成的返工，应采取措施弥补或减少损失。同时应赔偿承包方因停工、窝工、返工和倒运、人员、机械设备调迁、材料和构件积压等实际损失。

④ 工程未经竣工验收，发包单位提前使用或擅自动用，由此发生的质量问题或其他问题，由发包方自己负责。

⑤ 超过承包合同规定的日期验收，按合同的违约责任条款的规定，应偿付逾期违约金。

2）承包人违约

① 承包工程质量不符合合同规定，负责无偿修理和返工。由于修理和返工造成逾期交付的，应偿付逾期违约金。

② 承包工程的交工时间不符合合同规定的期限，应按合同中违约责任条款，偿付逾期违约金。

③ 由于承包方的责任，造成发包方提供的材料、设备等丢失或损坏，应承担赔偿责任。

（2）违约责任处理原则

① 承担违约责任应按"严格责任原则"处理，无论合同当事人主观上是否有过错，只要合同当事人有违约事实，特别是有违约行为并造成损失的，就要承担违约责任。

② 在订立合同时，双方应当在专用条款内约定发（承）包人赔偿承（发）包人损失的计算方法或者发（承）包人应当支付违约金的数额和计算方法。

③ 当事人一方违约后，另一方可按双方约定的担保条款，要求提供担保的第三方承担相应责任。

④ 当事人一方违约后，另一方要求违约方继续履行合同时，违约方承担继续履行合同、采取补救措施或者赔偿损失等责任。

⑤ 当事人一方违约后，对方应当采取适当措施防止损失的扩大，否则不得就扩大的损失要求赔偿。

⑥ 当事人一方因不可抗力不能履行合同时，应对不可抗力的影响部分（或者全部）免除责任，但法律另有规定的除外。当事人延迟履行后发生不可抗力的，不能免除责任。

3. 合同解除

合同解除是在合同依法成立之后的合同规定的有效期内，合同当事人的一方有充足的理由，提出终止合同的要求，并同时出具包括终止合同理由和具体内容的申请，合同双方经过协商，就提前终止合同达成书面协议，宣布解除双方由合同确定的经济承包关系。合同解除的理由主要如下。

（1）施工合同当事双方协商，一致同意解除合同关系。

（2）因为不可抗力或者是非合同当事人的原因，造成工程停建或缓建，致使合同无法履行。

（3）由于当事人一方违约致使合同无法履行。违约的主要表现有：

① 发包人不按合同约定支付工程款（进度款），双方又未达成延期付款协议，导致施工无法进行，承包人停止施工超过 56 天，发包人仍不支付工程款（进度款），承包人有权解除合同。

② 承包人发生将其承包的全部过程或将其肢解以后以分包的名义分别转包给他人；或将工程的主要部分、或群体工程的半数以上的单位工程倒手转包给其他施工单位等转包。

③ 合同当事人一方的其他违约行为致使合同无法履行，合同双方可以解除合同。当合同当事一方主张解除合同时，应向对方发出解除合同的书面通知，并在发出通知前 7 天告知对方。通知到达对方时合同解除。对解除合同有异议时，按照解决合同争议程序处理。

合同解除后的善后处理：

① 合同解除后，当事人双方约定的结算和清理条款仍然有效。

② 承包人应当按照发包人要求妥善做好已完工程和已购材料、设备的保护和移交工作，按照发包人要求将自有机械设备和人员撤出施工现场。发包人应为承包人撤出提供必要条

件，支付以上所发生的费用，并按合同约定支付已完工程款。

③ 已订货的材料、设备由订货方负责退货或解除订货合同，不能退还的货款和退货、解除订货合同发生的费用，由发包人承担。

三、 园林工程施工合同索赔

1. 索赔的概念

索赔是当事人在合同实施过程中，根据法律、合同规定及惯例，对不应由自己承担责任的情况造成的损失，向合同的另一方当事人提出给予赔偿或补偿要求的行为。

园林工程索赔通常是指在工程合同履行过程中，合同当事人一方因非自身因素或对方不履行或未能正确履行合同而受到经济损失或权利损害时，通过一定的合法程序向对方提出经济或时间补偿的要求。索赔是一种正当的权利要求，它是发包方、监理工程师和承包方之间一项正常的、大量发生而且普遍存在的合同管理业务，是一种以法律和合同为依据的、合情合理的行为。

2. 索赔的作用

（1）索赔是合同和法律赋予正确履行合同者免受意外损失的权利，索赔是当事人一种保护自己、避免损失、增加利润、提高效益的重要手段。

（2）索赔是落实和调整合同双方责、权、利关系的手段，也是合同双方风险分担的又一次合理再分配，离开了索赔，合同责任就不能全面体现，合同双方的责、权、利关系就难以平衡。

（3）索赔是合同实施的保证。索赔是合同法律效力的具体体现，对合同双方形成约束条件，特别能对违约者起到警戒作用，违约方必须考虑违约后的后果，从而尽量减少其违约行为的发生。

（4）索赔对提高园林企业和工程项目管理水平起着重要的促进作用。我国承包商在许多项目上提不出或提不好索赔，与其企业管理松散混乱、计划实施不严、成本控制不力等有着直接关系。没有正确的工程进度网络计划就难以证明延误的发生及天数；没有完整翔实的记录，就缺乏索赔定量要求的基础。

承包商应正确地、辩证地对待索赔问题。在任何工程中，索赔是不可避免的，通过索赔能使损失得到补偿，增加收益。所以承包商要保护自身利益，争取盈利，不能不重视索赔问题。

3. 索赔的特征

（1）索赔是双向的，不仅承包人可以向发包人索赔，发包人同样也可以向承包人索赔。由于实践中发包人向承包人索赔发生的频率相对较低，而且在索赔处理中，发包人始终处于主动和有利地位，对承包人的违约行为发包人可以直接从应付工程款中扣抵、扣留保留金或通过履约保函向银行索赔来实现自己的索赔要求，因此在工程实践中大量发生的、处理比较困难的是承包人向发包人的索赔，这也是工程师进行合同管理的重点内容之一。

（2）只有实际发生了经济损失或权利损害，一方才能向对方索赔。经济损失是指因对方因素造成合同外的额外支出，如人工费、材料费、机械费、管理费等额外开支；权利损害是指虽然没有经济上的损失，但造成了一方权利上的损害，如由于恶劣气候条件对工程进度的不利影响，承包人有权要求工期延长等。因此发生了实际的经济损失或权利损害，应是一方提出索赔的一个基本前提条件。

（3）索赔是一种未经对方确认的单方行为。它与我们通常所说的工程签证不同。在施工过程中签证是承发包双方就额外费用补偿或工期延长等达成一致的书面证明材料和补充协议，它可以直接作为工程款结算或最终增减工程造价的依据。而索赔则是单方面行为，对对方尚未形成约束力，这种索赔要求能否得到最终实现，必须要通过确认（如双方协商、谈判、调解或仲裁、诉讼）后才能得知。

4. 索赔的条件

（1）客观性。确实存在不符合合同或违反合同的干扰事件，它对承包商的工期和成本造成影响。这是事实，有确凿的证据证明。由于合同双方都在进行合同管理，都在对园林工程施工过程进行监督和跟踪，对索赔事件都应该，也都能清楚地了解，所以承包商提出的任何索赔，首先必须是真实的。

（2）合法性。干扰事件非承包商自身责任引起，按照合同条款对方应给予补（赔）偿。索赔要求必须符合本工程承包合同的规定。合同作为园林工程中的最高法律，由它判定干扰事件的责任由谁承担，承担什么样的责任，应赔偿多少等，所以不同的合同条件，索赔要求就有不同的合法性，就会有不同的解决结果。

（3）合理性。索赔要求合情合理，符合实际情况，真实反映由于干扰事件引起的实际损失，采用合理的计算方法和计算基础。承包商必须证明干扰事件与干扰事件的责任、与施工过程所受到的影响、与承包商所受到的损失、与所提出的索赔要求之间存在着因果关系。

四、 园林工程施工合同反索赔

1. 反索赔的概念

按照《中华人民共和国合同法》和《通用条款》的规定，索赔应是双方面的。在园林工程施工过程中，发包人与承包商之间，总承包商和分包商之间，合伙人之间，承包商与材料和设备供应商之间都可能有双向的索赔与反索赔。

索赔和反索赔是进攻和防守的关系。在合同实施过程中，合同双方都在进行合同管理，都在寻找索赔机会，一旦干扰事件发生，都会企图推卸自己的合同责任，进行索赔。不能进行有效的反索赔，同样要蒙受损失，所以反索赔和索赔具有同等重要的地位。

2. 反索赔的作用

（1）成功的反索赔能防止或减少经济损失。如果不能进行有效的反索赔，不能推卸自己对干扰事件的合同责任，则必须满足对方的索赔要求，支付赔偿费用，致使自己蒙受损失。对合同双方来说，反索赔同样直接关系到工程经济效益的高低，反映着工程管理水平。

（2）成功的反索赔能增长管理人员士气，促进工作的开展。工程中常出现这种情况：由于企业管理人员不熟悉工程索赔业务，不敢大胆地提出索赔，又不能进行有效的反索赔，在施工干扰事件处理中，总是处于被动地位，工作中丧失了主动权。常处于被动挨打局面的管理人员必然受到心理上的挫折，进而影响整体工作。

（3）成功的反索赔必然促进有效的索赔。能够成功有效地进行反索赔的管理者必然熟知合同条款内涵，掌握干扰事件产生的原因，占有全面的资料。具有丰富的施工经验，工作精细，能言善辩的管理者在进行索赔时，往往能抓住要害，击中对方弱点，使对方无法反驳。

3. 反索赔的工作步骤

在接到对方索赔报告后，就应着手进行分析、反驳。反索赔与索赔有相似的处理过程，但也有其特殊性。通常的索赔反驳处理过程如图 5-2 所示。

（1）合同总体分析。反索赔同样是以合同作为法律依据，作为反驳的理由和根据。合同分析的目的是分析、评价对方索赔要求的理由和依据。在合同中找出对对方不利、对己方有利的合同条文，以构成对对方索赔要求否定的理由。合同总体分析的重点是，与对方索赔报告中提出的问题有关的合同条款，通常有：合同的法律基础；合同的组成及合同变更情况；合同规定的工程范围和承包商责任；工程变更的补偿条件、范围和方法；合同价格，工期的调整条件、范围和方法，以及对方应承担的风险；违约责任；争执的解决方法等。

（2）事态调查与分析。反索赔仍然基于事实基础之上，以事实为根据。这个事实必须有己方对合同实施过程跟踪和监督的结果，即各种实际工程资料作为证据，用以对照索赔报告所描述的事情经过和所附证据。通过调查可以确定干扰事件的起因、事件经过、持续时间、影响范围等真实的详细的情况。

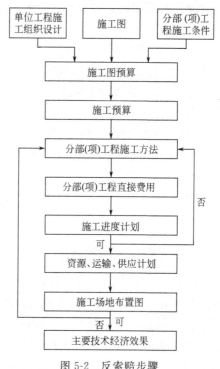

图 5-2　反索赔步骤

在此应收集整理所有与反索赔相关的工程资料。在事态调查和收集、整理工程资料的基础上进行合同状态、可能状态、实际状态分析。

① 全面地评价合同、合同实际状况，评价双方合同责任的完成情况。

② 对对方有理由提出索赔的部分进行总概括。分析出对方有理由提出索赔的干扰事件有哪些，以及索赔的大约值或最高值。

③ 对对方的失误和风险范围进行具体指认，这样在谈判中有攻击点。针对对方的失误作进一步分析，以准备向对方提出索赔。这样可以在反索赔中同时使用索赔手段。国外的承包商和发包人在进行反索赔时，特别注意寻找向对方索赔的机会。

（3）对索赔报告进行全面分析与评价。分析评价索赔报告，可以通过索赔分析评价表进行。其中，分别列出对方索赔报告中的干扰事件、索赔理由、索赔要求，提出己方的反驳理由、证据、处理意见或对策等。

（4）起草并向对方递交反索赔报告。反索赔报告是正规的法律文件。在调解或仲裁中，对方的索赔报告和己方的反索赔报告应一起递交调解人或仲裁人。反索赔报告的基本要求与索赔报告相似。通常反索赔报告的主要内容如下。

1）合同总体分析简述。

2）合同实施情况简述和评价。这里重点针对对方索赔报告中的问题和干扰事件，叙述事实情况，应包括前述三种状态的分析结果，对双方合同责任完成情况和工程施工情况作评价。目标是推卸自己对对方索赔报告中提出的干扰事件的合同责任。

3）反驳对方索赔要求。按具体的干扰事件，逐条反驳对方的索赔要求，详细叙述自己的反索赔理由和证据，全部或部分地否定对方的索赔要求。

4）提出索赔。对经合同分析和三种状态分析得出的对方违约责任，提出己方的索赔要求。对此，有不同的处理方法。通常，可以在反索赔报告中提出索赔，也可另外出具己方的索赔报告。

5）总结。对反索赔作全面总结，通常包括如下内容。

① 对合同总体分析作简要概括。

② 对合同实施情况作简要概括。

③ 对对方索赔报告作总评价。

④ 对己方提出的索赔作概括。

⑤ 将双方要求，即索赔和反索赔最终分析结果进行比较。

⑥ 提出解决意见。

⑦ 附各种证据。即本反索赔报告中所述的事件经过、理由、计算基础、计算过程和计算结果等证明材料。

五、 园林工程施工合同转让

合同转让是指合同一方将合同的权利、义务全部或部分转让给第三人的法律行为。《民法通则》规定："合同一方将合同的权利、义务全部或者部分转让给第三人的，应当取得合同另一方的同意，并不得牟利。依照法律规定应当由国家批准的合同，需经原批准机关批准。但是，法律另有规定或者原合同另有约定的除外。"

合同的权利、义务的转让，除另有约定外，原合同的当事人之间以及转让人与受让人之间应当采用书面形式。转让合同权利、义务约定不明确的，视为未转让。合同的权利义务转让给第三人后，该第三人取代原当事人在合同中的法律地位。出现下列情形的债权不可以转让：根据合同性质不得转让；根据当事人约定不得转让；依照法律规定不得转让。

六、 园林工程施工合同终止

合同的终止是指合同当事人完全履行了合同规定的义务，当事人之间根据合同确定的权利义务在客观上不复存在，据此合同不再对双方具有约束力。具体到园林工程承包合同，就是经过工程施工阶段，园林工程成为了实物形态，此时合同已经完全履行，合同关系可以终止。

按照《合同法》的规定，有下列情形之一的，合同的权利义务终止：①债务已经按照约定履行；② 合同解除；③债务相互抵消；④债务人依法将标的物提存；⑤债权人免除债务；⑥债权债务同归于一人；⑦法律规定或者当事人约定终止的其他情形。合同终止是随着一定法律事实发生而发生的，与合同中止不同之处在于，合同中止只是在法定的特殊情况下，当事人暂时停止履行的义务；而合同终止是合同关系的消灭，不可能恢复。

第六章
园林工程施工现场安全管理

第一节 基础知识

一、 园林工程施工安全管理基础知识

1. 安全管理体系内容

（1）基本概念

① 安全策划。确定安全以及采用安全管理体系条款的目标和要求的活动。

② 安全体系。为实施安全管理所需的组织结构、程序、过程和资源。安全体系的内容应以满足安全目标的需要为准。

③ 安全审核。确定安全活动和有关结果是否符合计划安排，以及这些安排是否有效地实施并适合于达到预定目标的、系统的、独立的检查。

④ 事故隐患。可能导致伤害事故发生的人的不安全行为，物的不安全状态或管理制度上的缺陷。

⑤ 业主。以协议或合同形式，将其拥有的建设工程交与园林企业承建的组织，业主的含义包括其授权人，业主也是标准定义中的采购方。本体系中将"建设单位"也称为业主。

⑥ 项目经理部。受园林企业委托，负责实施管理合同项目的一次性组织机构。

⑦ 分包单位。以合同形式承担总包单位分部分项工程或劳务的单位。

⑧ 供应商。以合同或协议形式向园林企业提供安全防护用品、设施或工程材料设备的单位。

⑨ 标识。采用文字、印鉴、颜色、标签及计算机处理等形式表明某种特征的记号。

（2）安全管理体系原则

① 安全生产管理体系应符合园林企业施工生产管理现状及特点，使之符合安全生产法规的要求。

② 安全管理体系应形成文件。体系文件包括安全计划，企业制订的各类安全管理标准，

相关的国家、行业、地方法律和法规文件、各类记录、报表和台账。

（3）安全生产策划。施工过程中，应针对工程项目的规模、结构、环境、技术含量、施工风险和资源配置等因素进行安全生产策划，策划内容包括以下几点。

1）配置必要的设施、装备和专业人员，确定控制和检查的手段、措施。

2）确定整个施工过程中应执行的文件、规范。如脚手架工作、高处作业、机械作业、临时用电、动用明火、沉井、深挖基础施工和爆破工程等作业规定。

3）冬期、雨期、雪天和夜间施工时安全技术措施及夏季的防暑降温工作。

4）确定危险部位和过程，对风险大和专业性较强的工程项目进行安全论证。同时采取相适应的安全技术措施，并得到有关部门的批准。

5）因本工程项目的特殊需求所补充的安全操作规定。

6）制订施工各阶段具有针对性的安全技术交底文本。

7）制订安全记录表格，确定搜集、整理和记录各种安全活动的人员和职责。

安全生产策划完成后，根据结果编制安全保证计划。安全保证计划实施前，须按要求报项目业主或企业确认审批。确认应符合如下要求。

① 项目业主或企业有关负责人主持安全计划的审核。

② 执行安全计划的项目经理部负责人及相关部门参与确认。

③ 确认安全计划的完整性和可行性。

④ 各级安全生产岗位责任制得到确认。

⑤ 任何与安全计划不一致事宜都应得到解决。

⑥ 项目经理部有满足安全保证的能力并得到确认。

⑦ 记录并保存确认过程。

⑧ 经确认的项目安全计划，应送上级主管部门备案。

（4）管理职责

1）安全管理目标。工程项目实行施工总承包的，由总承包单位负责制订施工项目的安全管理目标并确保以下几点。

① 项目经理为施工项目安全生产第一责任人，对安全生产应负全面的领导责任，实现重大伤亡事故为零的目标。

② 有适合于工程项目规模、特点的应用安全技术。

③ 应符合国家安全生产法律、行政法规和园林行业安全规章、规程及对业主和社会要求的承诺。

④ 形成全体员工所理解的文件，并实施保持。

2）安全管理组织。安全管理组织包括与安全有关的管理、操作和检查人员，其职责、权限和相互关系应在施工项目中确定，并形成文件。职责和权限如下。

① 编制安全计划，决定资源配备。

② 安全生产管理体系实施的监督、检查和评价。

③ 纠正和预防措施的验证。

对于安全管理，项目经理部应确定并提供充分的资源，以确保安全生产管理体系的有效运行和安全管理目标的实现。

① 配备与施工安全相适应并经培训考核持证的管理、操作和检查人员。

② 施工安全技术及防护设施。

③ 用电和消防设施。

④ 施工机械安全装置。

⑤ 必要的安全检测工具。

⑥ 安全技术措施的经费。

2. 建立安全管理体系

（1）建立安全管理体系的必要性

① 提高项目安全管理水平的需要。改善安全生产规章制度不健全，管理方法不适应、安全生产状况不佳的现状。

② 适应市场经济管理体制的需要。随着我国经济体制的改革，安全生产管理体制确立了企业负责的主导地位，企业要生存发展，就必须推行"职业安全卫生管理体系"。

③ 顺应全球经济一体化趋势的需要。建立职业安全卫生管理体系，有利于抵制非关税贸易壁垒。因为世界发达国家要求把人权、环境保护和劳动条件纳入国际贸易范畴，将劳动者权益和安全卫生状况与经济问题挂钩，否则，将受到关税的制约。

④ 加入 WTO，参与国际竞争的需要。我国加入了世贸组织，国际间的竞争日趋激烈，而我国企业安全卫生工作，与发达国家相比明显落后，如不尽快改变这一状况，就很难参与竞争。而职业安全卫生管理体系的建立，就是从根本上改善管理机制和改善劳工状况。所以职业安全卫生管理体系的认证是我国加入世贸组织、企业进入世界经济和贸易领域的一张国际通行证。

（2）建立安全管理体系的作用

① 职业安全卫生状况是经济发展和社会文明程度的反映。使所有劳动者获得安全与健康，是社会公正、安全、文明、健康发展的基本标志，也是保持社会安定团结和经济可持续发展的重要条件。

② 安全管理体系是对企业环境的安全卫生状态规定了具体的要求和限定，通过科学管理使工作环境符合安全卫生标准的要求。

③ 安全管理体系的运行主要依赖于逐步提高，持续改进。是一个动态的、自我调整和完善的管理系统，同时，也是职业安全卫生管理体系的基本思想。

④ 安全管理体系是项目管理体系中的一个子系统，其循环也是整个管理系统循环的一个子系统。

（3）建立安全管理体系的原则

为贯彻"安全第一、预防为主"的方针，建立健全安全生产责任制和群防群治制度，确保工程项目施工过程的人身和财产安全，减少一般事故的发生，结合工程的特点，建立施工项目安全管理体系，编制原则如下。

① 要适用于建设工程施工项目全过程的安全管理和控制。

② 依据《建筑法》《职业安全卫生管理体系标准》，国际劳工组织 167 号公约及国家有关安全生产的法律、行政法规和规程进行编制。

③ 建立安全管理体系必须包含的基本要求和内容。项目经理部应结合各自实际加以充实，建立安全生产管理体系，确保项目的施工安全。

④ 园林施工企业应加强对施工项目的安全管理，指导、帮助项目经理部建立、实施并保持安全管理体系。施工项目安全管理体系必须由总承包单位负责策划建立，分包单位应结

合分包工程的特点，制订相适宜的安全保证计划，并纳入接受总承包单位安全管理体系的管理。

（4）建立安全管理体系的目标

① 实现以人为本的安全管理。人力资源的质量是提高生产率水平和促进经济增长的重要因素，而人力资源的质量是与工作环境的安全卫生状况密不可分的。职业安全卫生管理体系的建立，将是保护和发展生产力的有效方法。

② 使员工面临的安全风险减少到最低限度。最终实现预防和控制工伤事故、职业病及其他损失的目标。帮助企业在市场竞争中树立起一种负责的形象，从而提高企业的竞争能力。

③ 直接或间接获得经济效益。通过实施"职业安全卫生管理体系"，可以明显提高项目安全生产管理水平和经济效益。通过改善劳动者的作业条件，提高劳动者身心健康和劳动效率。对项目的效益具有长时期的积极效应，对社会也能产生激励作用。

④ 提升企业的品牌和形象。在市场中的竞争已不再仅仅是资本和技术的竞争，企业综合素质的高低将是开发市场的最重要的条件，是企业品牌的竞争。而项目职业安全卫生则是反映企业品牌的重要指标，也是企业素质的重要标志。

⑤ 增强对国家经济发展的能力。加大对安全生产的投入，有利于扩大社会内部需求，增加社会需求总量；同时，做好安全生产工作可以减少社会总损失。而且，保护劳动者的安全与健康也是国家经济可持续发展的长远之计。

⑥ 促进项目管理现代化。管理是园林工程项目运行的基础。随着全球经济一体化的到来，对现代化管理提出了更高的要求，必须建立系统、开放、高效的管理体系，以促进项目大系统的完善和整体管理水平的提高。

二、 园林工程安全生产的保证体系

1. 安全生产资源保证体系

园林施工项目的安全生产必须有充足的资源做保障。安全资源投入包括人力资源、物资资源和资金的投入。安全人力资源投入包括专职安全管理人员的设置和高素质技术人员、操作工人的配置，以及安全教育培训投入；安全物资资源投入包括进入现场材料的把关和料具的现场管理以及机电、起重设备、锅炉、压力容器及自制机械等资源的投入。各安全资源的注意事项如下。

（1）物资资源系统人员对机、电、起重设备、锅炉、压力容器及自制机械的安全运行负责，按照安全技术规范进行经常性检查，并监督各种设备、设施的维修和保养；对大型设备设施、中小型机械操作人员定期进行培训、考核，持证上岗。负责起重设备、提升机具、成套设施的安全验收。

（2）安全所需材料应加强供应过程中的质量管理，防止假冒伪劣产品进入施工现场，最大限度地减少工程建设伤亡事故的发生。首先是正确选择进货渠道和材料的质量把关。一般大型建筑公司都有相对的定点采购单位，对生产厂家及供货单位要进行资格审查，内容如下：要有营业执照，生产许可证，生产产品允许等级标准，产品监察证书，产品获奖情况；应有完善的检测手段、手续和实验机构，可提供产品合格证和材质证明；应对其产品质量和生产历史情况进行调查和评估，了解其他用户使用情况与意见，生产厂方（或供货单位）的经济实力、担保能力、包装储运能力等。质量把关应由材料采购人员做好市场调查和预测工作，通过"比质量、比价格、比运距"的优化原则，验证产品合格证及有关检测实验等资料，批量采购并应签订合同。

（3）安全材料质量的验收管理。在组织送料前由安全人员和材料员先行看货验收；进库时由保管员和安全人员一起组织验收方可入库。必须是验收质量合格，技术资料齐全的才能登入进料台账，发料使用。

（4）安全材料、设备的维修保养工作。维修保养工作是园林施工项目资源保证的重要环节，保管人员应经常对所管物资进行检查，了解和掌握物资保管过程中的变化情况，以便及时采取措施，进行防护，从而保证设备出场的完好。如用电设备，包括手动工具、照明设施必须在出库前由电工全面检测并做好记录，只有保证合格设备才能出库，避免工人有时盲目检修而形成的事故隐患。

（5）安全投资包括主动投资和被动投资、预防投资与事后投资、安全措施费用、个人防护品费用、职业病诊治费用等。安全投资的政策应遵循"谁受益谁整改，谁危害谁负担；谁需要谁投资的原则"。现阶段我国一般企业的安全投资应该达到项目造价的 $0.8\%\sim2.5\%$。所以每一个施工的工程项目在资金投入方面必须认真贯彻执行国家、地方政府有关劳动保护用品的规定和防暑降温经费规定，做到职工个人防护用品费用和现场安全措施费用的及时提供。特别是部分工程具有自身的特点，如园林建筑物周边有高压线路或变压器需要采取防护，园林建筑物临近高层建筑需要采取措施临边进行加固等。

2. 安全生产责任保证体系

园林施工项目是安全生产工作的载体，具体组织和实施项目安全生产工作，是企业安全生产的基层组织，负全面责任。

（1）园林施工项目安全生产责任保证体系分为三个层次。

① 项目经理作为本施工项目安全生产第一负责人，由其组织和聘用施工项目安全负责人、技术负责人、生产调度负责人、机械管理负责人、消防管理负责人、劳动管理负责人及其他相关部门负责人组成安全决策机构。

② 分包队伍负责人作为本队伍安全生产第一责任人，组织本队伍执行总包单位安全管理规定和各项安全决策，组织安全生产。

③ 作业班组负责人（或作业工人）作为本班组或作业区域安全生产第一责任人，贯彻执行上级指令，保证本区域、本岗位安全生产。

（2）施工项目应履行下列安全生产责任。

① 贯彻落实各项安全生产的法律、法规、规章、制度，组织实施各项安全管理工作，完成上级下达的各项考核指标。

② 建立并完善项目经理部安全生产责任制和各项安全管理规章制度，组织开展安全教育、安全检查，积极开展日常安全活动，监督、控制分包队伍执行安全规定，履行安全职责。

③ 建立安全生产组织机构，设置安全专职人员，保证安全技术措施经费的落实和投入。

④ 制订并落实项目施工安全技术方案和安全防护技术措施，为作业人员提供安全的生产作业环境。

⑤ 发生伤亡事故及时上报，并保护好事故现场，积极抢救伤员，认真配合事故调查组开展伤亡事故的调查和分析，按照"四不放过"原则，落实整改防范措施，对责任人员进行处理。

3. 安全生产组织保证体系

（1）根据园林工程施工特点和规模，设置项目安全生产最高权力机构——安全生产委员会或安全生产领导小组。

施工面积在5万平方米（含5万平方米）以上或造价在3000万元人民币（含3000万元）以上的工程项目，应设置安全生产委员会。安全生产委员会由工程项目经理、主管生产和技术的副经理、安全部负责人、分包单位负责人以及人事、财务、机械、工会等有关部门负责人组成，人员以5～7人为宜。

施工面积在5万平方米以下或造价在3000万元人民币以下的工程项目，应设置安全领导小组。安全生产领导小组由工程项目经理、主管生产和技术的副经理、专职安全管理人员、分包单位负责人以及人事、财务、机械、工会等负责人组成，人员3～5人为宜。

安全生产委员会（或安全生产领导小组）主任（或组长）均是由工程项目经理担任。

安全生产委员会（安全生产领导小组）安全生产委员会（或小组）是园林工程项目安全生产的最高权力机构，其职责如下。

① 负责对工程项目安全生产的重大事项及时作出决策。

② 认真贯彻执行国家有关安全生产和劳动保护的方针、政策、法令以及上级有关规章制度、指示、决议，并组织检查执行情况。

③ 负责制订工程项目安全生产规划和各项管理制度，及时解决实施过程中的难点和问题。

④ 每月对工程项目进行至少一次全面的安全生产大检查，并召开专门会议，分析安全生产形势，制订预防因工伤亡事故发生的措施和对策。

⑤ 协助上级有关部门进行因工伤亡事故的调查、分析和处理。

⑥ 大型工程项目可在安全生产委员会下按栋号或片区设置安全生产领导小组。

（2）设置安全生产专职管理机构——安全部，并配备一定素质和数量的专职安全管理人员。

1）安全部是园林工程项目安全生产专职管理机构，安全生产委员会或领导小组的常设办事机构设在安全部。其职责包括以下几点。

① 协助工程项目经理开展各项安全生产业务工作。

② 定时准确地向工程项目经理和安全生产委员会或领导小组汇报安全生产情况。

③ 组织和指导下属安全部门和分包单位的专职安全员（安全生产管理机构）开展各项有效的安全生产管理工作。

④ 行使安全生产监督检查职权。

2）设置安全生产总监（工程师）职位。其职责如下。

① 协助工程项目经理开展安全生产工作，为工程项目经理进行安全生产决策提供依据。

② 每月向项目安全生产委员会（或小组）汇报本月工程项目安全生产状况。

③ 定期向公司（厂、院）安全生产管理部门汇报安全生产情况。

④ 对工程项目安全生产工作开展情况进行监督。

⑤ 有权要求有关部门和分部分项工程负责人报告各自业务范围内的安全生产情况。

⑥ 有权建议处理不重视安全生产工作的部门负责人、栋号长、工长及其他有关人员。

⑦ 组织并参加各类安全生产检查活动。

⑧ 监督工程项目正、副经理的安全生产行为。

⑨ 对安全生产委员会或领导小组作出的各项决议的实施情况进行监督。

⑩ 行使工程项目副经理的相关职权。

3）安全管理人员的配置。

施工项目 1 万平方米（建筑面积）及以下设置 1 人；施工项目 1 万～3 万平方米设置 2 人；施工项目 3 万～5 万平方米设置 3 人；施工项目在 5 万平方米以上按专业设置安全员，成立安全组。

（3）分包队伍按规定建立安全组织保证体系，其管理机构以及人员纳入工程项目安全生产保证体系，接受工程项目安全部的业务领导，参加工程项目统一组织的各项安全生产活动，并按周向项目安全部传递有关安全生产的信息。

分包单位 100 人以下设兼职安全员；100～300 人必须有专职安全员 1 名；300～500 人必须有专职安全员 2 名，纳入总包安全部统一进行业务指导和管理。班组长、分包专业队长是兼职安全员，负责本班组工人的健康和安全，负责消除本作业区的安全隐患，对施工现场实行目标管理。

4. 安全生产管理制度

① 安全生产责任制度。

② 安全生产检查制度。

③ 安全生产验收制度。

④ 安全生产教育培训制度。

⑤ 安全生产技术管理制度。

⑥ 安全生产奖罚制度。

⑦ 安全生产值班制度。

⑧ 工人因工伤亡事故报告、统计制度。

⑨ 重要劳动防护用品定点使用管理制度。

⑩ 消防保卫管理制度。

三、 园林工程安全管理策划

1. 安全管理策划的内容

（1）设计策划依据

① 国家、地方政府和主管部门的有关规定。

② 主要技术规范、规程、标准和其他依据。

（2）工程概述

① 本项目设计所承担的任务及范围。

② 工程性质、地理位置及特殊要求。

③ 改建、扩建前的职业安全与卫生状况。

④ 主要工艺、原料、半成品、成品、设备及主要危害概述。

（3）建筑及场地布置

① 根据场地自然条件预测的主要危险因素及防范措施。

② 临时用电变压器周边环境。

③ 工程总体布置中如锅炉房、氧气、乙炔等易燃易爆、有毒物品造成的影响及防范

措施。

④ 对周边居民出行是否有影响。

（4）生产过程中危险因素的分析

① 安全防护工作如脚手架作业防护、洞口防护、临边防护、高空作业防护和模板工程、起重及施工机具机械设备防护。

② 关键特殊工序如洞内作业、潮湿作业、深基开挖、易燃易爆品、防尘、防触电。

③ 特殊工种如电工、电焊工、架子工、爆破工、机械工、起重工、机械司机等，除一般教育外，还要经过专业安全技能培训。

④ 临时用电的安全系统管理如总体布置和各个施工阶段的临电（电闸箱、电路、施工机具等）的布设。

⑤ 保卫消防工作的安全系统管理如临时消防用水、临时消防管道、消防灭火器材的布设等。

（5）主要安全防范措施

① 根据全面分析各种危害因素确定的工艺路线、选用的可靠装置设备，从生产、火灾危险性分类设置的安全设施和必要的检测、检验设备。

② 按照爆炸和火灾危险场所的类别、等级、范围选择电气设备的安全距离及防雷、防静电及防止误操作等设施。

③ 危险场所和部位如高空作业、外墙临边作业等；危险期间如冬期、雨期、高温天气等所采用的防护设备、设施及其效果等。

④ 对可能发生的事故作出的预案、方案及抢救、疏散和应急措施。

（6）预期效果评价

园林施工项目的安全检查包括安全生产责任制、安全保证计划、安全组织机构、安全保证措施、安全技术交底、安全教育、安全持证上岗、安全设施、安全标识、操作行为、违规管理、安全记录。

（7）安全措施经费。

① 主要生产环节专项防范设施费用。

② 检测设备及设施费用。

③ 安全教育设备及设施费用。

④ 事故应急措施费用。

2. 安全管理策划的原则

（1）预防性。园林施工项目安全管理策划必须坚持"安全第一、预防为主"的原则，体现安全管理的预防和预控作用，针对施工项目的全过程制订预警措施。

（2）科学性。园林施工项目的安全策划应能代表最先进的生产力和最先进的管理方法，承诺并遵守国家的法律法规，遵照地方政府的安全管理规定，执行安全技术标准和安全技术规范，科学指导安全生产。

（3）全过程性。园林工程项目的安全策划应包括由可行性研究开始到设计、施工，直至竣工验收的全过程策划，项目安全管理策划要覆盖施工生产的全过程和全部内容，使安全技术措施贯穿至施工生产的全过程，以实现系统的安全。

（4）可操作性。园林施工项目安全策划的目标和方案应尊重实际情况，坚持实事求是的原则，其方案具有可操作性，安全技术措施具有针对性。

（5）实效的最优化。园林施工项目安全策划应遵循实效最优化的原则，既不盲目地扩大项目投入，又不得以取消和减少安全技术措施经费来降低园林项目成本，而是在确保安全目标的前提下，在经济投入、人力投入和物资投入上坚持最优化的原则。

第二节　园林工程施工现场安全生产教育培训

一、　园林工程安全教育对象

施工项目安全教育培训的对象包括以下 5 类人员。

① 工程项目经理、项目执行经理、项目技术负责人。工程项目主要管理人员必须经过当地政府或上级主管部门组织的安全生产专项培训，培训时间不得少于 24h，经考核合格后，持安全生产资质证书上岗。

② 工程项目基层管理人员。施工项目基层管理人员每年必须接受公司安全生产年审，经考试合格后，持证上岗。

③ 分包负责人、分包队伍管理人员。必须接受政府主管部门或总包单位的安全培训，经考试合格后持证上岗。

④ 特种作业人员。必须经过专门的安全理论培训和安全技术实际训练，经理论和实际操作的双项考核，合格者，持特种作业操作证上岗作业。

⑤ 操作工人。新入场工人必须经过三级安全教育，考试合格后持"上岗证"上岗作业。

二、　园林工程安全生产教育内容

安全教育是安全管理工作的重要环节，是提高全员安全素质、安全管理水平和防止事故，从而实现安全生产的重要手段，主要包括安全知识教育、安全技能教育、安全生产思想教育和法制教育四个方面的内容。

1. 安全知识教育

企业所有职工必须具备安全基本知识。因此，全体职工都必须接受安全知识教育和每年按规定学时进行安全培训。安全基本知识教育的主要内容是：企业的基本生产概况；施工（生产）流程、方法；企业施工（生产）危险区域及其安全防护的基本知识和注意事项；机械设备、厂（场）内运输的有关安全知识；有关电气设备（动力照明）的基本安全知识；高处作业安全知识；生产（施工）中使用的有毒、有害物质的安全防护基本知识；消防制度及灭火器材应用的基本知识；个人防护用品的正确使用知识等。

2. 安全技能教育

安全技能教育就是结合本工种专业特点，实现安全操作、安全防护所必须具备的基本技术知识要求。每个职工都要熟悉本工种、本岗位专业安全技术知识。安全技能知识是比较专门、细致和深入的知识。它包括安全技术、劳动卫生和安全操作规程。国家规定建筑登高架设、起重、焊接、电气、爆破、压力容器、锅炉等特种作业人员必须进行专门的安全技术培训。

3. 安全生产思想教育

安全生产思想教育的目的是为安全生产奠定思想基础。通常从加强思想认识、方针政策和劳动纪律教育等方面进行。

（1）思想认识和方针政策的教育。一是提高各级管理人员和广大职工群众对安全生产重要意义的认识。从思想上、理论上认识社会主义制度下搞好安全生产的重要意义，以增强关心人、保护人的责任感，树立牢固的群众观点；二是通过安全生产方针、政策教育。提高各级技术、管理人员和广大职工的政策水平，使他们正确全面地理解党和国家的安全生产方针、政策，严肃认真地执行安全生产方针、政策和法规。

（2）劳动纪律教育。主要是使广大职工懂得严格执行劳动纪律对实现安全生产的重要性，企业的劳动纪律是劳动者进行共同劳动时必须遵守的法则和秩序。反对违章指挥，反对违章作业，严格执行安全操作规程，遵守劳动纪律是贯彻安全生产方针，减少伤害事故，实现安全生产的重要保证。

4. 法制教育

法制教育就是要采取各种有效形式，对全体职工进行安全生产法规和法制教育，从而提高职工遵法、守法的自觉性，以达到安全生产的目的。

三、 园林工程安全教育的形式

1. 新工人"三级安全教育"

三级安全教育是企业必须坚持的安全生产基本教育制度。对新工人（包括新招收的合同工、临时工、学徒工、农民工及实习和代培人员）必须进行公司、项目、作业班组三级安全教育，时间不得少于40h。

三级安全教育由安全、教育和劳资等部门配合组织进行。经教育考试合格者才准许进入生产岗位；不合格者必须补课、补考。对新工人的三级安全教育情况，要建立档案（印制职工安全生产教育卡）。新工人工作一个阶段后还应进行重复性的安全再教育，加深安全感性、理性知识的意识。

（1）公司进行安全基本知识、法规、法制教育，主要内容如下。

① 党和国家的安全生产方针、政策。

② 安全生产法规、标准和法制观念。

③ 本单位施工（生产）过程及安全生产规章制度，安全纪律。

④ 本单位安全生产形势、历史上发生的重大事故及应吸取的教训。

⑤ 发生事故后如何抢救伤员、排险、保护现场和及时进行报告。

（2）项目进行现场规章制度和遵章守纪教育，主要内容如下。

① 本单位（工区、工程处、车间、项目）施工（生产）特点及施工（生产）安全基本知识。

② 本单位（包括施工、生产场地）安全生产制度、规定及安全注意事项。

③ 本工种的安全技术操作规程。

④ 机械设备、电气安全及高处作业等安全基本知识。

⑤ 防火、防雷、防尘、防爆知识及紧急情况安全处置和安全疏散知识。

⑥ 防护用品发放标准及防护用具、用品使用的基本知识。

（3）班组安全生产教育由班组长主持进行，或由班组安全员及指定技术熟练、重视安全生产的老工人讲解。进行本工种岗位安全操作及班组安全制度、纪律教育，主要内容如下。

① 本班组作业特点及安全操作规程。

② 班组安全活动制度及纪律。

③ 爱护和正确使用安全防护装置（设施）及个人劳动防护用品。

④ 本岗位易发生事故的不安全因素及其防范对策。

⑤ 本岗位的作业环境及使用的机械设备、工具的安全要求。

2. 班前安全活动交底

班前安全讲话作为施工队伍经常性安全教育活动之一，各作业班组长于每班工作开始前（包括夜间工作前）必须对本班组全体人员进行不少于 15min 的班前安全活动交底。班组长要将安全活动交底内容记录在专用的记录本上，各成员在记录本上签名。

班前安全活动交底的内容应包括：

① 本班组安全生产须知；

② 本班工作中的危险点和应采取的对策；

③ 上一班工作中存在的安全问题和应采取的对策。

在特殊性、季节性和危险性较大的作业前，责任工长要参加班前安全讲话并对工作中应注意的安全事项进行重点交底。

3. 特种作业安全教育

从事特种作业的人员必须经过专门的安全技术培训，经考试合格取得操作证后方准独立作业。特种作业的类别及操作项目如下。

（1）电工作业。包括用电安全技术、低压运行维修、高压运行维修、低压安装、电缆安装、高压值班、超高压值班、高压电气试验、高压安装、继电保护及二次仪表整定。

（2）金属焊接作业。包括手工电弧焊、气焊、气割、CO_2 气体保护焊、手工钨极氩弧焊、埋弧自动焊、电阻焊、钢材对焊（电渣焊）、锅炉压力容器焊接。

（3）起重机械作业。包括塔式起重机操作、汽车式起重机驾驶、桥式起重机驾驶、挂钩作业、信号指挥、履带式起重机驾驶、轨道式起重机驾驶、垂直卷扬机操作、客运电梯驾驶、货运电梯驾驶、施工外用电梯驾驶。

（4）登高架设作业。包括脚手架拆装、起重设备拆装、超高处作业。

（5）厂内机动车辆驾驶。包括叉车、铲车驾驶、电瓶车驾驶、翻斗车驾驶、汽车驾驶、摩托车驾驶、拖拉机驾驶、机械施工用车（推土机、挖掘机、装载机、压路机、平地机、铲运机）驾驶、矿山机车驾驶、地铁机车驾驶。

（6）有下列疾病或生理缺陷者，不得从事特种作业。

① 器质性心脏血管病。包括风湿性心脏病、先天性心脏病（治愈者除外）、心肌病、心电图异常者。

② 血压超过 160/90mmHg，低于 86/56mmHg。

③ 精神病、癫痫病。

④ 重症神经官能症及脑外伤后遗症。

⑤ 晕厥（近一年有晕厥发作者）。

⑥ 血红蛋白男性低于 90％，女性低于 80％。

⑦ 肢体残废，功能受限者。

⑧ 慢性骨髓炎。

⑨ 厂内机动驾驶类：大型车身高不足 155cm；小型车身高不足 150cm。

⑩ 耳全聋及发音不清者；厂内机动车驾驶听力不足 5m 者。

⑪ 色盲。

⑫ 双眼裸视力低于 0.4，矫正视力不足 0.7 者。

⑬ 活动性结核（包括肺外结核）。

⑭ 支气管哮喘（反复发作者）。

⑮ 支气管扩张（反复感染、咯血）。

（7）对特种作业人员的培训、取证及复审等工作严格执行国家、地方政府的有关规定。对从事特种作业的人员要进行经常性的安全教育，时间为每月一次，每次教育 4h；教育内容包括以下几点。

① 特种作业人员所在岗位的工作特点，可能存在的危险、隐患和安全注意事项。

② 特种作业岗位的安全技术要领及个人防护用品的正确使用方法。

③ 本岗位曾发生的事故案例及经验教训。

4. 变换工种安全教育

凡改变工种或调换工作岗位的工人必须进行变换工种安全教育；变换工种安全教育时间不得少于 4h，教育考核合格后方准上岗。教育内容包括以下几点。

① 新工作岗位或生产班组安全生产概况、工作性质和职责。

② 新工作岗位必要的安全知识，各种机具设备及安全防护设施的性能和作用。

③ 新工作岗位、新工种的安全技术操作规程。

④ 新工作岗位容易发生事故及有毒有害的地方。

⑤ 新工作岗位个人防护用品的使用和保管。

一般工种不得从事特种作业。

5. 特殊情况安全教育

施工项目出现以下几种情况时，园林工程项目经理应及时安排有关部门和人员对施工工人进行安全生产教育，时间不少于 2h。

① 因故改变安全操作规程。

② 实施重大和季节性安全技术措施。

③ 更新仪器、设备和工具，推广新工艺、新技术。

④ 发生因工伤亡事故、机械损坏事故及重大未遂事故。

⑤ 出现其他不安全因素，安全生产环境发生了变化。

6. 季节性施工安全教育

进入雨期及冬期施工前，在现场经理的部署下，由各区域责任工程师负责组织本区域内施工的分包队伍管理人员及操作工人进行专门的季节性施工安全技术教育；时间不少于 2h。

7. 节假日安全教育

节假日前后应特别注意各级管理人员及操作者的思想动态，有意识有目的地进行教育、稳定他们的思想情绪，预防事故的发生。

第三节　园林工程安全管理的内容

一、园林工程安全合约管理

1. 安全合约化管理形式

① 与甲方（建设方）签订的工程建设合同。园林工程项目总承包单位在与建设单位签

订工程建设合同中，包含有安全、文明的创优目标。

② 施工总承包单位在与分承包单位签订分包合同时，必须有安全生产的具体指标和要求。

③ 施工项目分承包方较多时，总分包单位在签订分包合同的同时要签订安全生产合同或协议书。

2. 实施合约化管理的重要性

① 在不同承包模式的前提下，制订相互监督执行的合约管理可以使双方严格执行劳动保护和安全生产的法令、法规，强化安全生产管理，逐步落实安全生产责任制，依法从严治理施工现场，确保项目施工人员的安全与健康，促使施工生产的顺利进行。

② 在规范化的合约管理下，总、分包将按照约定的管理目标、用工制度、安全生产要求、现场文明施工及其人员行为的管理、争议的处理、合约生效与终止等方面的具体条件约束下认真履行双方的责任和义务，为项目安全管理的具体实施提供可靠的合约保障。

3. 安全合约管理内容

（1）安全生产要求

① 分包方应按有关规定，采取严格的安全防护措施，否则由于自身安全措施不力而造成事故的责任或因此而发生的费用由分包方承担。非分包方责任造成的伤亡事故，由责任方承担责任和有关费用。

② 分包方应熟悉并能自觉遵守、执行建设部《建筑施工安全检查标准》以及相关的各项规范。自觉遵守、执行地方政府有关文明安全施工的各项规定，并且积极参加各种有关促进安全生产的各项活动，切实保障施工作业人员的安全与健康。

③ 分包方必须尊重并且服从总包方现行的有关安全生产各项规章制度和管理方式，并按经济合同有关条款加强自身管理，履行己方责任。

（2）管理目标

① 施工现场杜绝重伤、死亡事故的发生；负轻伤频率控制在6％以内。

② 施工现场安全隐患整改率必须保证在规定时限内达到100％，杜绝现场重大隐患的出现。

③ 施工现场发生火灾事故，火险隐患整改率必须保证在规定时限内达到100％。

④ 保证施工现场创建为当地省（市）级文明安全工地。

（3）用工制度

① 分包方须严格遵守当地政府关于现场施工管理的相关法律、法规及条例。任何因为分包方违反上述条例造成的案件、事故、事件等的经济责任及法律责任均由分包方承担，因此造成总包方的经济损失由分包方承担。

② 分包方的所有工人必须同时具备上岗许可证、人员就业证以及暂住证（或必须遵守当地政府关于企业施工管理的相关法律、法规及条例）。任何因为分包方违反上述条例造成的案件、事故、事件等，其经济责任及法律责任均由分包方承担，因此造成总包方的经济损失由分包方承担。

③ 分包方应遵守总包方上级制订的有关协力队伍的管理规定以及总包方的其他的关于分包管理的所有制度及规定。

④ 分包方须具有独立的承担民事责任能力的法人，或能够出具其上级主管单位（法人单位）的委托书，并且只能承担与自己资质相符的工程。

（4）分包方安全管理制度

1）安全技术方案报批制度。分包方必须执行总包方总体工程施工组织设计和安全技术方案。分包方自行编制的单项作业安全防护措施，须报总包方审批后方可执行，若改变原方案必须重新报批。

分包方必须执行安全技术交底制度、周一安全例会制度与班前安全讲话制度，并做好跟踪检查管理工作。

3）分包方必须执行各级安全教育培训以及持证上岗制度。

① 分包方项目经理、主管生产经理、技术负责人须接受安全培训、考试合格后办理分包单位安全资格审查认可证后，方可组织施工。

② 分包方的工长、技术员、机械、物资等部门负责人以及各专业安全管理人员等部门负责人须接受安全技术培训、参加总包方组织的安全年审考核，合格者办理"安全生产资格证书"，持证上岗。

③ 分包方工人入场一律接受三级安全教育，考试合格并取得"安全生产考核证"后方准进入现场施工，如果分包方的人员需要变动，必须提出计划报告总包方，按规定进行教育、考核合格后方可上岗。

④ 分包方的特种作业人员的配置必须满足施工需要，并持有有效证件（原籍地、市级劳动部门颁发），经考试合格者，持证上岗（或遵守当地政府或行业主管部门的要求办理）。

⑤ 分包方工人变换施工现场或工种时，要进行转场和转换工种教育。

⑥ 分包方必须执行周一安全活动 1h 制度。

⑦ 进入施工现场的任何人员必须佩戴安全帽和其他安全防护用品。任何人不得住在施工的建筑物内。进出工地人员必须佩戴标志牌上岗，无证人员由总包单位负责清除出场。

4）分包方必须执行总包方的安全检查制度。

① 分包方必须接受总包方及其上级主管部门和各级政府、各行业主管部门的安全生产检查，否则造成的罚款等损失均由分包方承担。

② 分包方必须按照总包方的要求建立自身的定期和不定期的安全生产检查制度，并且严格贯彻实施。

③ 分包方必须设立专职安全人员，实施日常安全生产检查制度及工长、班长跟班检查制度和班组自检制度。

5）分包方必须严格执行检查整改消项制度。分包方对总包单位下发的安全隐患整改通知单，必须在限期内整改完毕，逾期未改或整改标准不符合要求的，总包有权予以处罚。

6）分包方必须执行安全防护措施、设备验收制度和施工作业转换后的交接检验制度：

① 分包方自带的各类施工机械设备，必须是国家正规厂家的产品，且机械性能良好、各种安全防护装置齐全、灵敏、可靠。

② 分包方的中小型机械设备和一般防护设施执行自检后报总包方有关部门验收，合格后方可使用。

③ 分包方的大型防护设施和大型机械设备，在自检的基础上申报总包方，接受专职部门（公司级）的专业验收；分包方必须按规定提供设备技术数据，防护装置技术性能，设备履历档案以及防护设施支搭（安装）方案，其方案必须满足总包方施工所在地地方政府有关规定。

7）分包方须执行安全防护验收和施工变化后交接检验制度。

8）分包方必须执行总包方重要劳动防护用品的定点采购制度（外地施工时，还要满足当地政府行业主管部门规定）。

9）分包方必须执行个人劳动防护用品定期、定量供应制度。

10）分包方必须预防和治理职业伤害与中毒事故。

11）分包方必须严格执行企业职工因工伤亡报告制度。

① 分包方职工在施工现场从事施工过程中所发生的伤害事故为工伤事故。

② 如果发生因工伤亡事故，分包方应在1h内，以最快捷的方式通知总包方的项目主管领导，向其报告事故的详情。由总包方通过正常渠道及时逐级上报上级有关部门，同时积极组织抢救工作采取相应的措施，保护好现场，如因抢救伤员必须移动现场设备、设施者要做好记录或拍照，总包方为抢救提供必要的条件。

③ 分包方要积极配合总包方主管单位、政府部门对事故的调查和现场勘查。凡因分包方隐瞒不报、作伪证或擅自损毁事故现场，所造成的一切后果均由分包方承担。

④ 分包方须承担因为自己的原因造成的安全事故的经济责任和法律责任。

⑤ 如果发生因工伤亡事故，分包方应积极配合总包方做好事故的善后处理工作，伤亡人员为分包方人员的，分包方应直接负责伤亡者及其家属的接待善后工作，因此发生的资金费用由分包方先行支付，因不能积极配合总包方对事故进行善后处理而产生的一切后果由分包方自负。

12）分包方必须执行安全工作奖罚制度。分包方要教育和约束自己的职工严格遵守施工现场安全管理规定，对遵章守纪者给予表扬和奖励，对违章作业、违章指挥、违反劳动纪律和规章制度者给予处罚。

13）分包方必须执行安全防范制度。

① 分包方要对分包工程范围内工作人员的安全负责。

② 分包方必须采取一切严密的、符合安全标准的预防措施，确保所有工作场所的安全，不得存在危及工人安全和健康的危险情况，并保证建筑工地所有人员或附近人员免遭工地可能发生的一切危险。

③ 分包方的专业分包商和他在现场雇佣的所有人员都应全面遵守各种适用于工程或任何临建的相关法律或规定的安全施工条款。

④ 施工现场内，分包方必须按总包方的要求，在工人可能经过的每一个工作场所和其他地方均应提供充足和适用的照明，必要时要提供手提式照明设备。

⑤ 总包方有权要求立刻撤走现场内的任何分包队伍中没有适当理由而又不遵守、执行地方政府相关部门及行业主管部门发布的安全条例和指令的人员，无论在任何情况下，此人不得再被雇佣于现场，除非事先有总包方的书面同意。

⑥ 施工现场和工人操作面，必须严格按国家、政府规定的安全生产、文明施工标准搞好防护工作，保证工人有安全可靠、卫生的工作环境，严禁违章作业、违章指挥。

⑦ 对不符合安全规定的，总包方安全管理人员有权要求停工和强行整改，使之达到安全标准，所需费用从工程款中加倍扣除。

⑧ 凡重要劳动防护用品，必须按总包方指定的厂家购买。如安全帽、安全带、安全网、漏电保护器、电焊机二次线保护器、配电箱、五芯电缆、脚手架扣件等。

⑨ 分包方应给所属职工提供必须配备的有效的安全用品，如安全帽、安全带等，若必要时还须佩戴面罩、眼罩、护耳、绝缘手套等其他的个人人身防护设备。

⑩ 分包方应在合同签约后 15 天内，呈送安全管理防范方案，详述将要采取的安全措施和对紧急事件处理的方案以及自身的安全管理条例，报总包方批准，但此批准并不减轻因分包方原因引起的安全责任。

⑪ 已获批准的安全管理方案及条例的副本，由分包方编制并且分发至所有分包方施工的工作场所，业主指示或法律要求的其他文件、标语、警示牌等物品，具体由总包方决定。

⑫ 分包方应指定至少一名合格的且有经验的安全员负责安全方案和措施得到实施。

（5）现场文明施工管理

① 分包方必须遵守现场安全文明施工的各项管理规定，在设施投入、现场布置、人员管理等方面要符合总包方文明安全的要求，按总包方的规定执行，在施工过程中，对其全体员工的服饰、安全帽等进行统一管理。

② 分包方应采取一切合理的措施，防止其劳务人员发生任何违法或妨碍治安的行为，保持安定局面并且保护工程周围人员和财产不受上述行为的危害，否则由此造成的一切损失和费用均由分包方自己负责。

③ 分包方应按照总包方要求建立健全工地有关文明施工、消防保卫、环保卫生、料具管理和环境保护等方面的各项管理规章制度，同时必须按照要求，采取有效的防扰民、防噪声、防空气污染、防道路遗撒和垃圾清运等措施。

④ 分包方必须严格执行保安制度、门卫管理制度，工人和管理人员要举止文明、行为规范、遵章守纪、对人有礼貌，切忌上班喝酒、寻衅闹事。

⑤ 分包方在施工现场应按照国家、地方政府及行业管理部门有关规定，配置相应数量的专职安全管理人员，专门负责施工现场安全生产的监督、检查以及因工伤亡事故的处理工作，分包方应赋予安全管理人员相应的权利，坚决贯彻"安全第一、预防为主"的方针。

⑥ 分包方应严格执行国家的法律、法规，对于具有职业危害的作业，提前对工人进行告之，在作业场所采取适当的预防措施，以保证其劳务人员的安全、卫生、健康，在整个合同期间，自始至终在工人所在的施工现场和住所，配有医务人员、紧急抢救人员和设备，并且采取适当的措施预防传染病，并提供应有的福利以及卫生条件。

（6）消防保卫工作要求

① 分包方必须认真遵守国家的有关法律、法规及建设部、当地政府、建委颁发的有关治安、消防、交通安全管理规定及条例，分包方应严格按总包方消防保卫制度以及总包方施工现场消防保卫的特殊要求组织施工，并接受总包方的安全检查，对总包方所签发的隐患整改通知，分包方应在总包方指定的期限内整改完毕，逾期不改或整改不符合总包方的要求，总包方有权按规定对分包方进行经济处罚。

② 分包方须配备至少一名专（兼）职消防保卫管理人员，负责本单位的消防保卫工作。

③ 凡由于分包方管理以及自身防范措施不力或分包方工人责任造成的案件、火灾、交通事故（含施工现场内）等灾害事故，事故经济责任、事故法律责任以及事故的善后处理均由分包方独自承担，因此给总包方造成的经济损失由分包方负责赔偿，总包方可对其处罚。

（7）争议的处理。当合约双方发生争议时，可以通过协商解决或申请施工合同管理机构有关部门调解，不愿通过调解或调解不成的可以向工地所在地或公司所在地人民法院起诉或向仲裁机关提出仲裁解决。

二、 园林工程安全技术管理

1. 安全技术措施的编制

（1）编制依据。园林工程项目施工组织设计或施工方案中必须有针对性的安全技术措施，特殊和危险性大的工程必须单独编制安全施工方案或安全技术措施。安全技术措施或安全施工方案的编制依据如下。

① 国家和政府有关安全生产的法律、法规和有关规定。

② 园林建筑安装工程安全技术操作规程，技术规范、标准、规章制度。

③ 企业的安全管理规章制度。

（2）编制要求

1）及时性

① 安全性措施在施工前必须编制好，并且经过审核批准后正式下达施工单位以指导施工。

② 在施工过程中，设计发生变更时，安全技术措施必须及时变更或作补充，否则不能施工。

③ 施工条件发生变化时，必须变更安全技术措施内容，并及时经原编制、审批人员办理变更手续，不得擅自变更。

2）针对性

① 要根据园林工程施工的结构特点，凡在施工生产中可能出现的危险因素，必须从技术上采取措施，消除危险，保证施工安全。

② 要针对不同的施工方法和施工工艺制订相应的安全技术措施：

a. 不同的施工方法要有不同的安全技术措施，技术措施要有设计、有详图、有文字要求、有计算。

b. 根据不同分部分项工程的施工工艺可能给施工带来的不安全因素，从技术上采取措施保证其安全实施。土方工程、地基与基础工程、砌筑工程、钢窗工程、吊装工程及脚手架工程等必须编制单项工程的安全技术措施。

c. 编制施工组织设计或施工方案在使用新技术、新工艺、新设备、新材料的同时，必须研究应用相应的安全技术措施。

③ 针对使用的各种机械设备、用电设备可能给施工人员带来的危险因素，从安全保险装置、限位装置等方面采取安全技术措施。

④ 针对园林施工中有毒、有害、易燃、易爆等作业可能给施工人员造成的危害，制订相应的防范措施。

⑤ 针对园林施工现场及周围环境中可能给施工人员及周围居民带来危险的因素，以及材料、设备运输的困难和不安全因素，制订相应的安全技术措施。

a. 夏季气候炎热、高温时间持续较长，要制订防暑降温措施和方案。

b. 雨期施工要制订防触电、防雷击、防坍塌措施和方案。

c. 冬期施工要制订防风、防火、防滑、防煤气中毒、防亚硝酸钠中毒措施和方案。

3）具体性

① 安全技术措施必须明确具体，能指导施工，绝不能搞口号式、一般化。

②安全技术措施中必须有施工总平面图，在图中必须对危险的油库、易燃材料库、变电设备以及材料、构件的堆放位置，塔式起重机、井字架或龙门架、搅拌台的位置等按照施工需要和安全堆积的要求明确定位，并提出具体要求。

③安全技术措施及方案必须由园林工程项目责任工程师或园林工程项目技术负责人指定的技术人员进行编制。

④安全技术措施及方案的编制人员必须掌握园林工程项目概况、施工方法、场地环境等第一手资料，并熟悉有关安全生产法规和标准，具有一定的专业水平和施工经验。

（3）编制原则。安全技术措施和方案的编制，必须考虑现场的实际情况、施工特点及周围作业环境，措施要有针对性。凡施工过程中可能发生的危险因素及建筑物周围外部环境不利因素等，都必须从技术上采取具体且有效的措施予以预防。同时，安全技术措施和方案必须有设计、有计算、有详图、有文字说明。

2. 安全技术方案的管理

（1）安全技术方案审批管理

①一般工程安全技术方案（措施）由项目经理部工程技术部门负责人审核，项目经理部总（主任）工程师审批，报公司项目管理部、安全监督部备案。

②重要工程（含较大专业施工）方案由项目（或专业公司）总（主任）工程师审核，公司项目管理部、安全监督部复核，由公司技术发展部或公司总工程师委托技术人员审批并在公司项目管理部、安全监督部备案。

③大型、特大工程安全技术方案（措施）由项目经理部总（主任）工程师组织编制报技术发展部、项目管理部、安全监督部审核，由公司总（副总）工程师审批并在上述三个部门备案。

④深坑（超过5m）、桩基础施工方案、整体爬升（或提升）脚手架方案经公司总工程师审批后还须报当地建委施工管理处备案。

⑤业主指定分包单位所编制的安全技术措施方案在完成报批手续后报项目经理部技术部门（或总工、主任工程师处）备案。

（2）安全技术方案变更

①施工过程中如发生设计变更，原定的安全技术措施也必须随着变更，否则不准施工。

②施工过程中确实需要修改拟定的安全技术措施时，必须经原编制人同意，并办理修改审批手续。

3. 安全技术交底

安全技术交底是指导工人安全施工的技术措施，是项目安全技术方案的具体落实。安全技术交底一般由技术管理人员根据分部分项工程的具体要求、特点和危险因素编写，是操作者的指令性文件，因而要具体、明确、针对性强，不得用园林施工现场的安全纪律、安全检查等制度代替，在进行工程技术交底的同时进行安全技术交底。

安全技术交底与工程技术交底一样，实行分级交底制度。

①大型或特大型园林工程由公司总工程师组织有关部门向项目经理部和分包商（含公司内部专业公司）进行交底。交底内容：工程概况、特征、施工难度、施工组织、采用的新工艺、新材料、新技术、施工程序与方法、关键部位应采取的安全技术方案或措施等。

②一般园林工程由项目经理部总（主任）工程师会同现场经理向项目有关施工人员（项目工程管理部、工程协调部、物资部、合约部、安全总监及区域责任工程师、专业责任

工程师等）和分包商（含公司内部专业公司）行政和技术负责人进行交底，交底内容同前款。

③ 分包商（含公司内部专业公司）技术负责人要对其管辖的施工人员进行详尽的交底。

④ 项目专业责任工程师要对所管辖的分包商的工长进行分部工程施工安全措施交底，对分包工长向操作班组所进行的安全技术交底进行监督与检查。

⑤ 专业责任工程师要对劳务分、承包方的班组进行分部分项工程安全技术交底并监督指导其安全操作。

⑥ 各级安全技术交底都应按规定程序实施书面交底签字制度，并存档以备查用。

4. 安全验收制度

（1）验收范围。

① 脚手杆、扣件、脚手板、安全帽、安全带、漏电保护器、临时供电电缆、临时供电配电箱以及其他个人防护用品。

② 普通脚手架、满堂红架子、井字架、龙门架等和支搭的各类安全网。

③ 高大脚手架，以及吊篮、插口、挑挂架等特殊架子。

④ 临时用电工程。

⑤ 各种起重机械、施工用电梯和其他机械设备。

（2）验收要求。

① 脚手杆、扣件、脚手板、安全网、安全帽、安全带、漏电保护器以及其他个人防护用品，必须有合格的试验单及出厂合格证明。当发现有疑问时，请有关部门进行鉴定、认可后才能使用。

② 井字架、龙门架的验收，由园林工程项目经理组织，工长、安全部、机械管理等部门的有关人员参加，经验收合格后，方能使用。

③ 普通脚手架、满堂红架子、堆料架或支搭的安全网的验收，由工长或工程项目技术负责人组织，安全部参加，经验收合格后方可使用。

④ 高大脚手架以及特殊架子的验收，由批准方案的技术负责人组织，方案制订人、安全部及其他有关人员参加，经验收合格后方可使用。

⑤ 起重机械、施工用电梯的验收，由公司（厂、院）机械管理部门组织，有关部门参加，经验收合格后方可使用。

⑥ 临时用电工程的验收，由公司（厂、院）安全管理部门组织，电气工程师、方案制订人、工长参加，经验收合格后方可使用。

⑦ 所有验收都必须办理书面签字手续，否则验收无效。

三、 园林工程安全生产目标管理

1. 安全目标管理概念

安全目标管理是园林施工项目重要的安全管理举措之一。它通过确定安全目标，明确责任，落实措施，实行严格的考核与奖惩，激励企业员工积极参与全员、全方位、全过程的安全生产管理，严格按照安全生产的奋斗目标和安全生产责任制的要求，落实安全措施，消除人的不安全行为和物的不安全状态，实现施工生产安全。施工项目推行安全生产目标管理不仅能进一步优化企业安全生产责任制，强化安全生产管理，体现"安全生产，人人有责"的原则，使安全生产工作实现全员管理，有利于提高企业全体员工的安全素质。

2. 安全生产目标管理内容

安全生产目标管理的基本内容包括目标体系的确立、目标的实施及目标成果的检查与考核。

① 确定切实可行的目标值。采用科学的目标预测法，根据需要和可能，采取系统分析的方法，确定合适的目标值，并研究围绕达到目标应采取的措施和手段。

② 根据安全目标的要求，制订实施办法。做到有具体的保证措施，并力求量化，以便于实施和考核，包括组织技术措施，明确完成程序和时间、承担具体责任的负责人，并签订承诺书。

③ 规定具体的考核标准和奖惩办法。考核标准不仅应规定目标值，而且要把目标值分解为若干具体要求来考核。

④ 项目制订安全生产目标管理计划时，要经项目分管领导审查同意，由主管部门与实行安全生产目标管理的单位签订责任书，将安全生产目标管理纳入各单位的生产经营或资产经营目标管理计划，主要领导人应对安全生产目标管理计划的制订与实施负第一责任。

⑤ 安全生产目标管理还要与安全生产责任制挂钩。层层分解，逐级负责，充分调动各级组织和全体员工的积极性，保证安全生产管理目标的实现。

四、园林工程安全技术资料管理

1. 总体要求

① 施工现场安全内业资料必须按标准整理，做到真实准确、齐全。

② 文明施工资料由施工总承包方负责组织收集、整理资料。

③ 文明施工资料应按照"文明安全工地"八个方面的要求分别进行汇总、归档。

④ 文明施工资料作为工程文明施工考核的重要依据必须真实可靠。

⑤ 文明施工检查按照"文明安全工地"的八个方面打分表进行打分，工程项目经理部每 10 天进行一次检查，公司每月进行一次检查，并有检查记录，记录包括：检查时间、参加人员、发现问题和隐患、整改负责人及期限、复查情况。

2. 安全技术资料管理内容

（1）现场管理资料

① 施工组织设计。

要求：要有审批表、编制人、审批人签字（审批部门要盖章）。

② 施工组织设计变更手续。

要求：要经审批人审批。

③ 季节施工方案（冬雨期施工）审批手续。

要求：要有审批手续。

④ 现场文明安全施工管理组织机构及责任划分。

要求：要有相应的现场责任区划分图和标识。

⑤ 施工日志（项目经理，工长）。

⑥ 现场管理自检记录、月检记录。

⑦ 重大问题整改记录。

⑧ 职工应知应会考核情况和样卷。

要求：有批改和分数。

（2）料具管理资料

① 贵重物品、易燃、易爆材料管理制度。

要求：制度要挂在仓库的明显位置。

② 现场外堆料审批手续。

③ 材料进出场检查验收制度及手续。

④ 现场存放材料责任区划分及责任人。

要求：要有相应的布置图和责任区划分及责任人的标识。

⑤ 材料管理的月检记录。

⑥ 职工应知应会考核情况和样卷。

（3）保卫消防管理资料

① 保卫消防设施平面图。

要求：消防管线、器材用红线标出。

② 现场保卫消防制度、方案及负责人、组织机构。

③ 明火作业记录。

④ 消防设施、器材维修验收记录。

⑤ 保温材料验收资料。

⑥ 电气焊人员持证上岗记录及证件复印件，警卫人员工作记录。

⑦ 防火安全技术交底。

⑧ 消防保卫自检、月检记录。

⑨ 职工应知应会考核情况和样卷。

（4）安全防护资料

① 总包与分包的合同书、安全和现场管理的协议书及责任划分。

要求：要有安全生产的条款，双方要盖章和签字。

② 项目部安全生产责任制（项目经理到一线生产工人的安全生产责任制度）。

要求：要有部门和个人的岗位安全生产责任制。

③ 安全措施方案（基础、结构、装修有针对性的安全措施）。

要求：要有审批手续。

④ 高大、异型脚手架施工方案（编制、审批）。

要求：要有编制人、审批人、审批表、审批部门签字盖章。

⑤ 脚手架的组装，升、降验收手续。

要求：验收项目需要量化的必须量化。

⑥ 各类安全防护设施的验收检查记录（安全网、临边防护、孔洞、防护棚等）。

⑦ 安全技术交底，安全检查记录，月检、日检，隐患通知整改记录，违章登记及奖罚记录。

要求：要分部分项进行交底，有目录。

⑧ 特殊工种名册及复印件。

⑨ 入场安全教育记录。

⑩ 防护用品合格证及检测资料。

⑪ 职工应知应会考核情况和样卷。

（5）机械安全资料

① 机械租赁合同及安全管理协议书。

要求：要有双方的签字盖章。

② 机械拆装合同书。

③ 设备出租单位、起重设备安拆单位等的资质资料及复印件。

④ 机械设备平面布置图。

⑤ 总包单位与机械出租单位共同对塔机组和吊装人员的安全技术交底。

⑥ 塔式起重机安装、顶升、拆除、验收记录。

⑦ 外用电梯安装验收记录。

⑧ 机械操作人员及起重吊装人员持证上岗记录及证件复印件。

⑨ 自检及月检记录和设备运转履历书。

⑩ 职工应知应会考核情况和样卷。

（6）临时用电安全资料

① 临时用电施工组织设计及变更资料。

要求：要有编制人、审批表、审批人及审批部门的签字盖章。

② 安全技术交底。

③ 临时用电验收记录。

④ 电气设备测试、调试记录。

⑤ 接地电阻遥测记录；电工值班、维修记录。

⑥ 月检及自检记录。

⑦ 临电器材合格证。

⑧ 职工应知应会考核情况和样卷。

（7）工地卫生管理资料

① 工地卫生管理制度。

② 卫生责任区划分。

要求：要有卫生责任区划分和责任人的标识。

③ 伙房及炊事人员的三证复印件（即食品卫生许可证、炊事员身体健康证、卫生知识培训证）。

④ 冬季取暖设施合格验收证。

⑤ 现场急救组织。

⑥ 月卫生检查记录。

⑦ 职工应知应会考核情况和样卷。

（8）环境保护管理资料

① 现场控制扬尘、噪声、水污染的治理措施。

要求：要有噪声测试记录。

② 环保自保体系、负责人。

③ 治理现场各类技术措施检查记录及整改记录（道路硬化、强噪声设备的封闭使用等）。

④ 自检和月检记录。

⑤ 职工应知应会考核情况和样卷。

◆ 参考文献 ◆

[1] 李德华，朱自煊. 中国土木建筑百科辞典·城市规划与风景园林 [M]. 北京：中国建筑工业出版社，2005.

[2] 唐来春. 园林工程与施工 [M]. 北京：中国建筑工业出版社，2003.

[3] 林知炎，唐吉鸣. 工程施工组织与管理 [M]. 上海：同济大学出版社，2002.

[4] 张建林. 园林工程 [M]. 北京：中国农业出版社，2002.

[5] 成军. 建筑施工现场临时用电 [M]. 北京：中国建筑工业出版社，2002.

[6] 王乃康，茅也平. 现代园林机械 [M]. 北京：中国林业出版社，2001.

[7] 蒲亚锋. 园林工程建设施工组织与管理 [M]. 北京：化学工业出版社，2005.

[8] 陈远吉，李娜. 园林工程施工监理 [M]. 北京：化学工业出版社，2011.

[9] 刘少瑛. 建筑施工组织 [M]. 北京：化学工业出版社，2004.

[10] 张仕廉，董勇. 建筑安全管理 [M]. 北京：中国建筑工业出版社，2005.